园林行业职业技能培训系列教材

展出动物保育员

李晓光　主编

中国建筑工业出版社

图书在版编目（CIP）数据

展出动物保育员 / 李晓光主编 .—北京：中国建筑工业出版社，2019.4
园林行业职业技能培训系列教材
ISBN 978-7-112-23243-7

Ⅰ.①展…　Ⅱ.①李…　Ⅲ.①动物-饲养管理-职业培训-教材　Ⅳ.
①S815

中国版本图书馆 CIP 数据核字（2019）第 024196 号

本书作为《园林行业职业技能培训系列教材》中的一本，依据《园林行业职业技能标准》CJJ/T 237—2016 编写而成。全书共包括：动物学基础、动物解剖学及生理学基础、动物营养学基础、动物遗传繁育学基础、动物行为学基础、动物医学基础、动物保育新概念、展出动物饲养与展出管理技术、展出动物日常饲料的配制技术、展出动物个体识别技术、展出动物笼舍设计要点、展出动物保定方法、展出动物的繁殖与育幼技术、展出动物环境丰容方法、展出动物行为观察方法、动物行为训练方法、动物串笼、运输和笼箱制作技术、展出动物疾病防护技术、展出动物保育员安全生产知识、展出动物保育相关法律法规等内容。

本书既可以作为展出动物保育员的岗位培训考核指导用书，又可以作为相关专业人员的实用工具书，也可供职业院校师生和相关专业人员参考使用。

责任编辑：张　健　张伯熙　杜　洁　杨　杰
责任校对：焦　乐

园林行业职业技能培训系列教材
展出动物保育员
李晓光　主编

*

中国建筑工业出版社出版、发行（北京海淀三里河路9号）

各地新华书店、建筑书店经销

北京建筑工业印刷厂制版

北京富生印刷厂印刷

*

开本：787×1092毫米　1/16　印张：15¼　字数：379千字

2019年11月第一版　2019年11月第一次印刷

定价：**48.00**元

ISBN 978-7-112-23243-7

（33525）

园林行业职业技能培训系列教材

丛书编委会

主　　编：黄志良

编　　委：（按姓氏笔画排序）

卜福民　汤　坚　孙天舒　陈绍彬

李成忠　李晓光　章志红

本书编写委员会

主　　编：李晓光

副主编：张成林　刘　燕

编　　委：（按姓氏拼音为序）

　　　　　杜　洋　冯　妍　何绍纯　滑　荣

　　　　　贾　婷　刘　赫　刘　燕　刘学锋

　　　　　卢　岩　牛文会　普天春　夏茂华

　　　　　胥　哲　张恩权　张一鸣　张轶卓

　　　　　张媛媛　赵　娟

审　　校：王　强（成都动物园）

顾　　问：张金国

主编单位：北京动物园

　　　　　圈养野生动物技术北京市重点实验室

前　言

　　动物园已存在了几千年，从皇家狩猎场、皇家御园，到普通百姓了解动物、认识自然界的教育场所，已经遍布世界各地、各个重要城市。现代动物园发展亦百余年，职能逐渐完善和提高，动物保护理念不断增强，在动物展出、保护教育、研究、休闲娱乐方面起到无可替代的作用，城市动物园已成为城市发展的名片，在体现城市文明、推动城市文明建设中起到积极作用，是生态文明建设重要内容。随着信息技术的发展，人们获得信息的方式多样化、途径更加简捷，游客对动物的认识不断深入，对动物园的要求越来越高，特别是对动物的饲养环境、管理水平、食物供给、种群结构等等动物福利要求，对动物园的发展起到积极的促进作用，动物园向游客展出健康动物、生态环境成为必然。

　　北京动物园建立于1906年，是我国成立最早的动物园。一百多年来，动物园积累了大量的野生动物饲养管理、疾病防治经验，积极吸收国际先进理念，开展动物福利、动物行为训练、环境丰容等多种提高动物福利、加强动物保护教育工作，取得许多动物保护研究成果，提高了动物保护水平。1994年，北京动物园编写《北京动物园饲养工培训教材》，系统总结了动物饲养理论知识和操作要求，为动物园职工技术晋级、提高饲养水平起到积极作用。2006年，我园又依据中华人民共和国建设部颁布的《观赏动物饲养工职业技能岗位标准、鉴定规范、鉴定试题库》，主编了《观赏动物饲养工培训考试教程》。这套教材成为动物园系统饲养人员职业技能培训的重要参考用书，对动物园行业饲养工技术提高起到积极的作用。

　　2016年中华人民共和国住房和城乡建设部颁布的《园林行业职业技能标准》CJJ/T 237—2016，将展出动物保育员职业技能设定为五级标准（Ⅰ－Ⅴ级），依次与现行的高级技师（Ⅰ）、技师（Ⅱ）、高级工（Ⅲ）、中级工（Ⅳ）、初级工（Ⅴ）级别相对应，并制定了各级对应的理论知识、操作技能、安全生产知识要求。该标准延续了《观赏动物饲养工职业技能岗位标准》把理论知识与操作技能相结合模式，增加了安全生产知识，符合现代动物园安全管理要求；并把岗位名由"观赏动物饲养工"调整为"展出动物保育员"，笔者认为，一方面从动物园要为游客提供动物的服务职能主体考虑，变为"展出动物"，另一方面把工作人员的职能由"饲养动物"转变为"保育动物"，符合新的动物保护理念。

　　根据CJJ/T 237—2016标准要求，我园组织专业技术人员编写《展出动物保育员》一书，内容共三篇二十章。第一篇为理论知识，包括动物学基础、动物解剖学及生理学基础、动物营养学基础、动物遗传繁育学基础、动物行为学基础、动物医学基础、动物保育新概念。第二篇为操作技能，包括展出动物饲养与展出管理技术、展出动物日常饲料的配制技术、展出动物个体识别技术、展出动物笼舍设计要点、展出动物保定方法、展出动物的繁殖与育幼技术、展出动物环境丰容方法、展出动物行为观察方法、动物行为训练方法、动物串笼、运输和笼箱制作技术、展出动物疾病防护技术。第三篇为安全生产知识，包括展出动物保育员安全生产知识、展出动物保育相关法律法规。教材理论覆盖面广、操作技术结合实际需求，整体内容由浅入深，由基础到专业、由基本操作到专项操作，满足了标准中各级别的要求。编写出版本教材，从立项到完成仅仅一年的时间，虽然参与编写的人员积累多年的工作经验，也不能保证内容涵盖完整、立论完全正确、文字语言得当，特别是对新理念的理解和运用，需要更多的知识和经验。同时，受篇幅所限，理论、概念、操作只能点到为止，不能详述。在此希望读者提出宝贵的意见和建议，不断补充和完善内容。

2018 年 10 月

目　录

第1篇　理论知识

第2篇　操作技能

第3篇 安全生产知识

第 1 篇

理 论 知 识

第1章 动物学基础

1.1 动物学基础概述

1.1.1 生物的分界

自然界的物质分为生物和非生物两大类。生物具有新陈代谢、自我复制、生长发育、遗传变异、感应性和适应性等生命现象，生物世界也称为生命世界。

生物的种类很多，目前已经鉴定的，随着时间的推移，新的物种还会不断被发现。为了研究利用丰富多彩的生物世界，人们将生物分门别类系统整理，分为若干不同的界（Kingdom）。生物分界随着科学的发展而不断深化。

两界学说：早期的林奈（Linnaeus1753）根据生物是否运动，将生物分成动物界（Animalia）和植物界（Plantae）。

三界学说：后来由于显微技术的发展，发现了许多微小的生物，人们又提出了三界学说——微生物界、动物界、植物界。

四界学说：考柏兰（1938）提出了四界系统，即将原核生物界（Monera）立为一界，成为现代生物系统分类的基础。

五界学说：根据细胞的复杂程度及营养方式将生物分为原核生物界、原生生物界（Protista）、真菌界（Fungi）、植物界和动物界，这一系统逐渐被广泛采用。

六界学说：我国著名昆虫学家陈世骧（1979）提出三总界六界系统，即非细胞总界（包括病毒界），原核总界（包括细菌界和蓝藻界），真核总界（包括真菌界、植物界、动物界）。

目前人们对生物的分界尚无统一的意见。但无论如何划分，都反映出了生物从原核到真核、从简单到复杂、从低等到高等的进化方向。

1.1.2 动物的分类

（1）动物分类依据。动物分类是学习和研究动物学必需的基础。

现在所用的动物分类系统是以动物形态或解剖的相似性和差异性为基础的。在分类特征的依据方面，形态学特征尤其是外部形态仍然是最直观而常用的依据。除此之外，生殖隔离、生活习性、生态要求等生物学特征均为分类依据。细胞学特征，如染色体数目变化、结构变化、核型、带型分析等，均已应用于动物分类工作。

近30年来，动物分类学的理论和方法又有了巨大发展。随着生化技术的发展，生化组成也逐渐成为分类的重要特征，DNA核苷酸和蛋白质氨基酸的新型快速测序手段及DNA杂交等方法，均已受到分类工作者的重视和应用。

（2）动物分类系统。动物分类学根据生物之间相同、相异的程度与亲缘关系的远近，使用不同等级特征，将生物逐级分类。动物分类系统由大而小，有界（Kingdom）、门（Phylum）、纲（Class）、目（Order）、科（Family）、属（Genus）、种（Species）等几个重要的分类阶元，任何一个已知的动物均可归属于这几个阶元之中。

在所有的动物分类阶元中，种（Species）是生物分类学研究的基本单元与核心。

分类工作的基本内容是区分物种和归合物种。分类学家对物种标准还缺少一致的认识，说明物种的概念及定义并未真正解决。同时，种上分类亦同样有归并与细分之争，例如细分派把猫科分为 28 个属，而极端的归并派只承认一个属。

种群的概念提高了种级分类水平，改进了种下分类，其要点是以亚种代替变种。亚种一般是指地理亚种，是种群的地理分化，具有一定的区别特征和分布范围。亚种分类反映物种分化，突出了物种的空间概念。

变种这一术语过去用得很杂，有的指个体变异，有的指群体类型，意义很不明确，在动物分类中已废除不用。人工选育的动植物，种下单元称为品种。

（3）动物的命名。国际上除订立了上述共同遵守的分类阶元外，还统一规定了种和亚种的命名方法，以便于全球的生物学工作者之间交流和联系。目前统一采用的物种命名法是瑞典科学家林奈于 1753 年创立的"双名法"：它规定每一种动物都应有一个拉丁学名（Sciencename），由两个拉丁单词组成，第一单词是属名，第二个单词是种名。属名用主格单数名词，第一个字母要大写；种名用形容词或名词等，第一字母不须大写，例如狼的学名为 *Canis lupus*，属以下学名须用斜体。

在动物分类学中，种下分类（亚种）采用"三名法"：一个亚种的学名须在种名之后加上亚种名，例如：秦岭羚牛和四川羚牛是羚牛的两个亚种，其学名分别为：*Budorcas taxicolor bedfordi* 和 *Budorcas taxicolor tibetana*。

（4）动物的门类。动物学家根据细胞数量及分化、体型、胚层、体腔、体节、附肢以及内部器官的布局和特点等，将整个动物界分为若干门类。学者们对动物门类的划分持有不同见解，根据新的准则、证据，不断提出新的观点。根据近年来学者的意见，将动物界分为公认的主要 19 个门类如下：

动物的主要门类：原生动物门、多孔动物门或海绵动物门、腔肠动物门、栉水母动物门、扁形动物门、纽形动物门、线形动物门、棘头动物门、环节动物门、软体动物门、节肢动物门、苔藓动物门、腕足动物门、帚虫动物门、毛颚动物门、棘皮动物门、须腕动物门、半索动物门、脊索动物门。前 18 个门一般通称为无脊椎动物。脊索动物门除小部分（原索动物）没有脊椎，一般通称为脊椎动物。

1.2　脊椎动物的起源与进化

1.2.1　脊索动物分类及特征

脊索动物是动物界中进化最高等的一个类群，脊索是背部起支撑作用的一条棒状结构。低等脊索动物的脊索终生存在或仅见于幼体时期，高等脊索动物只在胚胎期出现脊索，发育完全时被分节 的骨质脊柱所取代。脊索动物是由无脊椎动物进化而来的。

现存的脊索动物约有 4 万多种，分属于 3 个亚门：尾索动物亚门、头索动物亚门、脊椎动物亚门。尾索动物亚门和头索动物亚门是脊椎动物中最低等的类群，总称为原索动物。脊椎动物亚门包括：圆口纲、鱼纲、两栖纲、爬行纲、鸟纲、哺乳纲。

脊椎动物的脊索只见于发育的早期，以后即为脊柱所代替，脊柱由单个的脊椎连接组成，脊椎动物就是因为具有脊椎而得名。脊柱保护脊髓，其前端发展出头骨保护着脑。神经管的前端分化成脑和眼、耳、鼻等重要的感觉器官，后端分化成脊髓，这就大大加强了动物个体对外界刺激的感应能力。

1.2.2　脊索在动物演化史上的意义

脊索的出现是动物演化史中的重大事件，使动物体的支持、保护和运动的功能获得"质"的飞跃。这一先驱结构在脊椎动物中达到更为完善的发展，从而成为在动物界中占统治地位的一个类群。脊索（以及脊柱）构成支撑躯体的主梁，是体重的受力者，使内脏器官得到有力的支持和保护，运动肌肉获得坚强的支点，在运动时不致由于肌肉的收缩而使躯体缩短或变形，因而有可能向"大型化"发展。脊索的中轴支撑作用也使动物体更有效地完成定向运动，对于主动捕食及避敌害都更为准确、迅捷。脊椎动物头骨的形成、颌的出现以及椎管对中枢神经的保护，都是在此基础上进一步完善化的发展。

1.3　动物分类学

1.3.1　两栖纲的主要特征及分类

（1）两栖纲的主要特征。两栖类是脊椎动物从水生到陆生的过渡类群。两栖类表现出对陆生的初步适应，进化出了在陆地运动、呼吸、感觉器官和神经系统，但进化还不完善，例如，它的肺呼吸尚不足承担陆生生活所需的气体代谢的需求，必须以皮肤呼吸和鳃呼吸加以辅助；不能从根本上解决陆地生活防止体内水分蒸发问题；特别是受精必须在水内进行，幼体在水中发育，完成变态等生物学特征，极大地限制了其在陆地上的分布和栖息地选择。

两栖类是脊椎动物中比较脆弱的一个类群，它们只能在近水的潮湿地区分布，因而它们的类群和数量较少、分布较狭窄。

两栖类具有初步适应于陆生的躯体结构，但大多数种类卵的受精和幼体发育需要在水中进行。幼体用鳃呼吸，没有成对的附肢，经过变态发育之后营陆栖生活，这是两栖类区别于所有陆栖脊椎动物的根本特征。两栖类由于新陈代谢水平低，保温和调温机制不完善，属于变温动物。

（2）两栖纲的分类。现存两栖纲约有5500种，分为蚓螈目、有尾目、无尾目3类，代表着穴居、水生和陆生跳跃3种进化方向。各目的主要特征及代表动物如下：

蚓螈目：体细长呈蚯蚓状，四肢退化，幼年在水中生活，变态后上陆穴居。蚓螈目约有5科165种，分布于热带地区。代表动物为产于我国云南、广西的版纳鱼螈。

有尾目：具长尾，四肢，体表裸露。水生。有尾目约500种，遍布温带、热带地区。代表动物有极北小鲵、大鲵、东方蝾螈。

无尾目：体形似蛙，后肢发达，成体无尾。陆生，在水中产卵，体外受精。约有4800

种，分布遍及全球。代表动物有我国常见的大蟾蜍、无斑雨蛙、黑斑蛙、金线蛙、中国林蛙。

1.3.2　爬行纲的主要特征及分类

（1）爬行纲的主要特征。爬行类是体被角质鳞片、在陆地繁殖的变温羊膜动物。从古代两栖类中演化出来一支动物类群，获得了在陆地繁殖的能力，而且在防止体内水分蒸发以及在陆地运动等方面，均超过两栖类的水平，是真正的陆栖脊椎动物的原祖，称为爬行动物。

爬行类是适应于陆栖生活的类群，具有四足动物的基本形态。体表被覆角质鳞片，指（趾）端具爪，这是与两栖类的根本区别。皮肤干燥，缺乏腺体；骨骼系统发育良好，适应陆生；肌肉系统较两栖类进一步复杂化；呼吸系统出现了胸腹式呼吸；爬行动物多为体内受精，完全摆脱了对水的依赖。

（2）羊膜卵在动物演化史上的意义。羊膜动物的卵膜和胚胎与无羊膜动物显著不同，羊膜卵的结构和发育特点确保在干燥的陆地上繁殖成为可能。

羊膜卵的卵外包有卵膜（蛋白膜、壳膜及卵壳）。卵壳（蛋壳）是石灰质的硬壳或不透水的韧性纤维质厚膜，能防止卵的变形、损伤和水分的蒸发，具有通气性，不影响胚胎发育时的气体代谢。卵内含有丰富的卵黄，为胚胎发育提供营养。

羊膜卵的出现为登陆动物征服陆地、向各种不同的栖居环境提供了空前的机会，这是中生代爬行类在地球上占据统治地位的重要原因之一。鸟类和哺乳类就是爬行类向更高水平发展的后裔，由于它们的胚胎也具有羊膜结构，因而统称羊膜动物。

（3）爬行纲的分类。现存爬行类约有5000多种，分为龟鳖目、喙头目、有鳞目（蜥蜴亚目和蛇亚目）、鳄目4个目。

龟鳖目：体被及腹部具有坚固的甲板，甲板外被角质鳞板或厚皮。约250种，分布于温带及热带。代表动物有遍布我国淡水水域的乌龟、新疆沙漠生活的四爪陆龟、东海及南海分布的棱皮龟、热带海洋中的海龟和玳瑁等。

喙头目：体呈蜥蜴状，嘴长似鸟喙，因而称喙头蜥。现存爬行动物中的原始种类，仅一种，分布于新西兰的部分岛屿上，数量稀少，有"活化石"之称。

有鳞目：体表被角质鳞片，雄性具有成对的交配器官。分布全球，分为蜥蜴亚目和蛇亚目。蜥蜴亚目约3800种，代表性动物有夜行性的壁虎、非洲分布的树栖性的避役等；蛇亚目约有3200种，我国代表种类有沙蟒、五步蛇、蝮蛇、眼镜蛇等。

鳄目：水栖类型。体被坚甲。有发达的次生腭，为双颞窝类，是最高等的爬行类。适应在水中捕食和呼吸。四肢健壮，趾间具蹼。本目有22种。代表动物有扬子鳄、密河鳄、长吻鳄等。

1.3.3　鸟纲的主要特征及分类

（1）鸟纲的主要特征。鸟类是体表被覆羽毛、有翼、恒温和卵生的高等脊椎动物。鸟类突出的特征是新陈代谢旺盛并能飞行，这也是鸟类与其他脊椎动物的根本区别，使其成为在种数（9800余种）上仅次于鱼类，分布遍及全球的脊椎动物。

鸟类起源于爬行类，在躯体结构和功能方面有很多类似爬行类的特征。然而，与爬行类相比，鸟类具有以下几方面的进步性特征：

①具有高而恒定的体温（37.0～44.6℃），减少了对环境的依赖性。

②有迅速飞翔的能力，能借主动迁徙适应多变的环境。

③有发达的神经系统和感官，可以协调体内外环境的统一。

④有较完善的繁殖方式和行为（筑巢、孵卵和育雏），保证了后代有较高的成活率。

（2）恒温在动物演化史上的意义。鸟类与哺乳类都是恒温动物，恒温的出现是动物演化历史上的极为重要的进步性事件。恒温动物具有较高而稳定的新陈代谢水平和调节产热、散热的能力，从而使体温保持在相对恒定的、稍高于坏境温度的水平。无脊椎动物以及低等脊椎动物称为变温动物，变温动物的热代谢特征是：新陈代谢水平较低，体温不恒定，缺乏体温调节的能力。

（3）鸟纲的分类。鸟类是世界上生存能力最强的动物类群之一，种类繁多，分布全球，生态多样。现存鸟类9800余种，我国记录到的有1400多种。鸟纲分为3个总目、33目、约200科。鸟类的喙和足的形态因种类不同而异，是鸟类分类的重要依据之一。

平胸总目：为现存体型最大的鸟类，适于奔走生活不能飞的鸟，分布限于南半球。代表鸟类有非洲鸵鸟、美洲鸵鸟、澳洲鸸鹋、新西兰岛屿上的几维鸟。

企鹅总目：善游泳和潜水而不能飞的中、大型鸟类，前肢鳍状适于划水。分布于南非到南美西部以及南极洲沿岸。如分布于南极边缘的王企鹅。

突胸总目：本目共同特征是两翼发达，善于飞行，绝大多数鸟类属于这个总目。根据其生活环境和形体特征，可以将突胸总目的鸟类分为六个生态类群，即游禽、涉禽、猛禽、攀禽、陆禽、鸣禽。

游禽：可以在水面游动并主要在水面游弋的鸟类，包括鸭、雁类，鸥类等。

涉禽：在滩涂湿地涉水活动但多不会游泳，常具有腿长、颈长、嘴长的特征，包括鹤类、鹳类、鸻鹬类等。

猛禽：以其他动物为食物的鸟类，具有适应捕猎生活的特征如锐利的脚爪和喙，敏锐的视觉，主要包括鹰、隼、鸲、鹗、鸢、鸮等。

攀禽：适应攀缘生活的鸟类其趾形多为对趾足或转趾足，包括啄木鸟、鹦鹉等。

陆禽：生活在地面的鸟类，其体态特征适合在地面行走，常飞行能力不强，包括雉类、鹑类和鸠鸽类等。

鸣禽：即雀形目鸟类，为鸟类中进化程度最高的一个类群。常见种类概述如下。

● 鹳䴙目：中等大小的游禽。脚趾上具瓣蹼。

● 鹱形目：中、大型海鸟。嘴强大具钩，善于飞行，几乎终日翱翔海上。

● 鹈形目：大型游禽。嘴下常常有发育程度不同的喉囊。

● 鹳形目：为中型涉禽。颈和脚均长，脚适于步行，栖于水边或近水地方。

● 雁形目：中、大型游禽。羽毛致密；嘴多扁平；尾脂腺发达。

● 鸡形目：陆禽。体结实，喙短；不善飞；脚强健，善行走和掘地寻食。

● 鸽形目：体型中等陆禽。喙短；翼发达，善飞行。

● 鹤形目：大型涉禽。颈长，喙长，腿长。

● 鸻形目：为中小型涉禽。嘴细而直，向上或向下弯曲；颈和脚均较长。

● 鹦形目：典型的攀禽。对趾型足，两趾向前两趾向后；嘴强劲有力。

● 鹃形目：中小型攀禽。脚小而弱，足对趾型。

● 隼形目：体型大、中型的肉食性猛禽。嘴粗壮有钩；翼发达，善于疾飞和翱翔；脚强健，趾端具利爪；视觉敏锐。

● 鸮形目：夜行猛禽。喙坚强而钩曲；脚强健有力，常被羽，第四趾能向后反转成对趾型，爪大而锐；两眼向前。

● 夜鹰目：夜行性食虫鸟类。嘴短弱，嘴裂阔；嘴须甚长；眼形特大。

● 雨燕目：小型攀禽。两翅尖长；尾大都呈叉状；足大多呈前趾型。

● 蜂鸟目：攀禽。体型小，嘴细长而直；体被鳞状羽，色彩鲜艳，并有金属光泽。

● 佛法僧目：攀禽。体色艳丽；喙的形状多样；腿短；并趾型。

● 戴胜目：攀禽。喙细长而尖，向下弯曲。

● 犀鸟目：攀禽。为典型的热带森林鸟类。嘴形粗厚而直，嘴上通常具盔突；形似犀牛角而得名；并趾型。

● 鴷形目：中型攀禽。喙粗长侧扁，呈凿状；脚短而强健，对趾型。

● 雀形目：为体型小的鸣禽。善于鸣叫；腿细弱，趾三前一后，后趾与中趾等长。

1.3.4　哺乳纲的主要特征及分类

（1）哺乳纲的主要特征。哺乳动物是全身被毛、运动快速、恒温、胎生和哺乳的脊椎动物。它是脊椎动物中躯体结构、功能和行为最复杂的一个高等动物类群。哺乳动物的进步性特征表现在以下几个方面：

① 高度发达的神经系统和感官，能协调复杂的机能活动和适应多变的环境条件。

② 出现口腔咀嚼和消化，大大提高了对能量的摄取。

③ 高而恒定的体温（25 ～ 37℃），减少了对环境的依赖性。

④ 快速运动的能力。

⑤ 胎生、哺乳，保证了后代有较高的成活率。

这些进步性特征，使哺乳类能够适应各种各样的环境条件，分布几遍全球，广泛适应辐射，形成了陆栖、水栖、穴居、飞翔等多种生态类群。

（2）胎生在动物演化史上的意义。哺乳动物发展了完善的在陆上繁殖的能力，使后代的成活率大为提高，这是通过胎生和哺乳而实现的。绝大多数哺乳类均为胎生，它们的胎儿借一种特殊的结构—胎盘和母体联系并取得营养，在母体内完成胚胎发育过程，直到发育成为幼儿时产出，母兽用乳汁哺育幼仔。哺乳类还具有一系列复杂的行为来保护哺育中的幼仔。

胎生方式为发育的胚胎提供了保护、营养以及稳定的恒温发育条件，保证酶活动和代谢活动正常，使外界环境条件对胚胎发育的不利影响减低到最小程度。这是哺乳类在生存斗争中优于其他动物类群的一个重要方面。

（3）哺乳纲的分类。现存哺乳动物约 5400 种，分布几遍全球。我国有 600 余种。哺乳纲分为 3 个亚纲。

原兽亚纲：现存哺乳类中最原始的类群，具有一系列接近于爬行类和不同于高等哺乳类的特征。主要表现为卵生、雌兽有孵卵行为、雌性不具有乳头、雄兽不具有交配器官等。现存种类仅分布于澳洲，典型代表为鸭嘴兽、针鼹等。

后兽亚纲：较为低等的哺乳动物类群，胎生但幼仔发育不全，需要继续在雌兽腹部的育儿袋内长期发育，因而本类群又称"有袋类"。主要分布与澳洲及美洲，典型代表有澳洲的袋鼠、袋熊、袋貂等，美洲森林的负鼠。

真兽亚纲：是高等的哺乳动物类群。种类繁多，分布广泛。真兽亚纲的现存种类有18个目，其中14个目在我国有分布，重要代表简述如下：

● 食虫目：本目为比较原始的有胎盘类。个体一般较小，吻部细尖。四肢多短小，指（趾）端具爪，适于掘土。牙齿结构比较原始。常见代表种类有刺猬、鼩、鼹鼠。

● 树鼩目：小型树栖食虫的哺乳动物。外形略似松鼠，在结构上似食虫目但又有似灵长目的特征，代表动物树鼩（*Tupaiaglis*）分布我国云南、广西及海南。

● 翼手目：飞翔的哺乳动物。前肢特化，具特别延长的指骨。由指骨末端至肱骨、体侧、后肢及尾间，着生有薄而柔韧的翼膜。齿尖锐，适于食虫，夜行性。常见代表为东方蝙蝠。

● 贫齿目：牙齿趋于退化的一支食虫哺乳动物。不具门牙和犬牙；若臼齿存在时亦缺釉质，且均为单根齿。后足5趾，前足仅有2～3个趾发达，具有利爪以掘穴。代表动物有食蚁兽、树懒、犰狳。

● 鳞甲目：体外覆有角质鳞甲，鳞片间杂有稀疏硬毛，不具齿，吻尖，舌发达，前爪极长，适应于挖掘蚁穴、舔食蚁类等昆虫。代表动物有我国南方所产的穿山甲。

● 兔形目：本目动物身体结构与啮齿类相似，但门齿2对，无犬齿，上唇具有唇裂，也是对食草习性的适应，常见代表有达乌尔鼠兔、草兔。

● 啮齿目：本目种类繁多，约占哺乳类种数的1/3，遍布全球，上下颌各具一对门齿，终生生长，无犬齿，前肢短，后肢长，趾端具爪。常见代表种类有松鼠、黄鼠、旱獭、家鼠、跳鼠、鼯鼠、河狸等。

● 鲸目：水栖兽类。适应游泳，体毛退化，皮脂腺消失，前肢鳍状，后肢消失，齿型特殊，具齿的种类为多数同型的尖锥形牙齿，代表动物有须鲸、抹香鲸、海豚、白豚。

● 鳍脚目：海洋兽类。四肢特化为鳍状，前肢鳍足大而无毛，后肢转向体后，以利于上陆爬行，不具裂齿，代表种类为海豹、海狮等。

● 长鼻目：现存最大的陆栖动物。具长鼻，为延长的鼻与上唇所构成；具5指（趾），上齿特别发达，突出唇外，即通称的"象牙"，代表动物有亚洲象、非洲象。

● 奇蹄目：本目为大型兽类。主要以第3指（趾）负重，其余各趾退化或消失，指（趾）端具蹄，利于奔跑，门齿适于切草，犬齿退化，本目代表种类有野马、野驴，黑犀、白犀、印度犀，马来貘、南美貘、中美貘。

● 偶蹄目：本目动物种类很多，体型有大有小，四肢的第3、4指（趾）同等发育，其余各指（趾）退化，具偶蹄，上门牙常退化或消失，臼齿结构复杂，适于食草。代表性种类有野猪，河马，双峰驼，梅花鹿、马鹿、麋鹿，长颈鹿，黄羊、羚牛、藏羚、盘羊。

● 食肉目：猛食性兽类。门齿小，犬齿强大而锐利，臼齿变形为裂齿，指（趾）端常具利爪以撕捕食物，脑及感官发达。我国常见代表有狼、赤狐、貉和豺，黑熊、棕熊、大熊猫，紫貂、黄鼬、狗獾、水獭，狮、虎、豹、和猞猁等。

● 灵长目：树栖生活的哺乳类，除少数种类外，拇指（趾）多能与它指（趾）相对，适于树栖攀缘及握物。大脑半球高度发达，两眼前视，视觉发达，嗅觉退化，雌兽有月经，本目代表性种类有猕猴、金丝猴、长臂猿等。

1.4　动物地理学、生态学基础

1.4.1　动物地理学

（1）动物的栖息地、分布区。动物地理学研究动物种类在地球上的分布格局以及动物分布的方式和规律。主要从地理学角度研究每个地区中的动物种类和分布的规律。

栖息地（habitat）是动物能维持其生存所必需的全部条件的地区：例如海洋、河流、森林、草原和荒漠等。任何一种动物的生活，都要受到栖息地内各种要素的制约。每种野生动物都有它们天然的栖息环境保证着它们的生息繁衍，如果这种栖息环境遭到破坏，动物的自然存续就面临危机。当前，许多物种的自然栖息地遭受到了威胁。

分布区是动物占有的能够在此生存并繁衍后代的地理空间。动物只能生活在可以满足其生存所必需的基本条件的地方 – 栖息地中。因此分布区是地理概念，即占有地球上的一定区域；而栖息地是生态学概念，是动物实际居住的场所。

（2）动物区系。动物区系是指在一定的历史条件下，由于地理隔离和分布区特性所形成的动物类群总体，也就是在当前生态条件下所生存的动物群。地球上的海洋、山脉和沙漠影响动物分布和扩散，这些被隔离的动物群，在不同的地理环境中，在很长的地质时期内各自进化，不同大陆形成了各自独立的动物区系。动物地理学一般把世界陆地动物区系分为 6 个界，即古北界、新北界、东洋界、热带界、新热带界、澳洲界。

我国动物地理区系分属于世界动物区系的古北界与东洋界两个区系。由于我国疆域广阔，自然条件多样，动物类群极为丰富，特别是古北界与东洋界均见于我国，这是其他国家和地区所不可比拟的。我国动物地理区系可以划分为 7 个：东北区、华北区、蒙新区、青藏区；西南区、华中区、华南区，前 4 个区系属于古北界，后 3 个区系属于东洋界。

1.4.2　动物生态学

（1）生态因子。动物生态学（animalecology）是研究动物与其周围环境间相互关系的学科。在自然界中，动物与其周围环境相互作用，动物需要从周围环境中获取生存和繁衍的基本条件，而周围环境也能够影响动物的各种生命活动。

生态因子是指对生物的生命活动和生活周期有着直接或间接影响的环境因素。生态因子通常可为非生物因子和生物因子，前者包括温度、湿度、光照和降水量等，后者则指动物、植物和微生物有机体。

生物因子影响动物有机体的存活和数量。食物关系是这种影响的主要形式，食物不足将会引起种内和种间激烈竞争。在种群密度较高的情况下，个体之间对于食物和栖息地的竞争加剧，可导致生殖力下降、死亡率增高以及动物的外迁，从而使种群数量（密度）降低。

（2）物种、种群、群落。物种是指一个动物或植物群，其形态相似，个体间可以正常交配并繁育出有生殖能力的后代。分类学上当前流行的"物种"定义是进化生物学领域科学家恩斯特·迈尔（Ernst Mayr）定义的："物种是由自然种群所组成的集团，种群之间可以相互交流繁殖（实际的或潜在的），而与其他这样的集团在生殖上是隔离的"。物种是生物分类的基本单元，也是生物繁殖的基本单元。

种群是同一时间生活在同一区域中的同种个体的集合。在一定的自然地理区域内，同种个体是相互依赖、彼此制约的统一整体。同一种群内的成员栖于共同的生态环境内并分享同一食物来源，它们具有共同的基因库，彼此之间可进行繁殖并产出有繁殖力的后代。种群具有五个方面（种群密度、出生率和死亡率、迁入率和迁出率、年龄结构和性别比例、种群的空间特征）特征。种群是物种在自然界中存在的基本单位，也是物种进化的基本单位。

群落是同一时间生活在同一区域中的各种生物（动物、植物和微生物）的自然集合，每个群落内各个生物相互联系，互为影响。种群是群落的基本组成单位。群落包括生产者、消费者、分解者。在所有的生物群落中，每个有机体均有其自己的生态位，生态位是有机体在生物群落中的功能作用及其所占的（时间和空间）特殊位置。

（3）生态系统及生态平衡。在自然界，生物群落与其所生活的环境之间，通过物质循环和能量流动所构成的互相依赖的自然综合体称为生态系统。生态系统所涉及的范围可大可小，小至一个池塘、一片森林，大至整个地球。最大的生态系统是生物圈；最为复杂的生态系统是热带雨林生态系统。

生态系统是各种生物与其周围环境所构成的自然综合体。所有的生态系统一般包括四个基本组成部分：非生物成分包括太阳能、氧气、二氧化碳、水、盐、蛋白质和糖类等各种无机物质和有机物质以及能量；生产者主要是绿色植物；消费者主要是动物；分解者主要指细菌、真菌和一些原生动物。生产者、消费者、分解者又被称为生态系统的三大功能群。在生态系统中，生物与环境之间相互影响、相互制约，并在一定时期内处于相对稳定的动态平衡状态。

生态系统的稳定性是与系统内的多样性和复杂性相联系的，生态系统的生物种类越多，食物网和营养结构越复杂，生态系统便越稳定。生态系统的自我调节能力是有限度的，当外界压力很大，使系统的变化超过了自我调节能力时，生态系统结构被破坏，功能受阻，以致整个系统受到伤害甚至崩溃，此即通常所说的生态平衡失调。

1.5　野生动物的保护

1.5.1　濒危野生动物

濒危野生动物是指由于物种自身的原因或受到人类活动或自然灾害的影响而有灭绝危险的野生动物物种。

国际自然保护联盟（IUCN）根据物种受威胁的程度，每年评估数以千计物种的绝种风险，将物种编入 9 个不同的保护级别：灭绝（EX）、野外灭绝（EW）、极危（CR）、濒危（EN）、易危（VU）、近危（NT）、无危（LC）、数据缺乏（DD）、未评估（NE）。当讨论 IUCN 红色名录，"受威胁"（threatened）一词是官方指定为以下 3 个级别的总称：极危（CR）、濒危（EN）及易危（VU）。

我国是濒危动物分布大国。据不完全统计，仅列入《濒危野生动植物种国际贸易公约》（CITES 公约）附录的原产于我国的濒危动物有 120 多种，列入《国家重点保护野生动物名录》的有 257 种，列入《中国濒危动物红皮书》的鸟类、两栖爬行类和鱼类有 400 种。随着经济的持续快速发展和生态环境的日益恶化，我国的濒危动物种类还将会增加。

1.5.2　野生动物保护法

从广义上讲，濒危动物泛指珍贵、濒危或稀有的野生动物。我国法律所保护的野生动物，是指珍贵、濒危的陆生、水生野生动物和有重要生态、科学、社会价值的陆生野生动物。

自 1989 年 3 月 1 日野生动物保护法实施以来，我国野生动物保护事业得到了发展，全国已基本形成野生动物的野外保护、拯救繁育、执法监管和科技支撑体系。但总体上我国野生动物保护形势依然十分严峻。违法猎捕、杀害、买卖野生动物在很多地方依然不同程度地存在；滥食滥用野生动物的陋习在一些地方还相当盛行；野生动物及其制品和非法贸易问题在边境地区时有发生；野生动物栖息地侵占破坏情况比较严重，成为野生动物种群减少的直接原因；长江等重要水域生态系统受到严重破坏。

在这种形势下，新修订的《中华人民共和国野生动物保护法》已于 2017 年 1 月 1 日起施行。新的保护法增加了保护野生动物栖息地的内容，增加了保护有重要生态价值的野生动物，发布野生动物重要栖息地名录，调整"国家重点保护的野生动物名录"等规定。

第2章　动物解剖学及生理学基础

2.1　概述

2.1.1　脊椎动物解剖学及生理学概论

脊椎动物解剖学及生理学是研究脊椎动物机体的形态结构、正常生理活动及其规律、形态结构与生理功能相适应的科学，是解剖学及生理学的一个分支。它包括解剖学、生理学两个学科的内容。

（1）广义的解剖学包括大体解剖学和显微解剖学。大体解剖学是借助解剖器械（刀、剪等），用分离、切割的方法，通过肉眼研究动物机体各器官的形态、结构、位置及相互关系的科学。显微解剖学又称组织学，是借助放大设备研究组织微细构造的科学。

（2）生理学是研究健康动物所表现的正常生命现象或生理活动及其规律的科学，研究的主要内容是生物机体的功能。

2.1.2　脊椎动物身体的外部形态

典型的脊椎动物的身体外部是左右对称的，分为头部、颈部、躯干部（含附肢）和尾部。

（1）头部：为脑、感觉器官（眼、耳、鼻等）和摄食器官（上、下颌等）的所在部位。

（2）颈部：它是陆生脊椎动物的特征。鱼类没有颈，次生的水生类和鲸等也无颈（但有七枚颈椎）；两栖类的颈部不明显；爬行类颈部已较明显，它能使头部比较灵活地转动；鸟类的颈部一般都比较长，这与其前肢特化为翼相关，长颈和发达的喙能代替前肢所承担的捕食、攻击和防卫机能；哺乳类的颈也很明显，大多数种类有七枚颈椎骨。

（3）躯干部（含附肢）：它是身体中最大的一部分，其中包着内脏，其外侧连有两对对称的附肢，水生或次生水生动物称为鳍；陆生动物的典型结构为具有五趾的前后肢。但由于适应不同的环境条件，五趾产生了变化，如鸟类的翼，有蹄类的蹄等，有的甚至四肢完全消失，如蛇等。

（4）尾部：连接于躯干部之后，以肛门为界。尾在水生脊椎动物特别发达，为重要的运动器官。陆生脊椎动物尾部一般不执行运动的功能。蛙类成体和类人猿等甚至完全没有尾部。

2.1.3　脊椎动物机体结构

典型脊椎动物的机体分为十大系统：被皮系统、骨骼系统、肌肉系统、呼吸系统、消化系统、血液循环系统、内分泌系统、生殖系统、神经系统、排泄系统。排泄系统包括泌尿系统，骨骼系统和肌肉系统又可合称为运动系统。

2.1.4　解剖学常用的方位术语

（1）轴：很多动物都是四足着地，其身体为长轴（或称纵轴），从头端至尾端，是和地面平行的。长轴也可用于四肢和各器官，均以纵长的方向为基准，例如四肢的长轴则是四肢上端至四肢下端，为与地面垂直的轴。

（2）切面：动物躯干切面通常包括矢状面、横断面、额面（水平面）。

1）矢状面：是与动物体长轴平行而与地面垂直的切面。居于体正中的矢状切面，可将动物体分为完全相等的两半，称为正中矢状面；与正中矢状面平行的其他切面称为侧矢状面。

2）横断面：是与动物体长轴垂直的切面，位于躯干的横断面可将动物体分为前后两部分。与器官长轴垂直的切面也可称横断面。

3）额面：为与动物体长轴平行而且与矢状面和横断面相垂直的切面。位于躯干的额面可将动物体分为背侧和腹侧两部分。

（3）方位：靠近动物体头侧的称为前或头侧；靠近尾端的称为后或尾侧；靠近脊柱的一侧称为背侧，也就是上面；靠近腹部的一侧称为腹侧，也就是下面；靠近正中矢状面的一侧称为内侧；远离正中矢状面的一侧称为外侧。

确定四肢的方位常用近端、远端，背侧、掌侧和跖侧等来表示。近端是指靠近躯干的一端；远端是指远离躯干的一端。四肢的前面称为背侧；前肢的后面称掌侧；后肢的后面称跖侧。

2.2　细胞、基本组织和器官

2.2.1　细胞

细胞是表现生命现象的基本结构和功能单位。

（1）细胞的组成成分

组成细胞的基本化学物质包括无机物和有机物，其中无机物包括水和无机盐；有机物主要包括蛋白质、脂类、糖类、核酸等。

1）水。水是细胞进行生命活动的必需条件，许多物质只有在水的条件下才能进行合成或分解。正常情况下，动物细胞内的水分含量随年龄大小而有区别，年龄小的含量高一些，老年动物则低一些，平均约占细胞重量的70%，水分过多或过少都将导致细胞的异常，导致死亡。

动物机体内水分和溶解在水中的各种溶质，总称为体液，约占动物体重的60%～70%；存在于细胞内部的液体，称为细胞内液，约占体重的40%～45%；存在于细胞间隙的液体，则称为组织间液，约占体重的15%～20%；血液的液体部分称为血浆，约占体重的5%；组织间液和血浆又合称细胞外液，约占体重的20%～25%。

2）无机盐。少数无机盐与某些有机物相结合构成一些重要的化合物，大多数以离子状态存在于水中，主要有钾、钠、钙、铁、镁、氯等。它们对维持体液的酸碱平衡、调节渗透压等起着重要作用。

3）蛋白质。蛋白质是组成细胞的最主要成分，是细胞结构的基础。细胞的一切功能活动都是在蛋白质的参与下完成的。

4）糖类。糖类亦称碳水化合物，由碳、氢、氧组成，分为单糖和多糖。它们分解后为细胞活动提供能量。

5）脂类。脂类分为单纯脂类与复合脂类。单纯脂类主要是脂肪，大多存于脂肪细胞内，作为储存热能的仓库。

6）核酸。核酸是一种高分子聚合物。主要有两种，一种是脱氧核糖核酸，简称DNA，存在于细胞核中，是构成染色体的重要成分。另一种为核糖核酸，简称RNA，主要分布在细胞质内。两者在遗传信息的传递及蛋白质的合成过程中起着重要的作用。

（2）细胞的结构与功能

动物机体各种细胞的结构和功能都有很大的差异，但所有动物的细胞具有共同的基本结构和共同的机能活动。

1）细胞膜。细胞膜是细胞表面很薄的膜，是细胞的界限。细胞通过细胞膜与周围环境进行复杂的联系并有选择地进行物质交换。

2）细胞质。细胞质是细胞膜与细胞核之间的部分，为半透明的胶状物。它包括基质、细胞器、内含物等，是细胞进行生命活动的基地。

3）细胞核。除哺乳动物成熟的红细胞无核外，所有的细胞（包括鸟类红细胞）都有细胞核，它由核膜、核液、核仁和染色质组成。染色质主要由蛋白质和DNA组成（由于它容易被碱性染液着色，故称其为染色质），当细胞进入分裂期时，它们紧缩为一系列杆状的成对染色体。如人的染色体共有23对，其中22对为常染色体，1对为性染色体（决定一个人的性别），哺乳类的性染色体又分为X和Y，雄性为X、Y，雌性为X、X。鸟类的性染色体为Z、W，雄性为Z、Z，雌性为Z、W。染色体的数量因动物的种类不同而不同。

（3）细胞的形态和大小

1）细胞的形态

动物体由许多的细胞组成，其形态不同：有圆形、卵圆形、梭形、星形、柱状、立方和多突起等等。细胞的形态是与其分布和执行的功能相适应的。

2）细胞的大小

细胞的大小，因细胞类型不同而有很大的差异，在动物体内最小的细胞是小脑颗粒细胞，直径约4微米；最大的卵细胞，直径可达100微米。但鸟类的卵特别大，直径可达数厘米，肉眼即可见到。

（4）细胞的生长与增殖

细胞以分裂的方式进行增殖。细胞分裂产生两个细胞的过程称为分裂期，其后进入细胞间期。从细胞间期到分裂期的全过程称为细胞周期。

（5）细胞的基本生命活动

1）新陈代谢：细胞必须从外界摄取营养物质，经过消化合成为机体本身所需要的物质，这一过程称为合成代谢；另一方面，细胞本身的物质又不断地分解，释放出能量，以供细胞进行各种活动，这一过程称为分解代谢。合成、分解代谢是相互依存的，统称新陈代谢。

2）感应性：细胞对外界因素作用发生反应的能力，不同的细胞具有不同的感应性。

3）细胞的分化、衰老和死亡：在胚胎发育的早期，细胞的形态与功能彼此相似，随着其发育，细胞逐渐出现差异，最终形成不同形态和功能的细胞，这一过程称为细胞分化；衰老的细胞逐渐萎缩，表现为细胞质水分减少，出现脂滴和色素，细胞核浓缩、破碎，染色质溶解，最后整个细胞解体死亡。

（6）细胞间质

细胞间质是由细胞产生的位于细胞之间的有生命的物质。细胞间质的成分主要有两种：纤维和基质。纤维有三种，分别是胶原纤维、弹性纤维和网状纤维；基质位于细胞之间，主要包括透明质酸、氨基酸和无机盐。

2.2.2　基本组织

组织是机体中由许多形态、功能相同或相似的细胞按一定方式组成的，是组成各种器官的结构单位。动物组织依形态和功能的不同，可分成四类：上皮组织、结缔组织、肌组织和神经组织。

（1）上皮组织。是由许多密集排列的上皮细胞和少量的细胞间质连成的膜状结构单位。上皮组织无血管，但有神经末梢分布，其营养物质由组织液渗入上皮细胞内。上皮组织的细胞形态规则，排列整齐、紧密，具有极性，即分为游离面和基底面。

上皮组织覆盖在体表或体内的管、腔、囊的内面，具有保护、吸收、分泌、排泄、感觉等功能。具体说，上皮组织覆盖在身体表面（皮肤）或衬在体内各种管（消化管、血管）、腔（胸、腹腔）和囊（胆囊、膀胱）的内面，具有保护（皮肤上皮）、吸收（肠上皮）、分泌（腺上皮）、排泄（汗腺）、感觉（视觉、听觉上皮）等功能。

（2）结缔组织。结缔组织是由少量细胞和较多细胞间质组成的结构单位，具有支持、连接、营养、防卫、修复等功能，分为六类：疏松结缔组织、致密结缔组织、脂肪组织、网状组织、软骨组织、骨组织。构成结缔组织的细胞有成纤维细胞、组织细胞（又称巨噬细胞）、浆细胞、脂肪细胞等；构成结缔组织的纤维有胶原纤维、弹性纤维、网状纤维。

1）疏松结缔组织：亦称蜂窝组织，比较疏松，广泛分布于皮下、肌间、消化道、血管壁中。其特点是纤维分布比较疏松，而基质相对多，具有支持、连接、营养、防卫、创伤修复等功能。

2）致密结缔组织：组成成分与疏松结缔组织基本相同，其特点是以胶原纤维为主，细胞成分较少，纤维粗大而排列紧密，间质少。分布于皮肤、腱、韧带和器官的被膜，具有支持、连接和保护的功能。

3）脂肪组织：由大量的脂肪细胞组成，细胞间有疏松结缔组织分隔而形成许多脂肪小叶。分布在皮下、网膜、肠系膜、心外膜、肾周围等处。具有贮存脂肪，支持保护，维持体温等作用，并参与能量代谢，脂肪组织约占体重的10%，可贮存大量的能量。

4）网状组织：由网状细胞、网状纤维及无定形基质组成。分布于淋巴结、肝、脾、骨髓及消化和呼吸道的膜中，有支持作用。骨髓中的网状细胞可分化成各种血细胞，并具有吞噬能力。

5）软骨组织：由软骨细胞和细胞间质及固体胶状基质组成，周围包有一层致密结缔组织（软骨膜）。分布于鼻、喉、气管、肋骨、耳廓、椎间盘、关节、耻骨联合处等。具有保护和支持作用。软骨具有生长能力。

6）骨组织。由骨细胞和细胞间质组成。为坚硬的结缔组织，是机体的支架，具有支持和保护作用。体内的钙约 99％以骨盐的形式沉积在骨组织内，与钙、磷代谢有密切关系。骨组织有较强的再生能力。

（3）肌组织。由特殊分化的肌细胞构成，其间有少量结缔组织，并有毛细血管和神经纤维。依据其形态和机能而分为骨骼肌、心肌和平滑肌。

1）骨骼肌：也称横纹肌，主要附着在骨骼上，为随意肌，即可受肌体主动支配。

2）平滑肌：由平滑肌纤维构成，无横纹，分布于血管和内腔，属于不随意肌。

3）心肌：为心脏所特有，横纹肌，属于不随意肌。

（4）神经组织：神经组织主要由神经元（神经细胞）和神经胶质细胞组成。它们都是具有突起的细胞，神经元有接受刺激和传导兴奋的作用，神经胶质则是支持和营养神经元的。神经元包括胞体和突起（神经纤维）两部分，胞体集中位于脑髓皮质、脑中各神经核、脊椎灰质和周围神经节中。突起则组成脑髓和脊髓的白质及全身的周围神经。

2.2.3　器官

器官是生物体中具有某种独立生理作用的构成部分，是构成机体系统的基本组成和功能单位，如人和动物的眼、耳、口、鼻、心脏、肝脏、脾脏、肺和肾脏等。

2.3　系统解剖及生理各论

由同类器官结合而成，完成相同或相似功能的有机体称为系统，典型的脊椎动物机体结构可分为十大系统：被皮系统、骨骼系统、肌肉系统、呼吸系统、消化系统、血液循环系统、内分泌系统、生殖系统、神经系统、排泄系统。其中，排泄系统包括泌尿系统，骨骼系统和肌肉系统又可合称为运动系统。

2.3.1　被皮系统

（1）皮肤及被皮系统的概念

1）皮肤。是由上皮细胞性的表皮和结缔组织性的真皮和皮下组织组成，位于动物体表面的被膜。

2）被皮系统。是由皮肤和附属物（衍生物）及进入皮肤的其他有关结构构成的动物体表系统。

（2）被皮系统的功能

动物借助于被皮直接和外界环境相接触，并完成一些生命活动，主要功能有保护、调节体温、呼吸、感觉、运动、排泄、分泌等。

（3）皮肤的结构

皮肤由分界明显的三层即表皮、真皮和皮下组织构成。

1）表皮：主要由两类细胞组成，一类是角质形成细胞，另一类是树突状细胞。它们组成基底层（生长层）、颗粒层、透明层和角质层。从表皮的基底层到角化层，就是角质形成细胞的增殖、分化，向表面逐层推移，最后脱落的动态变化过程。

2）真皮：位于表皮下面，向下与皮下组织相连。是皮肤中最厚的、主要的一层。由胶原纤维、弹性纤维和结缔组织组成。在这一层有大量的感觉器、神经末梢，丰富的血管和淋巴，以及立毛肌、皮脂腺、汗腺等。真皮与表皮相连接的是乳头层，下面是网状层。

3）皮下组织：由疏松结缔组织构成。可大量积累脂肪，具有保温作用。皮下组织中通行皮静脉、皮神经和血管网，是连接皮肤与肌肉的组织。

（4）皮肤的附属物

皮肤的附属物是指身体的某些特殊部位，由皮肤（特化衍生）形成的特殊器官，如鸟类的羽和尾脂腺、哺乳类的毛发、汗腺、皮脂腺和乳腺、蹄、角等。其中，汗腺、皮脂腺和乳腺称为皮肤腺。

1）羽：有羽是鸟类的特征。羽是由表皮细胞特化而成，它被覆鸟的体表，组成保温层；大型羽组成翼面和舵形尾。

2）毛发：由表皮细胞角质化而成。毛起着热绝缘和体温调节的作用。根据毛的长度、粗细、坚实性和作用可分为，触毛：通常位于口部周围，是特别敏感的部位，它长而坚硬，数量少，是特殊的感觉器官；针毛：覆盖整个身体，有较强的刚性，具有保护支持绒毛的作用；绒毛：细而柔软，是针毛补充，数量比针毛多数十倍，有保温作用；鬃毛：为某些动物的鬃毛和尾毛。

3）汗腺：是表皮细胞向结缔组织陷入、增生、分化而成的单管状腺，开口于毛中或表皮。汗的分泌可以调节体温，维持机体的电解质（酸碱）平衡，排泄出相当数量的代谢物。

4）皮脂腺：为简单的泡状腺，一般开口于毛囊中。皮脂腺分泌皮脂在动物的胎儿时可防止羊水渗入；它能防止皮肤干裂；防止水分蒸发及水的浸入。

（5）脊椎动物被皮的结构及特点

1）鱼纲：鱼类皮肤的重要衍生物真皮鳞是一种保护性结构。按其形状可分为盾鳞（由真皮表皮联合形成）、硬鳞（由真皮演化而成）、骨鳞（由真皮演化而成）。鱼类的被皮系统具有特殊的腺体—黏液腺，它能分泌大量的黏液，在体表形成一个黏液层，可帮助鱼类在水中运动，使皮肤不透水，维持体内的渗透压，保护体表不受细菌、外来物的侵袭。

2）两栖纲：表皮层只有 1～2 层很薄的角化细胞，皮肤裸露，富于腺体。这些腺体是由表皮细胞下陷到真皮层内形成的。两栖类皮肤的这一特点与其利用皮肤呼吸有密切的关系，它的皮肤与肺的表面积比为 3：2，在蛰眠期几乎全靠皮肤呼吸。两栖类有蜕皮的现象，蜕去的上皮细胞界限明显，这说明其角质化程度还很原始，渗透性也还很强。

3）爬行纲：它们的皮肤干燥，缺乏腺体，具有来源于表皮的角质化鳞片或兼有来源于真皮的骨板是爬行类皮肤的主要特点。其皮肤比两栖类的角质化程度高，但仍具有生理上的可透性。在 20～30℃时，皮肤失水可占体内总失水率的 80%。蜥蜴、蛇的鳞定期更换；龟、鳄的真皮内生有骨板。爬行类皮肤的色素细胞发达，具有保护功能，缺乏皮脂腺。

4）鸟纲：鸟类皮肤的特征是薄、松、缺乏腺体。薄而松的皮肤便于肌肉的剧烈运动。鸟类皮肤上唯一的腺体是尾脂腺，它分泌油脂以保护羽毛不变形，并可防水。鸟类皮肤外有表皮的衍生物：羽毛、角质喙、爪、鳞片等。

5）哺乳纲：哺乳动物皮肤突出的特点是有多种附属物（衍生物），如枕、角、蹄、爪、指（趾）甲、乳腺等。

①枕：为四肢末端着地部形成的垫状皮肤结构，分为腕枕、掌枕、跖枕等。

②角：洞角科反刍兽的角完全是角质结构。由被覆在额骨角突上的皮肤发育而成，有肥厚而坚实的角质套，除叉角羚属的角固定性脱落外，均为永久性角。而鹿科动物（除长颈鹿等少数种类）雄性的角每年有季节性、周期性变化。春季长出表面有许多绒毛的软的角，俗称鹿茸；茸角质化形成坚硬的骨化的角。第二年骨化角会脱落，再长出新的角（鹿茸），周而复始。

③蹄、爪、指（趾）甲：都是表皮的角质化层。奇蹄目和偶蹄目动物的蹄数量、结构、功能都有所不同。奇蹄目动物的蹄由蹄匣和蹄真皮（肉蹄）组成，适于奔跑；偶蹄目动物的蹄分 2 个主蹄、2 个悬蹄，适于攀爬。

④哺乳类皮肤腺特别发达，属多细胞腺体，种类多，功能各异。乳腺为哺乳动物所特有的腺体（为特化的汗腺），是一种管状与泡状复合的腺体。若干乳腺集中在一定的区域称乳区；乳区集中在一个小的突起上称乳头；乳头数目因动物种类不同而有所不同，动物的乳头数目通常以乳式表示。

2.3.2　骨骼系统

（1）骨骼系统的功能

动物全身各骨连结一起构成动物体的支架，使其构成一定的形态。肌肉附着于骨骼上，收缩是以骨连接为支点，牵引骨骼而产生运动。在运动中，骨是运动的杠杆，骨连结（关节）是运动的枢纽，肌肉则是运动的动力。由骨骼、骨连结和肌肉组成了运动系统（即骨骼系统和肌肉系统组成运动系统）。运动系统在动物体体重中占相当大的比例，约为体重的 75% ～ 80%。

骨骼的机能包括供肌肉附着，作为动物体运动的杠杆；支持躯体，维持一定的体形；保护体内柔软的器官，如头骨保护脑，脊柱保护脊髓，胸廓保护心和肺等；造血功能，骨髓腔中的红骨髓能制造血细胞等；此外，协助维持体内钙、磷代谢的正常水平。

（2）骨的构造

主要由骨组织构成，包括骨膜、骨密质、骨松质和骨髓，及血管和神经。

1）骨膜：骨膜为骨表面的一层致密结缔组织，内含有血管和神经，包括骨外膜和骨内膜。

①骨外膜位于骨质的外表面，由外层结构致密具有保护作用的纤维层和内层的成骨细胞构成，富有血管、淋巴管及神经，故呈粉红色，对骨的营养、再生和感觉有重要意义。

②骨内膜衬于骨腔的内表面，由一层薄的网状结缔组织构成，兼有成骨和造血的功能，也有小血管从此出入骨组织。

2）骨密质：为表层致密而坚实的骨质，由整齐排列的骨板构成；骨密质主要构成长骨的骨干。

3）骨松质：呈海绵状，是由许多骨质小梁构成，轻便而坚固，构成长骨两端骺部和短骨的大部分。

4）骨髓：骨髓腔位于骨干中央，在长骨的骨髓腔和骨松质的间隙中都充满着骨髓，分红骨髓和黄骨髓。

① 红骨髓位于骨髓腔和所有骨松质的间隙内，具有造血功能。

② 成年动物长骨骨髓腔内的红骨髓被富于脂肪的黄骨髓代替，但长骨两端、短骨和扁骨的骨松质内终生保留红骨髓。当机体大量失血或贫血时，黄骨髓又能转化为红骨髓而恢复造血功能。

（3）骨表面的形态

骨的表面由于受肌肉的附着、牵引，血管、神经的穿通及附近器官的接触，形成了不同的形态。主要有突起和凹陷的两种形态。

1）突起：骨面上突然高起的部分称为突；逐渐高起的部分称为隆起。

2）凹陷：骨面较大的凹陷称为窝，细长者为沟。

（4）骨骼系统的分类

因形状、结构、机能、位置及胚胎起源不同而不同，且各种骨骼可以不同方式组合，并在各类群有很大的变化，分为皮肤骨（膜骨）和内骨骼。

1）皮肤骨：是由硬骨组成的板或磷，在皮肤（主要是真皮）内发生，不经软骨阶段。

2）内骨骼则位于机体深部，先形成软骨，且可（特别是在低等脊椎动物类群）终生保留为软骨。内骨骼可分为多寡不平衡的体骨骼和脏骨骼。脏骨骼可分为在咽裂间并司鳃运动的鳃骨骼及其衍生成分（如颌骨和听骨）；体骨骼包括脊椎、肋骨和有关的躯干部、尾部骨骼，以及形成头骨主要成分的脑颅。这几部分合称为中轴骨骼。肢带骨和附肢的骨骼组成附肢骨骼。附肢骨骼可视为中轴骨骼演变而成。典型的脊椎动物的骨骼一般分为头骨、躯干骨和四肢骨三部分。

① 头骨：由若干（由低等至高等数目越来越少）块大小不同的骨组成，分为脑颅骨和面骨两部分。颅骨：形成颅腔，保护大脑。面骨：主要构成鼻腔、口腔和面部的支架。

② 躯干骨：包括椎骨、肋和胸骨。

椎骨，又叫脊柱，由颈椎、胸椎、腰椎、荐椎、尾椎组成。

肋包括肋骨和肋软骨。肋骨：是弓形长骨，构成胸廓的侧壁，左右成对。其数量与胸椎数量相同。相邻肋骨间的空隙称肋间隙。肋软骨：位于肋骨的下端，由软骨组织构成。真肋：经肋软骨与胸骨直接相接的肋骨称真肋。假肋：如果肋骨的肋软骨不与胸骨直接相连，而是连于前一肋软骨上，这些肋骨叫做假肋。浮肋：肋软骨不与其他肋相接的肋骨称为浮肋。肋弓：最后肋骨与各假肋的肋软骨依次连接形成的弓形结构称为肋弓。

胸骨位于胸底部，由数个胸骨节片借软骨连接而成。其前端为胸骨柄，中部为胸骨体，两侧有肋窝，与真肋的肋软骨相接；后端为剑状软骨。胸廓：背侧的胸椎、两侧的肋骨和肋软骨以及腹侧的胸骨围成胸部的轮廓称为胸廓。

③ 四肢骨：包括肩带骨、腰带骨和成对的前肢骨、后肢骨。

前肢骨：包括肩胛骨、肱骨、前臂骨和前脚骨。其中前脚骨由腕骨、掌骨、指骨和籽骨组成。

后肢骨：包括髋骨、股骨、膝盖骨、小腿骨和后脚骨。其中后脚骨由跗骨、跖骨、趾骨和籽骨组成。

髋骨：为不规则骨，包括左右髂骨、坐骨和耻骨。

骨盆：由两侧的髋骨、背侧的荐椎和前 4 枚尾椎以及两侧的荐结节阔韧带共同围成的腔称为骨盆。

（5）内骨骼的类型

根据骨骼的大小和形状，分为长骨、短骨、扁骨和不规则骨。

1）长骨：主要分布于四肢的游离端，呈圆柱状，两端膨大称骺或骨端；中部较细，称骨干或骨体，骨干中空为骨髓腔，容纳骨髓。骨干与骨骺之间称骺板，幼龄时明显，成年后骺板骨化，骨骺与骨干愈合。如股骨、肱骨等。

2）短骨：一般呈立方形，多见于结合坚固、并有一定灵活性的部位，如腕骨、踝骨等。

3）扁骨：一般多呈板状，如颅骨等。

4）不规则骨：形状不规则，一般构成动物的中轴，如椎骨等。

（6）骨的连结

骨骼中所有的骨相互之间的连结，分为直接连结和间接连结。

1）直接连结：连结的骨之间不形成缝隙。低等脊椎动物大多是直接连结。骨质连结—骨性结合；软骨连结—软骨结合；纤维结缔组织连结—韧带结合。

2）间接连结：即关节，两连接的关节面被包在一个关节囊内，其囊壁由两连接骨的骨膜形成，囊内面衬以滑膜。囊中充满液体，有些关节腔内有关节内软骨。

（7）脊椎动物各纲骨骼系统的特点

1）鱼纲：鱼类骨骼分化程度很低，其脊柱只有体椎和尾椎之分。体椎附有肋骨，尾椎具血管弧。脊椎的椎体为双凹型。头骨由区分明显的脑颅和咽颅组成。软骨鱼的脑颅是一个构造简单的软骨脑箱，硬骨鱼脑颅由一些软骨性硬骨和膜性硬骨组成。附肢骨骼分为奇鳍骨骼和偶鳍骨骼两部分，鱼类成对的附肢骨骼没有和脊椎相连结。

2）两栖纲：脊柱比鱼类有较大的分化，由颈椎、躯干椎、荐椎、尾椎组成。具有颈椎、荐椎是陆生脊椎动物的特征。脊椎骨数目因种而异，为10～200块不等。椎体除少数水生种类为双凹型外，多为前凹型或后凹型，增大了椎体间的接触面，提高了支持体重的能力。两栖类头骨极为特化，软骨脑颅骨化不佳，膜性硬骨大量消失。

3）爬行纲：骨骼系统发育良好，适应于陆生。主要表现在脊椎分区明显，颈椎有寰椎和枢椎的分化，提高了头部及躯体的运动性能。躯干部有发达的肋骨和胸骨，加强了对内脏的保护，蛇类不具胸骨，其肋骨具有较大的活动性。爬行类的附肢骨基本结构与两栖类相似，但支持、运动的功能显著提高，指（趾）端具爪，是对陆栖爬行的适应。蛇类适应于钻穴生活，带骨及肢骨均有不同程度的退化或消失。

4）鸟纲：鸟类适应于飞翔生活，骨骼轻而坚固，大骨腔内具有充满气体的空隙，骨块发生愈合现象，肢骨有较大的变形。颈椎14枚，椎骨间关节面呈马鞍形，为双凹型椎骨，胸椎5～6节以硬骨质的肋骨与胸骨联结，肋骨不具软骨，借勾状突彼此相关联，胸骨具高耸的龙骨突起，加大胸肌的固着面；在不善飞翔的鸟类中，胸骨扁平，尾骨退化。头骨薄而轻，各骨块间已愈合成一整体，而且骨内有蜂窝状的小孔，内充气体。附肢骨有愈合及变形现象，前肢特化为翼；腕、掌和指骨愈合与消失，使翼骨骼构成一个整体。由于指骨退化，前肢无爪。耻骨退化，构成开放式骨盆。大多数鸟类具4趾，鸟趾的数目及形态变异是鸟类分类学的依据之一。

5）哺乳纲：骨骼系统十分发达，形状变化复杂。附肢骨分化成跖行（如兔形目、灵长目动物）、趾行（如食肉目动物）、蹄行（如奇蹄目、偶蹄目动物）三个基本足型。另外水生的种类，附肢骨退化。

2.3.3　肌肉系统

（1）肌肉的分类

依据肌肉组织的形态特点，将肌肉分为骨骼肌、平滑肌和心肌。

1）骨骼肌：又称横纹肌，这是由于在显微镜下可见肌纤维的细胞质里有明暗相间规则排列的横纹，受脊神经和脑神经的支配，能随意活动，故又称随意肌，收缩快而有力，有较高的兴奋性，但容易疲劳。

2）平滑肌：是构成内脏各器官腔壁的肌肉，如形成消化管、呼吸管、血管、泄殖管壁的肌层。平滑肌受交感神经和副交感神经支配，不受意志控制，不能随意活动，故又称不随意肌，收缩比较缓慢而持久。

3）心肌：构成心壁的主要部分，心肌纤维具横纹，但与骨骼肌不同。心肌和平滑肌一样，受植物性神经的支配。其收缩比骨骼肌慢，具有显著的自主节律性。

（2）肌肉系统的功能

由于不同肌肉的形态结构差异较大，它们的功能也不同。

1）骨骼肌的功能：引起或制止各种关节的活动，借以完成躯体运动、呼吸运动、保持正常姿势、维持躯体平衡和其他各种复杂的运动、活动。它受躯体神经的直接支配。

2）平滑肌的功能：维持各种内脏的正常形状和位置，并完成各种内脏的运动，受植物性神经的直接支配。

3）心肌的功能：随着心肌不断地搏动，把血液从静脉输送到动脉，并驱使它沿着血管周而复始地流动。

（3）肌肉的命名

肌肉的命名有一定的原则。按形状命名，如三角肌、圆肌、锯肌；按肌束走向命名，如斜肌、直肌、横肌；按所在位置命名，如胸肌、颞肌、浅肌、深肌；按肌肉数目命名，如二头肌、三头肌；按肌肉起止点命名，一般是将起点放在前面，如胸骨乳突肌，即起于胸骨，止于乳突；综合性的，如腹外斜肌，指明该肌肉是在腹部、外层、肌纤维斜行。应该指出的是，最初肌肉的命名是根据人体而定的，以后一直沿用于脊椎动物（特别是四足动物）的相应肌肉。

（4）脊椎动物各纲肌肉系统比较

1）鱼纲：鱼纲动物的运动形式简单，躯干肌保持肌节的原始状态，分节现象明显。

2）两栖纲：两栖类动物开始营陆地上生活，上陆后的运动更加复杂化，而且四肢还有承重的作用，躯干肌的分化程度大，进一步分离出许多独立的肌群。

3）爬行纲：爬行类动物比两栖类动物更适应于陆地生活，躯干肌更趋于复杂化，特别是发展了陆栖脊椎动物所特有的肋间肌和皮肤肌，整个躯干部强大而灵活。

4）鸟纲：鸟类的肌肉系统与其他羊膜类比较区别极大，这与它们的飞翔生活方式相联系的。其背部肌肉极不发达，仅颈部和尾部的肌肉较发达，腹部肌肉退化，与飞翔有关的胸肌十分发达。

5）哺乳纲：哺乳动物的肌肉系统和爬行类动物基本相似，但由于躯干部已完全抬离地面，以四肢来支持身体，因而和四肢有关的躯干肌更加复杂和强大，有相当一部分躯干肌被强大的肩带肌和腰带肌所覆盖。

2.3.4 呼吸系统

（1）呼吸系统概述

呼吸的生物学意义：机体的生命活动是靠体内有机物的氧化而产生的能。在氧化过程中，含有碳素的有机物变为二氧化碳和水，并释放出能量。因此机体要不断地摄入氧，同时又要排出二氧化碳和多余的水分。

呼吸：机体不断地摄入氧，同时排出二氧化碳和多余水分的过程。血液与空气中的气体交换称外呼吸；血液与组织间的气体交换称内呼吸。

（2）呼吸器官

包括鼻、咽、喉、气管、支气管、肺。鼻、喉、气管属上呼吸道，支气管及其以下为下呼吸道。胸膜和胸膜腔是呼吸的辅助装置。呼吸道具有软骨支架，黏膜上皮具有纤毛，以保证气流畅通和排出尘埃或异物。

1）鼻：是呼吸通道，也是嗅觉器官。包括外鼻、鼻腔和鼻副窦。鼻腔具有使吸入空气温暖、湿润和清洁的作用。

2）喉：是呼吸和发音的器官，由软骨、韧带、肌肉和黏膜构成。喉内有声带，声带间裂隙是声门，声带和声门由肌肉调节，当呼出的气流通过声门时，声带震动发出不同音调和音色的声音。

3）气管与支气管：由一些半环形气管软骨和其间的韧带构成。

4）肺：分为左右两部分。肺的实质如海绵状，是由反复分枝的支气管树、肺泡和血管组成。肺泡中的二氧化碳和血液中的氧可透过肺泡上皮与血管内皮进行气体交换。

5）胸膜与胸膜腔：胸膜是一层薄而光滑的浆膜，分脏、壁两层。脏层被覆于肺的表面，壁层衬贴于胸壁内面，两层之间形成密闭的胸膜腔，内含少量的浆液，可减少呼吸时两层之间的摩擦。

（3）呼吸运动和组织中的氧储存

1）呼吸运动：呼吸运动包括吸气和呼气两期。吸气时空气进入肺内，氧由肺转到血液，通过血液的运输而分布于全身各部，然后脱离血液进入组织间隙以供细胞利用。细胞所产生的二氧化碳则循相反的路径向外呼出。

2）组织中的氧储存：红血球中的血红蛋白的功能是输送氧，肌红蛋白的功能是储存氧。

3）缺氧症

① 循环性缺氧：心输出量减少，血液循环慢，血中含氧量虽然已饱和，但因为血流量太慢不足以满足组织的需要。这种缺氧，即使吸入纯氧也无助。

② 呼吸性缺氧：肺泡壁因炎症而加厚，或肺泡中积水，使气体弥散受到障碍，因而动脉血内的氧含量不能饱和。若提高肺泡中氧分压，则可加强弥散而增加氧的饱和度，故吸入纯氧能减轻或解除缺氧症状。

③ 贫血性缺氧：血液中红细胞太少或细胞内的血红蛋白太少，以致血液运输氧量减少造成缺氧。

④ 组织中毒性缺氧：中毒使细胞内氧化酶不能活动，组织无法利用氧而造成缺氧。

（4）脊椎动物各纲的呼吸系统比较

1）鱼纲：鱼类是鳃呼吸的水生脊椎动物，其咽部两侧各有 5 个鳃裂，水中的含氧量和鱼的生命活动关系密切。当每升水中含氧量少于 1 毫克时，就会出现鱼浮到水面的现象。除了用鳃呼吸外，有些鱼类还可用身体的其他部分进行气体交换以补充腮呼吸的不足。如皮肤呼吸、肠呼吸，口腔表皮呼吸等。

2）两栖纲：两栖类动物具有一对囊状肺，结构简单。由于两栖类动物不具肋骨和胸廓，所以肺呼吸是采用特殊的咽式呼吸来完成。两栖类皮肤呼吸占有突出的地位。在水陆两栖类动物中，鳃的结构复杂，鳃和皮肤为主要呼吸器官，肺的结构相应简单，有的甚至完全退化。

3）爬行纲：爬行类动物的肺较两栖类动物的肺发达，外观似海绵状，呼吸表面积加大，某些蜥蜴肺的末端连有一些大的气囊。

4）鸟纲：鸟类的呼吸系统十分特化，表现为发达的气囊与支气管相通。气囊广泛分布于内脏、骨腔及某些肌肉之间。气囊的存在使鸟类产生特殊的呼吸方式：双重呼吸，亦即在吸气与呼气时肺内均进行气体交换。鸟类的呼吸系统是一个巨大的气体贮存库，它甚至能在没有呼吸运动时保证气体的交换。这种气体的贮备对鸟类飞行是必要的。水禽的呼吸系统使体重减轻。鸟类对氧气不足很敏感，空气中含氧量降低 1.5% ～ 2% 时，就会引起喘息，空气中二氧化碳含量增加不引起鸟类的呼吸加速，而引起呼吸停止。

5）哺乳纲：如上述。

2.3.5　消化系统

（1）消化系统概述

1）消化的生物学意义：动物能正常地生存，必须不断地进行新陈代谢，必须经常不断地从外界环境中摄取营养物，作为机体活动和组织生长的物质和能量来源。各种食物的化学结构十分复杂，不能直接为动物机体所利用，只有经过消化器官的咀嚼、研磨和消化酶的作用，转变为构造简单的可溶性物质才能被机体所吸收利用。

2）消化：是机体对食物的物理、化学和微生物的加工过程。

3）吸收：是各种营养物质通过某些细胞层（肠黏膜）进入血液的过程。

4）食物的消化，食物的消化一般有三种：物理消化、化学消化和微生物参与的消化。

① 物理性消化：食物在消化管内依靠咀嚼和消化管肌肉的蠕动，磨碎、混合并由消化管的前一部位运行至后一部位的过程。

② 化学性消化：食物在消化管内靠消化液的作用，将分子结构复杂的物质转变为分子结构比较简单的物质以便吸收的过程。消化腺产生的消化酶可分为蛋白分解酶、糖分解酶、脂肪酶、凝乳酶等。

③ 微生物参与的消化：由居留在消化管内的微生物参与的消化过程。

（2）消化器官的结构

消化器官可分为消化管和附属器官两部分。消化管由口腔、咽、食道、胃、小肠、大肠、肛门组成；附属器官包括齿、舌、唾液腺、肝、胰等。

1）口腔：为消化管的开端。口腔被覆黏膜，在唇缘处与皮肤相连，后端接咽颊黏膜。舌是灵活而柔软的肌肉器官，位于口腔底部，用以提取、支持和搅拌食物，也参与饮水和吞咽动作，也是味觉和触觉器官。有三对通过导管开口于口腔的大腺体：腮腺、颌下腺、舌下腺。

2）咽：是由肌肉形成的膜腔，位于呼吸道与消化道的交叉部。咽非常狭窄，前方是鼻后孔和口腔；后上通食管，后下通气管。咽在吞咽食物时由会厌软骨盖闭喉部，食物不致落入气管。

3）食道：是由肌肉围成的管状结构，起自咽终于胃，在喉和气管的背侧与脊柱腹侧，经由颈部、胸腔穿过膈肌入腹腔与胃贲门部相连。

4）胃：胃为消化管膨大部。胃壁的结构分四层：从外到内为浆膜层、肌层、黏膜下层和黏膜层，肌层特别发达。单室胃分为贲门部、胃底、胃体和幽门部。反刍动物的胃可分瘤胃、网胃、瓣胃、皱胃，前三个胃通称前胃，是食道特化而成，为无腺胃；皱胃是有腺胃，相当于单胃动物的胃。瘤胃容积最大，其中含有大量的微生物。胃有暂时贮存食物及将食物与胃液混合研磨，进行初步消化的作用；胃还有吸收水分、盐类、醇类和某些药物的作用。胃腺包括贲门腺、胃底腺、幽门腺。

5）肠：肠是由胃至肛门的一段消化管，是对食物进行消化、吸收和排出残渣的部分。分为小肠（十二指肠、空肠、回肠），大肠（盲肠、结肠、直肠）。

① 小肠：十二指肠前接胃幽门，后接空肠。十二指肠上部有胆管和胰腺管的开口，还有十二指肠腺；空肠是小肠最长的部分，血管丰富，粘膜多皱褶，富有小肠腺和绒毛；回肠为小肠末端，连于盲肠或结肠，反刍动物回肠不发达。

小肠壁分为浆膜层、肌层、黏膜下层和黏膜层四层。

② 大肠：分为盲肠、结肠、直肠。大肠主要是吸收和排泄器官。盲肠是大肠起始部的一个盲突，有的动物盲肠已退化；在回肠与盲肠交接处有各式各样的回盲瓣，而且在回肠入口处有起闭锁作用的括约肌。结肠在不同的动物中大小、位置不同，其特点是黏膜层无绒毛。直肠为消化管的末端，与结肠无明显界限，一般很短。

大肠分为浆膜层、肌层、黏膜下层、黏膜层四层。但无肠绒毛，肠腺多，腺体大。

（3）消化特点：口腔内主要是唾液参与、物理性消化（咀嚼）；胃内主要是胃蛋白酶消化，反刍动物瘤胃中的部分粗饲料再返回口腔重新咀嚼，之后又吞咽进入瘤胃；小肠是食物消化的最主要场所，主要是有消化液参与的化学性消化；大肠内的消化也是有消化液参与的化学性消化，但大肠所参与消化的食物比小肠少得多。

（4）食物在消化道内的吸收特点：吸收是消化后的物质通过细胞进入血液的过程。消化道不同部位吸收速度和养分不同。口腔、食道内吸收一些药，不吸收营养；胃仅能吸收水分、葡萄糖等，吸收量少，速度慢；小肠是最重要的吸收部位，营养物质在小肠充分的吸收；大肠主要是吸收水分和盐类，吸收有机养分的作用很有限；草食动物和某些杂食动物的盲肠及结肠中，仍继续进行强烈的消化，同时吸收所消化的营养物质。

（5）脊椎动物各纲消化系统比较

1）鱼纲：鱼类没有唾液腺，胃、肠分化不明显，肠管较长。有些鱼类有明显定形的胰脏；有些鱼类胰腺体埋入肝脏中，构成肝胰脏。

2）两栖纲：两栖类的消化道及消化腺与鱼类没有本质的区别，它们具有泄殖腔。胰腺管先注入胆总管，随胆汁进入肠管，无入肠的独立管道。

3）爬行纲：爬行类中的陆栖动物的口腺发达，大肠开口于泄殖腔。大肠、泄殖腔具有重吸收水分的功能。由爬行类开始出现盲肠。

4）鸟纲：鸟类的消化管由口咽腔、食管和嗉囊（或食管膨大部）、胃、小肠、大肠（一对盲肠和一条直肠）、泄殖腔组成；附属器官包括喙、肝和胰等。鸟类有角质的喙，口腔无牙；食道具有较大的延展性，有些鸟类食道下端膨大为嗉囊（或食管膨大部）。鸟类的胃分为腺胃和肌胃。鸟类直肠极短，不贮存粪便，具有吸收水分的功能。在小肠与大肠交界处有一对盲肠，具有吸收水分的作用，并能与细菌一起消化植物纤维。鸟类消化方面的特点是：消化力强，消化过程迅速。主要消化腺是肝脏和胰脏，各自的肝管和胰管分别注入十二指肠。

5）哺乳纲：如上的基本内容介绍的就是哺乳纲的消化系统。

2.3.6　血液循环系统

（1）循环的意义与功能

血液循环系统由一系列密闭的管道组成，分为心血管系统和淋巴系统。心血管系统内流着血液，淋巴系统内流动的是淋巴，淋巴与血液相同。

1）血液循环的生物学意义：为了维持新陈代谢和生命活动，动物需要把营养物质、氧运送到细胞；同时把代谢废物运走，调节机体内环境。血液循环停止 4-6 分钟以上时，大脑皮层机能会受到不可逆转的破坏。

2）循环系统的功能：

① 物质运输：将营养物质、氧、激素等送到全身各器官、组织、细胞；同时又将各器官、组织、细胞的代谢产物二氧化碳、尿素等运送到肺、肾和皮肤排出体外，能使内环境基本保持恒定，不致发生显著变化。

② 防卫功能：血液和淋巴中的一些细胞（如白细胞）和抗体，能吞噬、杀伤及灭活侵入体内的细菌和病毒，并能中和它们所产生的毒素。

③ 内分泌作用：心脏能分泌心房肽，有利尿和扩张血管的功能。

④ 调节体温:动物体内产生的热能，并有一部分需要运送至体表散出，保持体温恒定。

（2）血液

是一种能够流动的结缔组织，存在于血管之中，可分为血浆和血细胞两大类。血浆占全血的 50% ～ 60%，血细胞占 40% ～ 50%。

1）血浆：相当于结缔组织的细胞间质，为黄色液体。含有大量的纤维蛋白原、白蛋白、球蛋白、酶、各种营养物质、代谢产物、激素、无机盐等。除掉纤维蛋白原的血浆称为血清。哺乳动物血清中的盐分浓度相当于 0.9% 的氯化钠溶液浓度，鸟类为 1.025%，淡水鱼为 0.7%。

2）血细胞：血细胞是血液中的有形成分，分为红细胞、白细胞和血栓细胞。

① 红细胞：亦称红血球，是一种柔韧而富于弹性的红色细胞，大多数哺乳动物的红细胞成熟后为无核细胞，呈双面凹陷的圆盘状。其他脊椎动物的红细胞则有核，呈椭圆形，两端比较突出。红细胞的平均寿命为 120 天，数量的变化超过 16% 时属于病理变化。

红细胞含有大量的血红蛋白，血红蛋白是一种运载氧的工具，在肺泡附近血红蛋白与氧结合，到达组织时将氧释放出，同时携带组织中的代谢产物二氧化碳到肺排出体外。

② 白细胞:白细胞是无色有核的细胞，对机体有重要的防御机能，当细菌侵入体内时，

白细胞即由毛细血管穿出包围并将细菌粘着吞入胞内加以消灭。白细胞分为两大类，一类细胞内含特殊颗粒，称为粒细胞；另一类不含特殊颗粒，包括淋巴细胞和单核细胞。

③血栓细胞：与血液凝固有关。在哺乳类，血栓细胞以血小板的形式存在，为无核的多形态小体。血栓细胞呈纺锤细胞形，中央有一个核。

3）血细胞的生成：哺乳动物的红细胞在胚胎期是胚外的间质细胞分化而成。出生后红骨髓是主要的造血器官。鸟类的腔上囊、哺乳动物淋巴结和胸腺是淋巴细胞的产生器官。

（3）心血管系统

包括心脏、动脉、毛细血管、静脉。高等脊椎动物的血液循环分为体循环和肺循环，心脏的左心房与左心室相通，右心房与右心室相通。

体循环：又称大循环，血液由左心室经主动脉与其分支，通过肺以外毛细血管网，最后由静脉汇合入右心房。

肺循环：又称小循环，血液由右心室经肺动脉，进入肺毛细血管网，再进入肺静脉而到达左心房。

1）心脏

①心脏：是一个中空的肌质器官，外面包有心包；心脏呈左、右稍扁的倒立圆锥形，其前缘凸，后缘短而直。上部大，称心基，有进出心脏的大血管，位置较固定；下部小且游离，称为心尖。哺乳动物的心脏表面有一环行的冠状沟和两条纵沟。冠状沟靠近心基，是心房和心室的外表分界，上部为心房，下部为心室。心以纵向的房间隔和室间隔分为左、右互不相通的两半。每半又分为上部的心房和下部的心室。左、右共四个腔。同侧的心房和心室各以房室口相通。心房与心室间，心室与大动脉间都有瓣膜。随着心脏不断地搏动，能把血液从静脉转送到动脉，使血液沿着血管流动。

心房和心室的壁都由三层膜组成：心内膜、心肌、心外膜，其中心肌是心脏的主要组成部分，主要生理特性是兴奋性、自律性、传导性和收缩性。

②心动周期：是在不断地进行有节律的收缩和舒张的活动，即心搏。心搏过程包括收缩期、舒张期。心脏每一次收缩和舒张的过程，叫做一个心动周期。

心率：动物安静时每分钟的心跳次数，简称心率。因动物种类、年龄、性别以及其他情况而有所不同。如年幼动物心率快，随着年龄的增长逐渐减慢；雄性动物比雌性稍快；在安静时心率慢，情绪紧张时心率加快。代谢高时心率快，代谢低时心率慢。

2）血管的构造分为动脉、静脉和毛细血管。

①动脉：动脉的管壁厚，富有收缩性和弹性，将心脏射出的血液，送往机体各部。

②静脉：壁很薄，管腔大，有些静脉内有静脉瓣膜，防止血液倒流。静脉趋向心脏时管径变大，管壁加厚，中、小静脉常同相应的动脉伴行。

③毛细血管：壁仅由一层内皮细胞构成，分布在器官组织内，连接在动脉与静脉之间，成网，分为连续毛细血管、有孔毛细血管和血窦。

（4）淋巴循环

由淋巴管道、淋巴组织、淋巴器官和淋巴液组成淋巴系统。淋巴管道包括毛细淋巴管、淋巴管、淋巴导管。淋巴导管的末端通入大静脉。

淋巴循环是辅助循环，也是机体内重要的防卫系统。淋巴系统的免疫活动还协同神经及内分泌系统，参与机体其他神经体液调节，共同维持代谢平衡、生长发育和繁殖等。组织液进入淋巴毛细管后即称淋巴液，其成分和血浆相似，但蛋白质含量比血浆少。淋巴结有过滤淋巴液、扣留和吞噬微生物与癌细胞的作用。脾和淋巴结能制造淋巴细胞。

（5）脊椎动物各纲循环系统的比较

1）鱼纲：心脏小，一个心房，一个心室，血行属单循环，血流速度很慢。

2）两栖纲：心脏由静脉窦、心房、心室和动脉圆锥组成。淋巴系统在皮下扩展成淋巴腔隙，不具淋巴结。为不完善的双循环。

3）爬行纲：心脏由静脉窦、心房和心室构成四腔，心室具不完全的分隔，双循环尚不十分完全。

4）鸟纲：心脏具二心房二心室，具有一对大的胸导管，收集体内的淋巴液，然后注入大静脉。动静脉血液完全分开，是完全的双循环，心跳频率一般在 300 次／分钟左右。

5）哺乳纲：如上述。

2.3.7　内分泌系统

（1）内分泌系统

由内分泌腺、内分泌组织和细胞构成。内分泌腺没有输出管，分泌激素直接进入血液或淋巴，以调节各器官系统的功能活动，称体液调节。体液调节也受控于神经系统，共同实现神经体液调节。激素所作用的细胞和器官称为靶细胞或靶器官，不同的激素作用于不同的细胞和器官。已知的内分泌器官有垂体、甲状腺、肾上腺、甲状旁腺、胰腺、性腺等。

内分泌系统存在四种形式：一是独立的内分泌腺，如垂体、肾上腺、甲状腺、甲状旁腺和松果体；二是附属于某些器官的内分泌细胞群，如胰岛、黄体、睾丸间质细胞、肾小球旁细胞；三是散在的内分泌细胞，种类多，数量大，如神经内分泌系统；四是兼有内分泌功能的细胞，如心肌细胞能分泌心钠素。

（2）内分泌系统的功能

动物体的各种生命活动直接受中枢神经系统的支配和调节，也间接受中枢神经控制下某些细胞、组织、器官所分泌的活性物质的支配和调节；产生或分泌激素的组织、器官称为内分泌腺。内分泌腺没有导管，故称无管腺，它所分泌的激素直接进入血液，随血液循环分散到整个机体内以加强或减弱某些内部器官的活动，从而协调机体的各种生理功能。散在机体各处的内分泌腺分泌不同的激素，起不同的作用，它们彼此之间有一定的联系，共同组成一个内分泌系统。内分泌系统受神经系统的制约，同时与神经系统相辅相成，通过二者的协同作用来调节机体内的代谢过程。

2.3.8　生殖系统

（1）生殖系统与性成熟、体成熟、生殖机能是保证种族延续的生理过程的总称，分为卵细胞和精子的形成过程，两性的交配过程和胚胎发育过程。

高等动物是用有性生殖的方式生殖。动物生长发育到一定年龄，生殖器官基本发育完全，具备了繁殖能力，这时期叫性成熟。动物达到性成熟的期限各不相同，因动物的种类不同，而且受气候、饲养管理和其他因素的影响。体成熟指动物生长发育到一定年龄，身体器官发育完全，功能完整。

（2）生殖器官的结构

1）雄性生殖器官：雄性生殖器官由睾丸、附睾、输精管、阴茎和附属腺组成。

①睾丸和附睾：睾丸呈扁卵圆形，其大小随性周期而变化。附睾附着于睾丸上外缘，附睾由睾丸输出小管组成，尾端过渡成输精管。

②输精管：起自附睾尾端，经腹股沟管入腹腔，绕过输尿管进入尿生殖道前部。尿生殖道前端上方围绕输精管末端有发达的前列腺。

③阴茎：是交接器官，主要是由勃起组织（阴茎海绵体，食肉目、啮齿目中有些种类具阴茎骨）构成，阴茎平时隐于后腹壁皮肤形成的包皮中。

④附属腺（副性腺）：包括精囊腺、前列腺和尿道球腺。

2）雌性生殖器官：由卵巢、输卵管、子宫和阴道组成。

①卵巢：位于腰下部，包于卵巢囊中，是一对略扁的椭圆形器官。它产生卵子，同时又是内分泌器官。

②输卵管：起始部为输卵管漏斗，包于卵巢囊中，与子宫角相接，是卵子受精的部位。

③子宫：位于腹腔腰部。子宫上端称子宫底，下端较细称子宫颈，子宫底与颈之间是子宫体。子宫壁由内膜，肌层和浆膜组成，卵子受精后种植在子宫壁的内膜里发育成胚胎。子宫分为双子宫（复子宫）、双分子宫（对分子宫）、双角子宫、单子宫。

④阴道：阴道上端包围着子宫颈，下端开口于阴道前庭。阴道壁由粘膜、肌层、外膜构，阴道外口具阴蒂。

（3）性腺生理

1）睾丸的机能：产生精子，分泌雄性激素。

2）卵巢的机能

①卵巢与排卵：性成熟动物的卵巢中有大量的卵泡，大部分卵泡处于原始卵泡阶段，原始卵泡不断长大，但在性成熟期以前未到成熟阶段即行退化。多胎动物的一个卵泡可以成熟若干个卵细胞，两卵巢多卵泡相继排卵，并持续相当长时间；单胎动物是左右卵巢轮流排卵。有些动物只有经过两性交配或交配动作的刺激才排卵。

②性周期：在性成熟后与性机能减退前，卵巢周期性的形态和机能变化，即性周期，哺乳动物（灵长类除外）以卵泡的周期性成熟为基础。哺乳动物动情周期可分为发情前期、发情期、发情后期和休情期，大多数哺乳动物一年中只出现 1～2 个动情周期。

（4）受精、妊娠、分娩、哺乳

1）受精：精子和卵子的结合称为受精，哺乳动物受精一般在输卵管内进行。

2）妊娠：受精卵在输卵管和子宫内发育的过程，各种动物的妊娠期不同。

3）分娩：发育成熟的胎儿离开母体的过程为分娩，分为三步，第一步是子宫纵向肌收缩，环状肌松弛，子宫颈及子宫口扩大；第二步是胎膜破裂，羊水流出，腹肌、膈肌及子宫体出现强烈收缩，将胎儿娩出；第三步是排出胎盘并使子宫壁的静脉闭合。

4）哺乳：娩出的胎儿吸食乳汁发育成长。乳汁中含有母乳清蛋白、乳球蛋白、乳糖、脂肪、类脂体，并有许多维生素和无机盐类，但缺乏铁质。分娩后 1～3 日内的乳汁色黄而浓，称为初乳。初乳中含有大量的免疫蛋白，在幼兽自身免疫系统没有发育完善之前，主要依靠从母体获得的免疫物质。初乳能促进初生幼仔的胃肠蠕动，排出胎粪。

（5）脊椎动物各纲生殖系统比较

1）鱼纲：鱼类的生殖系统是由生殖腺（精巢和卵巢）及输导管组成。大多数鱼类是雌雄异体，少数为永久性的雌雄同体，鱼类受精发育有几种类型：体外受精，体外发育；体外受精，体内发育；体内受精，体外发育；体内受精，体内发育。

2）两栖纲：雄性有一对精巢，精液经输精小管、肾脏、输尿管到泄殖腔而排出体外。雌性有一对卵巢，成熟卵经腹腔进入输卵管开口到泄殖腔。体外受精，受精卵在水中发育，幼体经过变态。

3）爬行纲：雄性有一对精巢，有交配器，交配器有的成对，有的为泄殖腔腹侧的单个突起。精液经输精管到达泄殖腔，体内受精。雌性生殖系统与两栖纲类似。

4）鸟纲：生殖腺活动有明显的季节性，在繁殖期生殖腺体积可增大几百倍至近千倍。雄性具有成对的睾丸和输精管，开口于泄殖腔。大多数鸟类以泄殖腔接口而受精，不具交配器。鸵鸟和鸭类等的泄殖腔腹侧隆起，构成交配器。鹳形目及鸡形目动物有残存交配器的痕迹。雌性大多数有单一的（左侧）有功能的卵巢，有些种类有成对卵巢。成熟卵通过输卵管前端喇叭口进入，受精作用发生于输卵管上端，受精卵沿输卵管下行过程中，依次被输卵管分泌的蛋白、壳膜所包裹。

5）哺乳纲：原兽亚纲具泄殖腔，卵生；后兽亚纲泄殖腔趋于退化，子宫进化不完善；真兽亚纲的生殖系统与消化系统（直肠、肛门）和泌尿系统完全分开，并有完善的子宫。哺乳类生殖系统最完善，哺乳动物胎盘分为四种类型。

① 散状胎盘：绒毛平均分布，贫齿类、鲸类、猿猴类和大多数有蹄类。

② 多叶胎盘：绒毛集中成叶状，大多数反刍类。

③ 环状胎盘：绒毛集成宽带状，围绕胚胎的中部，食肉目、长鼻目、鳍脚目、海牛目等。

④ 盘状胎盘：绒毛呈盘状，食虫目、贫齿目、翼手目、灵长目等。

2.3.9　神经系统

（1）神经系统

由脑、脊髓及脑神经、脊神经、植物性神经和神经节共同组成。控制动物机体的生命活动，调整机体内部各器官的动态平衡，并使机体主动地适应外界环境：运动与平衡、内脏的活动和血液供应、代谢产物的排放等。神经系统是信息贮存处（特别是人类，神经系统是思维活动的物质基础）。

神经系统的形态与机能单位是神经元。神经元由神经细胞及其突起组成，分为感觉神经元、联合神经元、运动神经元。

脑和脊髓可分为灰质和白质两部分。灰质是神经元的胞体、树突以及与它们联系的神经纤维末梢。白质主要是神经纤维束构成。脊髓灰质位中央，被白质包围；大脑半球和小脑的灰质大部分位于表层，称为皮质，皮质深面是白质。

（2）中枢神经系统

包括脑和脊髓。

1）脑：典型脊椎动物的脑分为大脑、间脑、中脑、小脑和延脑。

① 大脑：分为嗅叶、大脑。自爬行动物起，形成大脑皮层，高等动物的生理功能都直接或间接受大脑皮层控制。

② 间脑：位于大脑后方，左右两侧具厚壁，称为丘脑。背方顶部两个突起，前为顶器，

后为松果体，腹方一个脑漏斗，紧连脑垂体。松果体和脑垂体均为内分泌腺。脊椎动物的视神经主要部分是内间脑两侧分出而形成的，某些爬行动物（如喙头蜥）的顶器发达，并具眼球的基本构造，能感受光的刺激，因此有顶眼之称。

③ 中脑：主要部分是视叶，为动物的视觉中枢。通常是一对，哺乳类是四个，故称四叠体。中脑的腹壁很厚，称为大脑脚。

④ 小脑：位于延脑的背侧，壁很厚，脑腔多已退化，是调节机体平衡和运动的中枢，高等动物的小脑分化成两个半球，腹面以脑桥相连。

⑤ 延脑：连接脑髓和脊髓的部分，腹壁很厚，前接大脑脚，后接脊髓，下方为第四脑室，是调节呼吸、循环、消化腺分泌、糖代谢等的中枢，即动物的生命中枢。

2）脊髓：紧接在延脑之后，呈圆柱状，由神经管发展而成，管壁很厚，管腔极细。脊髓在背腹两面的正中体上各有一条纵沟，分别称为背沟和腹沟。脊髓内部为灰质，外部为白质，灰质在脊髓中呈"H"形。

3）周围神经系统：包括脑神经、脊神经和植物性神经，大多数为混合神经，既含有感觉神经纤维、运动神经纤维。有的仅包含感觉神经或运动神经。

① 脑神经：由脑部腹面向两侧发出，共 12 对。现将哺乳动物的脑神经简介如下，参见脑神经简表 2-3-1。

脑神经简表　　　　　　　　　　　　　　　　　　　　表 2-3-1

顺序	名称	与脑部联系部位	分布部位	功　能
1	嗅神经	大脑嗅叶	鼻腔粘膜	感觉：嗅觉
2	视神经	间脑	视网膜	感觉：视觉
3	动眼神经	中脑	眼肌、虹膜、晶体	运动：眼部活动
4	滑车神经	中脑	眼球肌	运动：眼部活动 感觉：头、面部感觉
5	三叉神经	脑桥	颌肌、面部、口舌等	运动：舌、颌的活动
6	外展神经	延脑	眼肌	运动：眼球运动
7	面神经	延脑	舌、颌肌、面肌、唾液腺等	感觉：味觉 运动：面部表情、咀嚼
8	听神经	延脑	内耳	感觉：听觉与平衡
9	舌咽神经	延脑	舌、咽、耳下腺等	感觉：味觉与触觉 运动：咽部运动
10	迷走神经	延脑	咽、食道、胃肠、心、肺等	感觉：内脏感觉 运动：内脏活动
11	副神经	延脑和颈部脊髓	咽、喉头、肩部肌肉	运动：咽、喉、肩部的活动
12	舌下神经	延脑	舌肌	运动：舌的活动

② 脊神经：是由脊髓发出的周围神经，成对，数目随动物种类而异，如人为 31 对，猪为 33 对。每一条脊神经分背、腹两根。背根包含感觉神经纤维，将来自皮肤、内脏的刺激传至中枢神经系统；腹根包含运动神经纤维，将中枢系统发出的冲动传到各效应器。

③ 植物性神经：是支配动物机体内脏的生理机能，不受意志的支配，分为交感神经系统和副交感神经系统，各器官分布有交感神经和副交感神经，两者的作用互相颉颃。

（3）感觉器官

脊椎动物的感觉器官可分为感受物理刺激和感受化学刺激两大类。前者如皮肤、侧线、平衡器官、听觉和视觉等；后者有味觉、嗅觉等。

1）皮肤感觉器：脊椎动物的皮肤中的游离神经末梢形成的触觉细胞或触觉小体，呈点状分布，有压点、痛点、冷点、热点等。

2）侧线器：水栖动物所特有，两栖类动物身体上可见到具有感觉细胞的小窝，鱼类则有侧线管。

3）平衡器和听觉器：脊椎运动中的低等类群（鱼类）只有内耳，主要起平衡身体的作用。动物从水栖发展到陆栖后，内耳的听觉作用才逐渐加强，陆生环境使其在内耳的基础上增加了中耳、外耳，进化成具有高效力的听觉器。

4）视觉器：脊椎动物一般都具有发达的视觉器官——眼。眼的结构在各类动物中变化不大，只是调节的方式不同。

5）味觉器：属较原始的化学感受器。所有脊椎动物有味蕾，具有味细胞，可感知味道，分布于舌尖、舌背、舌边、部分软腭及咽的后壁上，舌背中央无味蕾。

6）嗅觉器：是高度分化的感受化学刺激的器官。鱼类一般具有成对的外鼻孔和嗅囊；陆生脊椎动物由于呼吸空气，其嗅觉器与口腔相通因而出现了内鼻孔，鼻腔兼有嗅觉和呼吸两种功能。

（4）高级神经活动学说

神经活动基本方式是反射，反射是机体在神经系统参与下，对刺激所发生的全部应答性反应。反射活动可区分为非条件反射和条件反射两大类。非条件反射是通过遗传而获得的先天性的反射；条件反射是个体发育过程中在一定的条件下后天获得的，需要一个建立过程。高级神经活动的基本方式是条件反射（即信号性活动）。例如当投喂动物时，人为的发出某种声音，经过一段时间，动物听到声音后即到投喂地点等待食物，甚至会流出唾液。这种声音信号与进食并无关系，称为无关刺激，但当它多次与食物相结合，就成为吃食物的信号，使这种声音成为条件刺激。这样形成的一类反射就是条件反射的一种形式。

2.3.10　排泄系统

（1）排泄系统概述

1）排泄的生物学意义：排泄是动物机体代谢作用的最终产物从体内排出的过程，是动物体与外界环境进行物质交换的最终阶段，包括排粪、排尿、出汗、呼气等。生理意义包括：

① 排出代谢产物，主要是尿素、尿酸、肌酸及各种酸根。

② 维持内环境的相对恒定，保障体内正常生理活动。

③ 保持营养物质于一定的水平，正常情况下营养物质不会由排泄器官排出体外。

④ 汗腺的分泌能排出相当数量的代谢产物。

2）各代谢产物的排泄路径

① 肺：在呼气时，排出二氧化碳和水分，及少量热能和挥发性物质。

② 大肠：排出未被吸收的食物残渣，及一些无机盐和钙、镁、磷等元素。

③ 皮肤：通过汗腺和皮脂腺可排出水分、乳酸、尿酸等。

④ 肾脏：排出水分、有机物和无机盐，是主要的排泄器官。

（2）泌尿器官的结构及功能

包括肾脏、输尿管、膀胱和尿道。肾是产生尿液的器官，输尿管是输送尿液至膀胱的管道，膀胱是暂时贮存尿液的器官，尿道是排出尿液的管道。机体在新陈代谢过程中产生的代谢产物，由血液带到肾脏，经肾滤过形成尿液排出体外。同时，肾脏在维持机体水盐代谢、渗透压和酸碱平衡方面也起着重要的作用，还有内分泌功能，能产生肾素、前列腺素等，对机体的某些生理功能起调节作用。

肾是成对的实质性器官，左右各一，由肾单位组成。每个肾单位包括肾小体和肾小管。肾小体由毛细血管和肾球囊组成。肾小管分近球小管、细小管、远球小管。远球小管通入集合管，集合管再接于乳头管而开口于肾盂，尿液由肾盂流出经输尿管储存于膀胱。

（3）尿的生成与特性　先由肾小球滤出成为原尿，再经肾小管重吸收和分泌成为终尿。一般情况下一个正常的人每小时可生成180L原尿。尿的成分反映动物体的代谢过程、生理状况和肾机能状态，草食性动物的尿偏碱性（吃奶期间的尿为酸性），比重较杂食性和肉食性动物的高，肉食性或杂食性动物的尿都偏酸性反应。

（4）脊椎动物泌尿系统比较

1）鱼纲：终生生活在水中，肾脏除有泌尿功能外，还有调节体内水分使之保持恒定的作用。淡水鱼需要不断排水，所以肾小体数目多，海生硬骨鱼需减少泌尿量，所以肾小体退化，甚至完全消失。

2）两栖纲：尿经输尿管入泄殖腔，泄殖腔腹面具有膀胱的开口。肾小管对水重吸收作用不强，由膀胱执行重吸收功能。

3）爬行纲：膀胱、泄殖腔和大肠均有重吸收水分的功能。

4）鸟纲：与爬行纲动物的肾相似，肾小球数目比哺乳类大两倍，尿呈半凝固的白色结晶。鸟类不具膀胱，肾小管和泄殖腔都有重吸收水分的功能。

5）哺乳纲：已在上述过。

第3章 动物营养学基础

3.1 动物的食性

　　食物是连接动物与环境的纽带，也是动物群落中各种种间关系的基础。生命的特性之一是从环境中获取营养，在一个生境中，动物对环境条件适应幅度越大，其生态价就越高，表现在食性上则为广食性。例如，只要是合适的植物种子一些文鸟几乎都可取食，既有禾本科的，也有豆科和锦葵科；狼可以捕食大到野牛小到老鼠的各种动物。反之，生态价较低时则在食性上表现为狭食性，这类营养方式的动物只以某一类植物或一类动物为取食来源。交嘴雀只吃针叶树的种子，渔鸮几乎只以鱼类为食，类似的还有部分翠鸟。哺乳动物中一种生活在中南美的食蛙蝠，它们除了蛙类外一般不吃别的动物。狭食性中最极端的要算是单食性了，这类动物只以一种植物或一种动物为食，多为一些无脊椎动物。脊椎动物中比较罕见，过去人们认为大熊猫是单食性的，但后来发现它们并非只吃箭竹，偶尔也会以啮齿类等荤腥作点补充。

　　根据营养对象的不同，我们可以将动物的食性划分为植食性、肉食性和杂食性三大基本类型，每个类别里面又可以分为很多小类，更细化了食性特征。由于食性不同，动物会进化出不同的生理适应，特别是消化道的结构和长度。通常，植食性动物的消化道比较复杂，长度长；而肉食性动物消化道光滑，长度短；而杂食性动物的消化道则介于两者之间。

　　从食物链的分布看，大多数的动物属于植食性，即以植物为营养来源。植食性里面又分为食草、食叶、食花蜜、食谷、食果等类别。然而在鸟类中只有3%是素食，多为陆栖鸟类，如：鸵鸟、麝雉、褐雨燕、鹅、天鹅、浅鸭、松鸡等。由于鸟类的飞行需要限制了体形和体重，消化高纤维需要占用大量体形，而且飞行需要高蛋白低脂肪的食物，所以植食性鸟类较少。一般为了飞行的能量需求，素食鸟采食植物最有营养的部位：块茎、花蕾、花朵、嫩叶和嫩芽，这些食物通常含有较高蛋白质，较少纤维素。与鸟类不同，兽类中植食性的无论在数量还是在种类上都占多数，主要类群包括有蹄类、啮齿类、大蝙蝠（食果蝠）、大熊猫、树懒和海牛等。

　　杂食性又称"泛食性"，这种营养来源的动物都是些生存能力极强的动物，既能取食植物又能捕食动物。杂食性是广食性中的一种，另一种广食性我们称之为多食性，也就是说以多种不同的植物或多种不同的动物为食物来源。杂食性鸟类的喙形多为长而稍弯曲，有峰脊。杂食性鸟类是比较复杂的一类，如百灵科的鸟以食植物种子为主，仅食少量昆虫；而鸫、画眉、椋鸟则要吃相当一部分昆虫，近于食虫鸟；伯劳、鸦科鸟几乎是食肉鸟；鹦鹉、太平鸟却是食植物种子兼食水果或浆果的另一类"杂食鸟"。杂食鸟有百灵科、太平鸟科、椋鸟科（部分）、鸦科、鸫亚科（部分）、画眉科（部分）、鹦鹉科等。兽类的杂食性动物以灵长类、啮齿类、熊类等为多，其中鼠类是代表，由于食性杂，地球各处都有分布。

　　肉食性通常是食物链的顶端，包括食肉、食鱼、食虫、食血等类别。鸟类中肉食性的集中在猛禽中，凡食肉鸟类，其体形矫健，样子凶猛，喙形也各异，有的大而强或钩曲尖锐，尖端具缺刻，如鹰、隼；有的长而尖直，如鹳、鹭；有的长而弯曲，如鹮。此类鸟又可分为食肉鸟（猛禽等）、食鱼鸟（游禽、涉禽等）和食虫鸟。食肉鸟主要取食陆生脊椎动物中的两栖类、爬行类、哺乳类或其他鸟类；食鱼鸟取食脊椎动物中的鱼类；食虫鸟取食无脊椎动物的昆虫、浮游生物、甲壳类和软体动物等。食虫鸟类的喙形比较柔软细小、扁阔、峰脊明显。如啄食细小昆虫的山雀、莺，喙形尖细呈钳状，似小钳子；啄食大昆虫的黄鹂、山椒鸟则喙细长而弯曲；啄食树皮内昆虫幼虫及卵的啄木鸟的喙呈凿状；追捕或拦截飞的卷尾、鹟类等，喙扁阔、峰脊明显、嘴须发达，脚短小而无力。食虫鸟有八色鸫科、山椒鸟科、鹟科、黄鹂科、卷尾科、岩鹨科、鸫亚科（部分）、画眉亚科（部分）、莺亚科、鹟科、山雀科、绣眼鸟科、伯劳科（部分）。它们绝大多数都是农林益鸟，所吃昆虫种类繁多，所分布范围也较广泛。食虫鸟种类多，数量大，约占整个鸟类总数的一半。兽类中的肉食性则集中在食肉目中，如虎、狼、鼬、鳍脚类如海豹和齿鲸类等。腐食性动物以腐败的动物为营养来源，鸟类中大多集中在鹫类中，在非洲草原上它们算得上是真正的清道夫。兽类中一些犬科动物营腐食较明显，如鬣狗和野狗等。

3.2　动物的营养需求

动物在纷繁复杂的环境下生活，根据不同的需要，可以自由地采食各种食物，以满足个体的营养需要，来完成生长发育和繁衍后代。而在人工圈养条件下，限制了动物自由的采食，所有需求都是人类供给，这就要求圈养单位必须供应适合动物需要的饲料，满足其营养需要。我们对各种展出动物的生活习性、饲养规律及营养需求了解的有限，而家禽家畜在饲料营养方面研究得比较深入，因此可以借鉴家禽家畜的饲养经验，用于生产实践。

动物的营养需要分为两部分：一是维持营养需要，二是生长繁殖营养需要。首先要保证动物维持生命活动所需要的营养物质，也就是只有满足了维持生命需要，有多余的营养物质，才有可能繁殖生长。

3.2.1　维持营养

（1）维持营养的基本概念

维持是动物生命存在的一种基本状态。指动物只维持最基本的生命活动，包括维持体温、呼吸、循环、内分泌系统的正常机能，维持组织的修补与更新，保持体态和必要的自由活动，以及维持正常生命存在所必需的活动。动物的这种生命状态被称为维持状态。维持状态下对能量及各种营养物质的需要即维持营养需要。由于动物的各种代谢过程极为复杂，且实际也很难使动物的维持营养处于绝对平衡状态，故把成年非繁殖状态的动物大致看成维持营养状态，在维持状态下动物保持体重不变。供求关系处于平衡状态，就是维持营养需要的基本概念。

（2）影响维持营养需要的各种因素

1）年龄，动物的年龄反映机体内代谢的强度。幼年时期代谢强度大，进入成年时期代谢强度减弱，因此幼年时期维持营养需要高于成年。如：哺乳期的羔羊，40～50日龄时代谢强度最大，用于维持的能量和蛋白质需要量也最多。

2）种类，不同种类动物对维持营养需要也不同。如：狼和熊、猕猴和金丝猴、鹿和羚羊等对能量、蛋白质、维生素、矿物质的需要都不相同。

3）体重，同种动物，体重不同，维持营养需要也不同。如：100kg 体重的大熊猫比 50kg 体重的大熊猫用于维持营养所食的饲料量（营养物质）显著要高。因此，体重越大，维持营养需要的绝对量也越高。这里所称的体重是与年龄、性别相适应的正常范围内的体重数量，过胖、过瘦都不对。

4）健康状况，健康状况不同，体内激素分泌水平不同，对代谢影响不一样，维持需要自然不同。健康状况良好的动物维持需要低于疾病状态的动物。

5）毛皮状态，皮脂及被毛厚密的动物抗寒能力强，在相同寒冷条件下的维持需要低于皮脂薄、被毛稀少的动物。

6）活动量，动物自由活动量大小，直接影响营养需要量，活动量大，代谢作用强，消耗能量多，营养需要也多。

7）环境温度，动物的散热量受所处的环境温度、湿度、风速等因素影响，低温大风时，散热则多，为维持其体温的恒定，必需采食较多量的饲料（营养物质），以满足维持体温的需要。

8）其他，如与饲养水平、饲养方式、生产性能、日粮的类型有关。

3.2.2　营养的维持需要

（1）能量的维持需要

动物体的能量属生化能，可以由化学能转换为热能、机械能和电能等用于生命活动。维持能量是动物维持状态下对能量的需要，包括用于基础代谢和自由活动的需要。基础代谢是在一定温度条件下，静止、禁食状态的动物生存所必需的最低限度的能量代谢。要求动物处于机体健康正常、环境温度条件适宜、完全空腹的吸收后、安静（意识正常）和放松状态的理想条件下，机体代谢率最低。维持能量需要除了基础代谢外，还要用于支持体态和满足一些必要的活动，包括为维持生存所必要的活动，如起卧行走、变换体态、采食排泄等。

动物维持能量的计算是在基础代谢所需能量的基础上再增加 10% ～ 20% 的能量。动物在较大的运动场活动、采食，则需要在基础代谢需要能量的基础上再增加 50% ～ 100% 的能量。

（2）蛋白质的维持需要

动物在维持状态下对蛋白质的需要就是蛋白质的维持需要。维持蛋白需要用于弥补维持状态下机体代谢过程中的蛋白质损失，包括组织的更新、损伤组织的修补及各种酶、内分泌物、抗体等相关物质合成所消耗的蛋白质。这种补偿是维持生命活动所必需的，对动物生命的存在、组织器官的健康完整、正常的消化吸收机能和对疾病的防御能力等，起着重要作用。

动物体内的蛋白质代谢是不间断的。从粪中排出的氮称为代谢氮。从尿中排出的氮称为内源氮。代谢氮加内源氮再乘以 6.25，就是蛋白质的维持需要量。蛋白质的维持需要受多种因素的影响而有一定差异。试验表明，动物的内源氮和代谢氮的排出量因自然体重不同有很大差别。

（3）矿物质的维持需要

矿物质不同于能量和蛋白质，它在体内代谢过程中可以循环利用，损失较小。所以维持需要量较少。矿物质元素种类很多，通常先考虑钙、磷的维持需要量。每种动物的需要量一般可按体重计算，每 100kg 体重日需要钙为 2.5g、磷为 2.0g。由于钙的吸收率约 50%，钙供给量应稍高于磷。在粮食饲料中植酸磷的含量较高，单胃动物对植酸磷的消化率很低，故可酌情提高磷的给量。反刍动物磷的给量每 100kg 给 1.5g 即可满足需要。以能量为依据，1000kcal 消化能需要钙 15g、磷 1.13g，钠的需求量，一般以食盐的形式供给，每 100kg 体重为 2g。其他元素，如钾、镁、锌、钴、碘、铁、铜、锰、硒等，根据生产和各地区情况，可酌情增加。

（4）维生素的维持需要

维生素的维持需要量，主要指 VA、VE、VD。建议量：100kg 体重给 VA8500 国际单位，VD100 国际单位，VE2～3mg。

3.2.3　繁殖动物营养需要

动物的繁殖过程分为交配期，妊娠期和哺乳期几个阶段，每个阶段各有其不同的生理特点和营养需要。

（1）交配期的营养需要

交配期雌雄动物均要身体健康，保持良好的繁殖体况，按期发情，受孕率高。营养水平对动物的性成熟和体成熟关系较大，可直接影响到内分泌腺体对激素的合成和释放。营养不足会阻碍未成年动物性器官的发育，初情期会延迟到来。若营养水平较高，则初情期提前。如在自然条件下，虎 4.0～4.5y 成熟，而在动物园内可提前 0.5～1y 成熟。一般来说，交配期动物的营养水平无需过高。动物在体质状况较好的情况下，雌性可按维持营养需要水平给予能量、蛋白质，适当添加维生素和矿物质。而雄性动物在每次交配或采精的时候要消耗较多的能量，因此其能量需要可在维持基础上增加 20% 左右。雄性动物的精液品质与所供蛋白质的水平有关，故日粮中蛋白质的数量比维持需要约高 60%～100%，同时适当增加动物性蛋白质。根据需要，适当增加 VA、VD、VE 等，钙、磷比例按 1.6～1.8：1。

（2）妊娠期的营养需要

雌性动物在妊娠期体重增加，能量代谢随孕期的进展而增加，此时能量需要稍高于维持需要。整个妊娠期的代谢率平均增加 11%～14%，妊娠后期更为显著，可达 30%～40%。一般动物的能量需要可比维持需要估测高 50%～85%。妊娠期需合理供给能量，在动物维持需要的基础上，根据子宫及其内容物增长和母体代谢情况，确定适宜的营养水平。能量水平过高，易产弱子和母体过肥，导致乳腺内存积脂肪，降低泌乳机能，而且高能量会导致胚胎死亡率的增高。能量水平过低，母体瘦弱，易产生瘦弱胎，仔兽生命力低，母体泌乳量低，断乳后发情延迟。我国试行的乳牛饲养标准中，妊娠期最后两个月的能量需要比维持需要高 26%～33%。猪妊娠前期消化能的需要是在维持基础上增加 10%，后期是在前期的基础上增加 50%。

妊娠母体的蛋白质需要，一方面为了满足母体本身的氮代谢，维持氮的动态平衡，另一方面保证胎儿和子宫内容物的增长。胎儿和子宫内容物中主要是蛋白质，胎儿体中蛋白质含量高达 18%～20%。对于杂食性动物，妊娠前期可消化粗蛋白质需要量在维持需要基础上增加 10%，后期则在前期的基础上再增加一倍。随着妊娠时间增加，蛋白质的需要量有极为明显的增加。严重缺乏蛋白质时，会影响胎儿的发育。因此，妊娠期蛋白质需要应严格按照不同阶段酌情增加。

妊娠期间母体对维生素和矿物质的需求也随胎儿的增长而增加，特别是钙，临产前一周钙的需要量达到最高峰。日粮中缺钙会影响胎儿的发育和产后泌乳，且母体会动用自身骨骼中贮存的钙，导致骨质疏松症发生，严重缺乏时，将引起胎儿骨软，夭折并降低产后泌乳量，甚至造成母体瘫痪。一头 10kg 重的有蹄动物仔兽全身约含 450g 钙。大约 70% 的钙来自母体妊娠最后两个月的沉积。妊娠前期母体的钙、磷需要量可在维持基础上增加 10%，后期则根据胚胎增长量，推算出钙磷的增加量。日粮中缺磷是母体不孕和流产的原因之一。缺磷会引起卵巢机能恶化、发情延误、受胎率降低等。对杂食性动物，繁殖期钙的需要量约为磷的 2.5 倍；反刍动物钙磷的比例则为 2：1。此外，日粮中其他矿物质也很重要，锰的含量与受胎率有关，严重缺锰时，影响正常排卵受孕铜、铁、硒均对胚胎发育有影响，应注意补给。

VA 或胡萝卜素是维持生殖系统上皮组织细胞正常机能的必要物质，妊娠期的日粮中应注意适当添加。长期缺乏则母兽阴道上皮细胞角质化，导致繁殖机能下降，仔兽体质虚弱乃至死亡。妊娠前期缺乏 VA，对胎儿影响尤为严重。VD、E 和某几种维生素 B，如泛酸、胆碱和 B_{12} 均对繁殖机能影响较大。

（3）哺乳期的营养需要

泌乳是哺乳动物所特有的机能，只发生在雌性动物分娩后的一段时期，这时期称为泌乳期。泌乳是哺乳动物妊娠后期乳腺细胞在各种内分泌激素的作用下，机体整体的配合，由乳腺对流经乳腺泡的血液进行滤过、加工改造、分泌的一种生理活动。乳汁的营养成分齐全，营养价值高，是初生仔兽不可缺少的理想食物。

乳中所含能量，随乳脂含量增减而变化。初乳是母兽分娩后 3～5d 所分泌的乳汁。其成分和常乳有显著的不同，最突出的特点是蛋白质和灰分含量特别高，而乳糖少。蛋白质中含有很多免疫球蛋白，初生幼兽从而获得抗体和免疫能力。多种维生素和矿物质含量高，可保证初生兽的需要。乳中蛋白质是由酪蛋白、乳白蛋白、乳球蛋白、血清白蛋白和免疫球蛋白组成。血清白蛋白和免疫球蛋白含量很少，但非常重要。乳糖在胃内不易酵解，能增加肠内酸度，促进嗜酸菌繁殖，抑制腐败菌的繁殖，帮助钙磷的吸收。乳中的钙磷含量虽不多，但比例合适，符合幼兽的生长发育需要。乳中富含有各种维生素，但其含量受饲料影响很大，不稳定。

泌乳期的能量需要决定于泌乳量和乳的成分。乳中的乳蛋白质和乳糖相对来说比较稳定，而乳脂含量则变动较大，因此乳的能值与乳脂含量有密切的关系。乳的能值可以用量热仪直接测定，也可按乳中有机物质间接计算，每克乳脂的能值为 9.231kcal，乳蛋白质为 5.828kcal，乳糖为 3.952kcal。因此可以根据三者的能值求出 kg 乳的能值（kcal 或千焦耳）。

乳的能值（kcal/kg）＝乳脂量（g/kg）×9.231 ＋乳蛋白质量（g/kg）×5.828 ＋乳糖量（g/kg）×3.952

根据实际的产乳量，产乳期总的能量需要＝维持能量＋产乳能量。

乳的蛋白质含量，是确定产乳对蛋白质需要量的依据。根据乳蛋白含量和母兽利用可消化粗蛋白质形成乳蛋白的利用率，可计算出产乳的可消化粗蛋白需要量。又根据可消化粗蛋白和消化率可算出粗蛋白质的需要量。参考计算方法是：如计算产 1kg 牛奶需要粗蛋白质的量，牛乳中蛋白质含量平均为 3.3%，饲料中可消化的粗蛋白质利用率平均为 65%，则：1kg 乳需要可消化粗蛋白质为：可消化粗蛋白质 = 3.3% × 1000 ÷ 65% = 50.8g；

饲料粗蛋白质 = 50.8% ÷ 0.65 = 78g。

乳中含有 0.4% −1.0% 的总灰分，含量比较稳定。总灰分中含有钙、磷、钠、钾、氯、硫、镁、钴、铜、铁、锰、锌、氟、硒等。泌乳期中，母兽从乳中分泌大量的矿物质，因此必须从饲料中供给母兽所需要的各种矿物质，尤其是钙、磷的提供。补偿泌乳所需要的矿物质，可根据乳中矿物质的排出量进行估测。反刍动物的瘤胃内可以合成维生素 B 族，VK 和 C。但 VA、D 和 E 不能在瘤胃内合成，乳中这些维生素均需由饲料中提供。对于非反刍动物，除上述各种维生素外，还需要注意维生素 B 族的提供。

3.2.4　生长的营养需要

（1）生长的概念

动物的生长模式决定于遗传，而模式的体现则控制于环境。首先就是营养环境（胎儿也不例外），环境伴随生长的始终，环境控制符合动物生长各阶段生物学规律，动物的生长发育就良好；偏离其生物学规律，就导致生长发育受阻。生长包括生长与发育，其生物化学基础是合成代谢超过降解代谢。在组织学上则既有细胞的分裂与分化，又有组织的增大。生长可以理解为钙、磷与蛋白质和脂肪的沉积，表现为骨骼与肌肉的增长和脂肪的沉积。动物生长过程中各部位生长速度有差异。早期头、腿和骨骼生长较快，中期体长和肌肉生长较多，体成熟后体脂肪沉积增多，后期加快沉积直至成年。各器官组织各有其生长关键阶段，营养需求特别严格。对生长动物来说，缺乏某一种营养物质时的年龄越小，后期越不易得到补偿。

（2）生长营养需要

初生动物的能量代谢最大，随年龄增长而逐渐降低。生长动物的能量需要，可以根据不同的日增重与其增重部分的能值，推算能量需要，即生长动物体内沉积的能量是根据所含的脂肪和蛋白质来计算的。计算出来沉积能量是净能，如按消化能表示能量，消化能转化为净能，一般以 50% ～ 60% 计算。

生长动物能量需要 = 维持能量需要 + 生长能量需要

生长动物体内蛋白质的沉积随着年龄的推移而逐渐降低。早期生长迅速，体内沉积的蛋白质多，蛋白质的需要量大。随着年龄的增长，生长速度逐渐降低，蛋白质代谢强度相应下降。体内蛋白质的沉积也相应减少。生长动物蛋白质的利用率，也随着年龄的增长，而有降低的趋势。蛋白质的利用率与饲料中蛋白质的数量和质量有关系，供给蛋白质的量超过需要，则利用率下降，供给蛋白质的量不能满足需要，利用率提高，但生长速率降低。蛋白质的质量主要决定于必需氨基酸的含量和配比，必需氨基酸含量平衡。蛋白质的利用率提高，反之则利用率下降。蛋白质的利用率与沉积量，与饲料日粮的结构和摄入能量有关系。日粮中粗纤维含量适当，而动物饲料的能量浓度高，蛋白质的利用率高，沉积的蛋白质也增高。蛋白质的需要 = 维持需要 + 生长需要

幼兽在生长期间，由于骨骼生长快，对钙、磷和其他矿物质的需要量高，需要供给适量的矿物质，特别是钙和磷。VA、D 对幼兽生长十分必需的。牛和羊 100kg 体重每日需要

胡萝卜素 7 ~ 10mg。

3.2.5　鸟类繁殖的营养需要

（1）鸟类产卵的特点

鸟类产卵的年龄，有早有晚，产卵数量有多有少，卵的重量，形状有大有小，卵壳的厚薄和颜色各异，但产卵的过程是大同小异。卵巢中有许多卵细胞。每一个卵细胞包藏在一个滤泡中，卵黄在滤泡中逐渐沉积，卵黄被卵黄膜包裹。当卵黄体长到一定大小时，滤泡破裂，卵黄和成熟的卵细胞落入输卵管的喇叭口。以鸡为例，卵沿输卵管向下移动，通过输卵管头段约 3h。蛋白在头段分泌并包裹在卵黄上。由输卵管头段到输卵管峡，约需1.5h。蛋壳的内外膜即在峡中形成。此后输入子宫，停留约 18 ~ 20h。并在此形成蛋壳。最后转入阴道，0.5h 即以蛋的形式排出。若蛋白质和钙不足，则在头段，峡和子宫内的停留时间延长。如蛋白质分泌不足，影响孵化率，钙不足，则产软壳蛋。

（2）蛋的成分

鸡蛋除壳外，干物质占 26%，蛋白质占 12.8%，脂肪 11.5%，碳水化合物为 0.7%，矿物质约 1%。一枚带壳的 55g 重鸡蛋，矿物质含量平均数为：钙 1.98g、钾 0.07g、氯 0.09g、磷 0.12g、镁 0.03g、钠 0.07g、硫 0.11g。钙的含量最多。维生素含量，VA505 国际单位；硫胺素 0.104mg；核黄素 0.180mg；尼克酸 0.020mg，VD150 国际单位。

鸵鸟卵平均重 1400g；其中蛋白占 53.4%，卵黄占 32.5%，壳占 14.1%。

鸸鹋卵平均重 710g；蛋白占 52.2%，卵黄占 35.0%，壳占 12.8%。

野鸭卵平均重 80g；蛋白占 51.0%，卵黄占 35.3%，壳占 10.6%。

（3）鸟类繁殖期营养需要

繁殖期雄鸟精子的形成所需能量和蛋白质增加得很少。繁殖雄鸟睾丸的最大生长和精液生成按基础代谢率的百分率计算，所需增加的平均能量需要量分别为 0.72% 和 0.78%。睾丸最大生长的每日蛋白质需要量是在维持的基础上增加 0.5%。

计算其营养需要应该是：雄鸟营养需要＝维持营养需要＋产生精子营养需要

雌鸟卵巢和输卵管生长和增加的能量需要为基础代谢率的 4.2%；蛋白质需要为维持的 27.7%。一天产一只卵的能量需要：鹰为基础代谢的 29%，水禽为 135%；蛋白质需要为鹰的维持需要的 86% 以上。产蛋禽对钙的需要量大，钙能保证优质蛋壳和蛋的性能。日粮中钙不足，短期内动用体内贮存的钙，突然缺钙，则产软壳蛋，甚至完全停产。饲料中缺钙也会降低产蛋率和孵化率，并引起全身性的变化。

以鸡为例。

能量的需要：一枚鸡蛋含能值约 80kcal。鸡的代谢能转化率一般约 68%，若产蛋率为70%，则每天产蛋的代谢能为：

代谢能＝ 80×0.70/68/100 ＝ 82kcal。

蛋白质的需要：一枚鸡蛋的蛋白质平均为 6.5g，通常日粮中的蛋白质利用率为 55%，则每产一枚蛋需要提供蛋白质为：6.5÷0.55 ＝ 11.8g。

计算雄雌鸟繁殖期营养需要按下列公式：

鸟繁殖营养＝鸟的维持营养＋鸟的繁殖营养需要

钙的需要：产蛋鸡饲粮中钙的吸收率约 50% ~ 60%，一枚蛋约含 2.2g 钙，产一枚蛋应供给 4g 钙。

食盐有增进食欲, 提高采食量, 促进饲料中氮的利用。缺盐产蛋家禽食欲不振、体重蛋重减轻, 钙的利用率降低, 产蛋率下降。产蛋家禽食盐需要为饲粮的 0.37% 或钠 0.15%, 食盐过多且喂水不足易引起中毒, 补充食盐可有效地预防啄羽、啄肛、啄冠等。

维生素需要: 产蛋家禽代谢增强, 维生素需要量也增加, 维生素对于维持家禽的正常代谢有密切关系, 且影响产蛋量和蛋的孵化率。VA 不足, 家禽消瘦, 羽毛纷乱, 患干眼病, 增加呼吸道和消化道的感染疾病的机会, 产蛋下降, 降低种蛋的孵化率, 产蛋鸡和种鸡每 kg 饲粮中应含 VA 不低于 4000IU。VD 与钙磷的代谢有关, VD 缺乏, 产蛋家禽蛋壳变薄或产软壳蛋, 继而产蛋率和孵化率下降, 骨质软化、薄、脆、易折, 产蛋鸡和种鸡的饲粮中应含 VD500IU。

水的需要: 水为维持生命活动必需和蛋的重要成分, 一般在适温的情况下, 饮水量为采食量的 1.5 ~ 2 倍, 环境温度与饮水量呈比例关系, 家禽饲养中要注意饮水量也要注意饮水质量。

3.3　动物饲料分类、比较及利用

凡能被动物采食, 能为动物提供热能和各种营养成分的物质, 符合饲料卫生标准的动、植物体和其他物质就是饲料。饲料是展出动物饲养的物质基础, 动物的新陈代谢以及整个生命活动都与饲料有着密切的关系。

3.3.1　饲料的分类

(1) 青绿饲料

以天然水分含量为分类的首要因素, 不考虑其部分失水状态、风干状态或绝干状态时, 粗纤维或粗蛋白质的含量是否构成粗饲料、能量饲料或蛋白质饲料这一条件。凡天然水分含量大于或等于 45% 的新鲜牧草、草地牧草、野菜、鲜嫩的藤蔓、秸秆类和部分未完全成熟的谷物植株等皆属此类。

(2) 树叶类

有两种类型。其一是刚采摘下来树叶, 饲用时的天然水分含量尚能保持在 45% 以上, 国际饲料分类属青绿饲料。其二是风干后的乔木、灌木、亚灌木的树叶等, 干物质中粗纤维和粗蛋白质含量不同, 按国际分类属粗饲料、能量饲料和蛋白质补充料。

(3) 青贮饲料

有三种类型。其一是由新鲜的天然植物性饲料调制成的青贮饲料, 或在新鲜的植物性饲料中加有各种辅料 (如小麦麸、尿素、糖蜜) 或防腐、防霉添加剂制作成的青贮饲料。一般含水量在 65% ~ 75%。其二是低水分青贮饲料, 亦称半干青贮饲料, 它是用天然水分含量为 45% ~ 55% 的半干青绿植物调制成的青贮饲料。其三是谷物湿贮, 常见的是以新鲜玉米、麦类籽实为主要原料的各种类型的谷物湿贮, 其水分约在 28% ~ 35% 范围。从其营养成分的含量看, 符合国际饲料分类中的能量饲料标准, 但从调制方法看又属青贮饲料, 在国际饲料分类中无明确规定。

(4) 块根、块茎、瓜果类

天然水分含量大于或等于 45%。这类饲料脱水后的干物质中粗纤维和粗蛋白质含量都很低，鲜喂时属青绿饲料；干喂时则属能量饲料。

（5）干草类

人工栽培或野生牧草的脱水或风干物。饲料的水分含量在 15% 以下（霉菌繁殖水分临界点），水分含量 15%～45% 的干草罕见。干草类有三种类型：第一类，干物质中的粗纤维含量大于或等于 18% 者属于粗饲料；第二类，干物质中粗纤维含量小于 18%，而粗蛋白质也小于 20% 者属能量饲料；第三类，一些优质豆科干草，干物质中的粗蛋白质含量大于或等于 20%，而粗纤维含量有低于 18% 者属于蛋白质饲料。

（6）农副产品类

农作物收获后的副产品，如藤、蔓、秸、秧、荚、壳等。有三种类型，根据干物质中粗纤维和粗蛋白质含量，分别属于粗饲料、能量饲料或蛋白质补充料。

（7）谷实类

粮食作物的籽实中，除某些带壳的谷实外，粗纤维、粗蛋白质的含量都较低，在国际饲料分类中属能量饲料。

（8）糠麸类

各种粮食的加工副产品，如小麦麸、米糠、玉米皮、高粱糠等，属能量饲料；粮食加工后的低档副产品或在米糠中人为掺入没有实际营养价值的稻壳粉等，如统糠等属于粗饲料。其他类型罕见。

（9）豆类

豆类籽实可作蛋白质补充料；但也有个别豆类的干物质中粗蛋白质含量在 20% 以下，属于能量饲料。干物质中粗纤维含量大于或等于 18% 者罕见。

（10）饼粕类

干物质中粗纤维、粗蛋白质含量不同，分别属于蛋白质补充料（如豆饼、豆粕）、粗饲料（如有些多壳的葵花籽饼及棉籽饼）、能量饲料（如一些低蛋白质、低纤维的饼粕类饲料，糠饼、玉米胚芽饼）。

（11）糟渣类

干物质中粗纤维、粗蛋白质含量不同，分别属于粗饲料、能量饲料（如粉渣、醋渣、酒渣、甜菜渣、饴糖渣中的一部分）、蛋白质补充料（如啤酒糟、饴糖渣、豆腐渣，这类饲料的蛋白质、氨基酸利用率较差）。

（12）草籽树实类

干物质中粗纤维、粗蛋白质含量不同，分别属于粗饲料（如有些多壳的葵花籽饼及棉籽饼）、能量饲料（如稗草籽、沙枣等）。

（13）动物性饲料

来源于渔业、畜牧业的产品及加工副产品。干物质中粗蛋白质含量等于或大于 20% 者属于蛋白质饲料，如鱼、虾、肉、骨、皮、毛、血、蚕蛹等；粗蛋白质及粗灰分含量都较低的动物油脂类属能量饲料，如牛脂、猪油等。粗蛋白质及粗脂肪含量均较低，以补充钙磷为目的的属矿物质饲料，如骨粉、蛋壳粉、贝壳粉等。

（14）矿物质饲料

可供饲用的天然矿物质，如白云石粉、大理石粉、石灰石粉等（注意其氟含量不超标方可用）。但不包括骨粉、蛋壳粉、贝壳粉等来源于动物体的矿物质及化工合成或提纯的无机物。

（15）维生素饲料

由工业提纯或合成的饲用维生素，如胡萝卜素、硫胺素、核黄素、烟酸、泛酸、叶酸、VA、D、E 等，但不包括富含维生素的天然青绿多汁饲料。

（16）添加剂及其他

为了补充营养物质，提高饲料利用率，保证或改善饲料品质，防止饲料质量下降，促进动物生产、生长繁殖，保证动物的健康而掺入饲料中的少量或微量营养性及非营养性物质。如防腐剂、促生长剂、抗氧化剂、饲料粘合剂、驱虫保健剂、流散剂及载体等。随着饲料科学研究水平的不断提高，凡出现不符合上述 1 ～ 15 类的分类原则者，皆归入此类。

3.3.2 动、植物饲料比较及利用

动植物体生活方式不同，形式各异，但它们所含的化学元素基本相同，都主要含有碳、氢、氧、氮等元素，还含有硫、钙、磷、钾、钠、氯、镁、铁、铜、锌、锰、碘、钴、硒等必要元素。这些元素在动植物体内以不同的比例和方式组合成形形色色的有机或无机化合物，因而导致了动物体之间、植物体之间、动植物体之间及其产品之间的千差万别。

动植物体所含化学元素种类虽基本相同，但所含化合物的数量和质量却有显著差别。

（1）化合物数量的差别

1）植物体主要由碳水化合物组成，约占干物质中 70%，而动物体含碳水化合物很少，约为体重的 0.5% ～ 1.0%。

2）植物体含粗蛋白质平均只占干物质的 10% 左右，动物体中平均占 50% 左右。

3）植物体的矿物质含量较少，平均占干物质的 4% ～ 5%；动物体占 8% 左右。动物体内含钙高，植物体含钙少，而含磷高。

4）植物中油脂的含量变化很大，如豆科籽实中可高达 30%；一般块根、块茎只有 2%。动物体是正常健康的，脂肪含量一般较接近。

5）动、植物在生长期均含有较多量的水分，约 70%；随着生长，植物随时间推移，水分下降，可由 95% 降为 20% ～ 10%；动物体水分变化较少，一般为 70% ～ 40%。

（2）化合物质量的差别

1）植物体的碳水化合物中，粗纤维素占比重很大，还含有淀粉、生物碱；动物体中无粗纤维素，只有少量的葡萄糖和糖元。

2）在粗蛋白质上，植物中包含有氨化物，而动物体内除含蛋白质外，仅含有游离氨基酸和一些激素，而无氨化物。

3）在粗脂肪上，在动植物体内均有，但植物体含有色素、蜡质、树脂等，而动物体不含这些物质却含有性腺激素类等。

4）在维生素上，植物中含有各种水溶性和脂溶性维生素但不含 VA，只或多或少有胡萝卜素，而动物体中含有 VA。

动物和植物性饲料在同名成分物质的物理、化学性质及其生物学作用方面也极不一致，如动物性饲料的蛋白质种类和氨基酸组成均优于植物性饲料，营养价值也较高。动物在利用营养时必须经过自身的生理机能进行一系列的改组、转化过程，这个过程叫做同化作用。

（3）动物性饲料性能及其利用

肉类饲料的营养价值很高，全价蛋白质饲料的重要来源，是肉食性动物的主要饲料。它含有与动物体相似比例和数量的全部必需氨基酸。同时，还含有脂肪、维生素和矿物质等营养成分。在展出动物饲养实践中，多利用牛肉、羊肉、马肉、驴肉、骡肉等，肉中一般含脂肪较少，而可消化蛋白质较高（18%～20%以上），是肉食性和杂食性动物的理想饲料，其蛋白质可 100% 利用。饲用肉类，应严格禁止用经乙烯雌酚处理过的畜禽肉和带有甲状腺素的肉类，因可引起动物生殖机能的紊乱。致使受胎率和多胎动物的产仔数明显下降。

鱼类饲料是食鱼性动物的主要饲料。对肉食性和杂食性动物，用鱼和肉混合饲喂，要比单独用鱼或肉喂养动物，效果更好。新鲜的海鱼蛋白质消化率高达 87%～92%，适口性好，容易被消化吸收。饲喂淡水鱼，多利用鲫鱼、鲢鱼、白鲦、鳅鱼等。但这些鱼多含有硫酸素酶，这种物质可以破坏维生素 B1 的分子。当肉食性动物的日粮中，动物性蛋白质 100% 来自淡水鱼类时，应增大维生素 B1 和 E 的供给量，有助于动物生育机能的加强。鱼类饲料含有大量不饱和脂肪酸，在运输、贮存和加工过程中，随时和空气中氧发生作用，而变质成酸败的脂肪，温度越高，脂肪氧化酸败的速度越快。它对动物健康有害。

肉、鱼类副产品饲料，如头、蹄、骨架、内脏和血液等，也是蛋白质来源的一部分。除肝、心、肾外，大多数副产品蛋白质的消化率和营养价值较低。肝是优质蛋白质饲料，营养价值很高，含有全部必需氨基酸，多种维生素和微量元素，特别是 VA 和 B12 的来源之一。新鲜健康的肝可明显提高肉食性动物的食欲，促进幼龄动物的生长发育，但饲喂量不能超过日粮的 5%～10%。心、肾是优质的动物性蛋白质饲料，含有多种维生素。健康新鲜的可以生喂。肾上腺对动物繁殖机能影响很大，不能食用。

胃、肺、肠、脾可以作为动物性饲料，但消化率低，蛋白质品质不佳，营养价值不高，只能与肉、鱼饲料搭配饲喂，最多只能占日粮蛋白质的 20%～25%，否则对动物的繁殖、生长发育产生不良影响。子宫、胎盘、胎儿等副产品含有激素，在繁殖期内应避免饲用。食道、气管、喉头也可作为动物性饲料来源之一，是优质的蛋白质饲料，但因附着甲状腺，必须摘除后方可饲喂，否则会引起内分泌紊乱。

新鲜血液含有营养价值很高的蛋白质，还含有一定量脂肪和无机盐，是一种理想的优质补充饲料。因含无机盐类，饲喂过多可引起缓泻。兔头、鸡头及骨架是营养价值高，可以补充矿物质营养被广泛利用及代替部分肉、鱼的优质饲料，搭配合适，动物生长发育良好，繁殖机能也正常。鱼类副产品，如鱼头、鱼骨架、内脏下脚料，也可饲喂展出动物，如加工粉碎后饲喂貂、狐、貉等，占日粮 30% 为宜。

在肉、鱼类饲料生产旺季，有些地方因缺少冷藏设备或其他加工条件，而将肉、鱼及其副产品干制，则成动物性干饲料。目前，我国水产制品厂，大量生产的鱼骨粉、鱼粉；肉类联合加工厂生产的肉骨粉、肉松、血粉、猪肝粉、羽毛粉；缫丝厂生产的蚕蛹，加工成蚕蛹粉等，都可作为动物性蛋白质饲料的来源。干动物性饲料可作为蛋白质的补充饲料，使用过程中注意掺假、含盐量高，易氧化酸败等问题，加工技术落后，则产品质量低劣。这类饲料不能单独饲喂，也不能大量应用。

对一些肉食性猛禽、猛兽、毛皮动物、两栖、爬行和鱼类等，可以定期喂些活动物，能提高其食欲。增加活性营养物质需经卫生检疫，确定无病菌、不带传染病病原后，方可投喂。

（4）植物性饲料营养特点及利用

1）籽实类饲料：在展出动物饲料日粮中，禾本科籽实利用得非常广泛。如玉米、高粱、大麦、小麦、稻谷、粟子、燕麦等。这类饲料总的含有丰富的无氮浸出物，约占干物质 8.9%～13.5%，含有一定数量的脂肪。但蛋白质的数量和质量不足，尤为赖氨酸和蛋氨酸不足。这对生长动物是不利的。作为展出动物的饲料，必须与豆类或薯类共同配合，利用蛋白质的互补作用，提高其营养价值。籽实谷物一般含钙不足，低于 0.1%，而含磷偏高，约 0.31%～0.45%，这种钙磷比例，对所有动物都是不适宜的。且谷物中磷多为植酸磷，单胃动物不能利用。因此，在喂谷物饲料时，应注意适当补钙。同时，这类饲料还缺乏 VA 和 VD，仅含有少量胡萝卜素（百万分之 1～1.6），一般维生素 B 族较丰富，但核黄素含量低，只有百万分之 0.01～0.022，这与动物生长，繁衍需求量相差甚远。维生素 B 族多存在于糊粉层和胚质中，故糠麸中维生素 B 族较丰富。

2）粕类饲料：油料作物籽实提取油后的残余部分，压榨提油后的块状副产物称作饼，浸提后的碎状副产物称作粕。常见的有大豆饼粕、棉籽饼粕、麻子饼、花生饼粕及亚麻仁饼等。油料作物籽实有粗脂肪和粗蛋白质含量较高特点，且无氮浸出物含量一般较谷物类低。提取油后的饼粕中，蛋白质含量相对提高，加上残存不同程度的含油量，故一般营养价值较高。粕类比同种饼类的粗蛋白质含量较高，残油量低些，故能值较低。饼粕类饲料的营养价值因提油原料和加工工艺而有所不同。特别是带壳原料（花生、棉籽、向日葵籽）的提油前处理 – 脱壳程度，对所得的饼粕品质影响很大。含壳高的饼粕粗纤维含量高。

3）菜类饲料：通常包括叶菜、野菜、瓜果、块根、块茎等。这类饲料主要是提供动物所需的维生素，可溶性无机盐及碳水化合物等。它能帮助消化，促进动物食欲。果菜对展出动物具有特殊意义，对杂食动物、部分草食动物及鸟类是必需的。

4）菜饲料：常见的有白菜、菠菜、油菜、甘蓝、莴苣、苋菜和饲用甜菜等，如白菜，每百克含 VC24～30mg，VK3.2mg。莴苣每百克含 VE18.7mg。叶菜中还富含有铁、钾、钙等矿物质元素。青绿的叶菜最适生喂，熟制时菜中维生素和可溶性无机盐最易损失。菠菜有轻泻作用，且草酸含量高，易与钙结合形成不溶于水的草酸盐类，而影响动物对矿物质的吸收利用。因此可与白菜、莴苣等其他叶菜混合利用。

5）果类饲料：自然界中，展出动物可食的野果很多，人工饲喂就将各种水果作为优质补充饲料。常用于动物日粮的水果有：橘子、苹果、桃、梨、李、杏、香蕉、西瓜、甜瓜、哈密瓜、西红柿、枣、葡萄、草莓等。它们都含有丰富的 VC、糖分、无机盐和有机酸类。用以喂动物，不仅可提供上述各种营养物质，而且能提高日粮的适口性、促进消化和吸收。

6）根、块茎及瓜类饲料：包括胡萝卜、甘薯、木薯、马铃薯、饲用甜菜、藕、南瓜，白瓜、黄瓜、西葫芦等。根茎瓜类最大特点是：水分含量较高（75%～90%），故相对干物质量较少，新鲜料中单位重量的营养价值低，每公斤可消化能不超过 0.43～1.12 兆卡，因此也属大容量饲料。粗纤维含量较低，有的仅有 2.6%～3.24%，有的稍多为 8%～12% 之间，无氮浸出物含量很高（67.5%～88.1%），且多为易消化糖分 – 淀粉和聚成糖，故消化能较高，每公斤干物质有 3.3～3.78 兆卡。但也具一般能量饲料缺点：如甘薯、木薯的粗蛋白质含量少，约为 3.5%～4.5% 之间，其中有相当大的比例是非蛋白质含氮物质。另外，一些主要矿物质和维生素 B 族中某些维生素含量也不够。甘薯和南瓜均含有胡萝卜素，这是极其宝贵的特点。根茎饲料中富有钾盐。胡萝卜虽可列为能量饲料，但由于鲜样中水分含量多、容积大，在生产实践中并不依赖它来提供能量。它的主要作用是在冬季饲养中，作为多汁饲料和提供胡萝卜素之用。由于胡萝卜含有一定数量的蔗糖，果糖及多汁性，在干草比例较大的冬季日粮中，能改善其日粮的适口性，又能起到调节消化机能的作用。

7）绿饲料：种类繁多，以富含叶绿素而得名，包括天然牧草、栽培牧草、作物茎叶、树枝树叶、水生植物、野生植物、竹笋、竹叶等。青绿饲料一般含水量较高，陆生植物含水量约 75% ～ 90%，而水生植物含水量为 95% 左右。就干物质而言，粗纤维含量普遍较高，约 18% ～ 30%。禾本科的牧草粗蛋白质含量在 1.5% ～ 3% 之间，豆科牧草为 3.2% ～ 4.4% 之间。另外，青绿饲料一般含赖氨酸较多，故蛋白质品质优于谷类籽实的蛋白质，同时是提供草食性动物维生素重要来源，特别是胡萝卜素，每公斤青绿饲料中含量可达 50 ～ 80mg。也是维生素 B 族的良好来源，每公斤鲜苜蓿中含硫胺素 1.5mg、核黄素 4.6mg、烟酸 18mg。各种青绿饲料的矿物质含量，因种类和生存土壤情况不一样而异。在正常含量范围内，钙的含量是较多的。特别是豆科青绿饲料，在一般情况下，饲喂后动物不易表现缺钙征兆，磷也基本上能满足，且钙磷比例多是平衡的。青绿饲料是营养相对平衡的饲料，但由于干物质中消化能较低，可适当补充一些精料或由它们制成的优质干草，即可组成草食性动物的饲料日粮。

3.3.3　饲料添加剂

饲料的添加剂指在配制动物饲料日粮中，添加动物生命活动中必不可少的某些微量成分，包括矿物质、维生素、氨基酸和一些人工制剂等。目的主要是为了完善日粮营养的全价性，提高饲料的利用效率，促进动物生长，防止疾病发生及减少饲料贮存期间营养物质的损失，保持或增强动物体的某些部位、皮毛及产品的色泽等作用。添加剂分为营养物质添加剂和非营养物质添加剂。营养物质添加剂主要用于平衡动物日粮的营养成分。非营养物质添加剂主要作用是刺激动物生长；提高饲料利用效率；预防某些疾病改善动物健康。

（1）营养物质添加剂

1）矿物质：常用的矿物质添加剂饲料有：盐、骨粉、蛋壳粉、贝蛎粉、石灰粉、石粉、石膏粉、碳酸盐类、磷酸盐类和各种微量元素的盐类等，其目的是补充饲料日粮中某些矿物质元素之不足。

2）维生素：维生素作饲料用量极微，其主要的功能是控制、调节物质代谢。

用维生素作饲料添加剂时，应考虑其稳定性和生物学效价。VA 人工制剂的生物学效价可达 100%。而鱼肝油中 VA 则为 30% ～ 75%。

水溶性维生素中常用作添加剂的有：硫胺素硝酸盐、核黄素制剂、右旋异构体 D- 泛酸钙、维生素 B6、B12 制剂和盐酸吡哆醇等。

3）氨基酸：现在作为饲料添加剂用的氨基酸有：DL- 蛋氨酸、L- 赖氨酸盐酸盐、氨基醋酸（甘氨酸）、L- 谷氨酸钠、色氨酸等，另有精氨酸、苏氨酸等。

（2）非营养物质添加剂

非营养物质添加剂包括促生长剂、药物（抗菌、驱虫类等）保健剂、抗氧化剂、防腐剂及着色剂等。其目的是为了促进动物生长发育，预防疾病以及减少饲料在存放时间的营养损失，保持或增加动物的色泽及繁殖的需要。

第4章 动物遗传繁育学基础

4.1 动物遗传繁育学概述

遗传繁育学涵盖动物的生殖系统和生殖激素作用等内容，是动物繁殖的基础理论部分。生殖系统包括雌性和雄性的生殖器官和生殖生理、精子/卵子发生和形态，性活动表现等，生殖激素部分简单介绍激素种类及在繁殖过程中的作用，以期对饲养、兽医和研究者提供一定的参考。

展出动物的遗传繁育学研究并不是很多，大部分素材来源于家畜家禽，主要受到研究目标的局限性，比如生殖器官、激素等内容，样本少会导致结果出现较大差异，同时不同种属间又存在差异，因此本部分仅阐述大多数情况下的内容，仅供参考。

4.2 动物的生殖系统

4.2.1 雄性生殖系统

雄性生殖系统包括睾丸、附睾、输精管、阴茎和附性腺等器官。

睾丸是雄性生殖系统中的主要器官，呈扁卵圆形，其大小随性周期而变化。由被膜、精小管、睾丸网和间质组织等组成，具有产生精子和分泌雄性激素的功能。

附睾由睾丸输出小管组成，形如管状构成附睾头、体和尾，附着于睾丸上外缘，尾端过渡成输精管。

输精管由黏膜、肌层和外面组成，起自附睾尾端，经腹股沟管入腹腔，绕过输尿管进入尿生殖道前部。尿生殖道前端上方围绕输精管末端有发达的前列腺。

阴茎主要由阴茎海绵体组成，食肉目、啮齿目中有些种类具有阴茎骨。阴茎平时隐于后腹壁皮肤形成的包皮中，当海绵体充满血液时，阴茎膨大变硬，故又称勃起组织，是交接器官。

副性腺包括精囊腺、前列腺和尿道球腺。由副性腺、附睾、输精管膨大部的分泌物和睾丸产生的精子共同组成精液。

4.2.2 雌性生殖系统

雌性生殖系统包括卵巢、输卵管、子宫和阴道等器官。

卵巢由被膜、皮质和髓质三部分组成，位于腰下部，包于卵巢囊中，是一对略扁的椭圆形器官。它产生卵子并能分泌激素，其结构组织因动物种类、年龄和性周期的不同而存在差异。

输卵管由漏斗部、输卵管伞、壶腹部和峡部组成，管状，从卵巢周围起通入子宫角内。漏斗部中央有输卵管腹腔口，口的周缘由许多不规则的褶皱突起，称为输卵管伞；从漏斗向后延伸，壁薄，皱襞丰富，称为壶腹部；最后成为一短而直的细管，壁较厚，末端与子宫角相通连，称为峡部。

子宫由子宫角、子宫体和子宫颈组成，是胎儿发育的场所，位于腹腔腰部，其形态和结构因发情周期及妊娠而发生变化。子宫上端称子宫角，下端较细称子宫颈，子宫底与颈之间是子宫体。子宫壁很薄，由内膜，肌层和外膜组成，卵子受精后种植在子宫壁的内膜里，并在此发育成胚胎。子宫颈壁厚管细，向后伸入阴道中。子宫的类型因动物的种类不同而异，可分为双子宫（复子宫）、双分子宫（对分子宫）、双角子宫、单子宫。

阴道是雌性的交配器官，也是胎儿和胎盘产出时扩张的通道。其前端包围着子宫颈，后端开口于阴道前庭，与阴蒂形成外生殖器官。阴道壁由黏膜、肌层、外膜构成。阴蒂由勃起组织构成，具有丰富的感觉神经末梢。

4.3　动物的生殖生理

4.3.1　雄性动物生殖生理

（1）精子发生

在睾丸的精小管中，从精原细胞的分裂增值到精子的形成，叫做精子的发生。这个过程包括精原细胞的分裂形成初级精母细胞，初级精母细胞经第一次减数分裂，染色体数目减半，产生两个单倍体的次级精母细胞，次级精母细胞再完成第二次减数分裂形成精子细胞，最后圆形精子细胞变态形成精子。

精子细胞经过一系列分化才能形成精子，这一过程称为精子的形成，主要变化包括细胞核高度浓缩，形成精子头的主要部分，高尔基体特化为精子的顶体，中心粒形成精子的尾，线粒体逐渐聚集在尾的中段部分成为特有的线粒体鞘，多余的细胞质浓缩在尾的近端，形成一个球状的原生质滴。刚形成的精子的头部依然嵌在足细胞腔面的凹陷中，进一步成熟后才脱离足细胞进入精小管管腔。

（2）精子形态

动物界中的精子一般分为鞭毛型和无鞭毛型两种，哺乳动物的精子属于鞭毛型。鞭毛型精子由头部和尾部组成，尾部包括颈段、中段、主段和末段。头部主要由细胞核组成，包含动物的遗传物质（DNA），在细胞核前端大约 2/3 的部分覆盖着帽形囊泡样的顶体，顶体位于质膜与核膜之间。在细胞核顶端部分称为顶体的顶段，而顶体的后部较为狭窄，称为赤道段。赤道段在受精中起到重要的作用，它是受精过程中顶体唯一完整无损的保留部分。

精子的颈部是连接头部和尾部的结构，又是尾部形成的起始，其前端凸出与头部核后端凹入的植入窝相嵌合。有一个近端中心粒横向埋在植入窝的小头里，在连接外周 9 条纵向排列的节柱，节柱与尾部的 9 条外周致密纤维并行且相连，颈段中央有一对纵行中央微管，微管头部与近端中心粒相连，尾端与尾部轴丝相同，最终形成尾部 "9 + 9 + 2" 的结构。

中段主要由轴丝、外周致密纤维和线粒体鞘构成，轴丝是位于尾部中央的结构，由

9＋2 型的微管组成，中央是 2 根单微管，周围是 9 组二联微管。轴丝外周被 9 条致密纤维所包围，每条纤维与其相对的轴丝二联微管平行，在尾部前半部纤维比较粗，以后纤维逐渐变细。在轴丝和致密纤维的外面包裹着螺旋形线粒体鞘，线粒体鞘是由多个线粒体首尾相连构成的致密螺旋形鞘，灵长类动物精子线粒体只有 15 旋，啮齿类动物可达 300 旋。线粒体鞘的尾端连于环板，环板是中段终止的环状板形结构。

主段是构成精子尾部的主要部分，除中央轴丝和 9 条致密纤维外，外面有纤维鞘包绕，纤维鞘由背侧纵柱、腹侧纵柱和一系列半圆形的横向平行肋柱组成，与背侧纵柱和腹侧纵柱相连的两条外周致密纤维在离环板不远处消失，两纵柱各长出一条嵴状突起与相对的轴丝二联微管相连。这时的尾部结构变为 7＋9＋2。纤维柱和肋柱随尾部的变化逐渐缩细，最后消失在主段的末端。

末段结构简单，仅剩余 9＋2 结构的中央轴丝和外面的质膜，单微管先消失，二联微管分别终止于末端的不同平面或分散为游离的单微管后分别终止于末端。

（3）精液

精液包括精子和精清两部分。精子在睾丸中形成后即储存与附睾中，而精清是附睾、前列腺、精囊腺、尿道球腺等腺体的混合分泌物，精子悬浮在液态或半胶样的精清中，所占比例很小。

精液的理化性状，主要决定于精清。精清的 pH 约为 7.0，其渗透压与血液相似（与生理盐水等渗）。哺乳动物的精液中，钾、钠离子含量高，钙与镁的浓度比较低。但是，精子内所含钾的浓度高于其在精清中的浓度，钠的浓度则是精清内高，精子中低。钾离子影响精子的活力，保持精子的活力必须维持精液中 pH 值的稳定。

精清是精子在雌性生殖道内运动的载体，为精子提供能源，保持一定的酸碱度以免影响精子的活力，同时刺激雌性生殖道的运动加强，有利于精子运行。精清还具有凝固和液化功能，凝固与雌性生殖道中防止精液倒流，而后自己液化。

（4）性活动

睾丸下降：胎儿期睾丸在腹腔内，在胎儿发育到一定阶段，睾丸和附睾一起经腹股沟下降到阴囊中，这一过程即所谓睾丸下降。兽类出生后，如果一侧或两侧睾丸不下降，仍留在腹腔或腹股沟内，称为隐睾，这样的公兽通常没有繁殖能力或繁殖能力低下，不是合格的种用公兽。

初情期：公兽初次释放有受精能力的精子，并表现出完整性行为的年龄，即为公兽的初情期。初情期受生理环境、光照、类种、环境温度、体重、断奶前后的生长速度等因素影响。

性成熟：继初情期后，青年公兽的身体和生殖器官进一步发育，生殖机能达到完善，具备正常生育能力的年龄。通常公兽性成熟要比母兽晚些。性成熟是生殖能力达到成熟的标志，对于多数动物，身体的发育尚未达到成熟。

适配年龄：哺乳动物的成熟过程普遍是性成熟早于体成熟。性成熟只表明生殖机能达到了正常水平，并非公兽正式使用的年龄。考虑到公兽自身发育和提高繁殖效率的要求，一般把公兽的适配年龄，根据种类、个体发育情况和使用目的在性成熟年龄的基础上推迟一段时间，不宜过早使用。

4.3.2　雌性动物生殖生理

（1）卵子发生

生殖细胞主要来源在胚胎发育后期由体细胞分化而来，或者从受精卵第一次卵裂或胚胎发育早期分化出的具有特殊形态的卵裂球分化而来。无尾两栖类的原始生殖细胞来自内胚层，而鸟类和哺乳类的则来自于上胚层。

在雌性动物出生前或出生后不久，它的卵原细胞就开始增殖，并由它发育成卵母细胞。可分为两个阶段：第一阶段，卵母细胞发育很快，与卵泡发育有密切的联系，当卵母细胞达到成熟程度时，正是卵泡内产生卵泡腔之时；第二阶段，卵母细胞的体积比较稳定，而卵泡的直径却急骤增大，这时的发育仅限于卵泡为主，而卵本身体积的生长已经完成。

卵母细胞在卵泡发育的后半期成熟。在卵母细胞的发育期内，细胞核也完成了减数分裂的准备。卵母细胞发生两次成熟分裂（减数分裂），使原来双倍的染色体数目变成单倍体，单倍染色体是两性成熟生殖细胞的特征。卵子的成熟与精子的成熟过程有许多不同点，其中最重要的不同是一个卵母细胞只形成一个成熟卵子，而一个精母细胞则产生四个精子。

（2）卵泡发育

卵泡发育是指卵泡由原始卵泡发育成为初级卵泡、次级卵泡、三级卵泡、葛拉夫氏卵泡和成熟卵泡的生理过程。卵泡发育到最大体积时，卵泡壁变薄，卵泡腔内充满液体使体积增至最大，这时的卵泡称为成熟卵泡。多胎动物在一个发情周期里，可有数个至数十个原始卵泡同时发育到成熟卵泡，而单胎一般只有一个卵泡发育到成熟并排卵。

卵泡闭锁是指卵泡发育到一定阶段后停止发育并退化、形成黄体的现象。卵泡闭锁后，卵母细胞退化。动物在出生后有许多卵泡，但只有少数卵泡发育成熟并排卵，大部分卵泡发生闭锁。

（3）卵子形态

卵子的构造与精子存在明显的差别，卵子更类似于体细胞。不同种的动物其卵子的体积存在差异，体积大小主要决定于卵黄的蓄积量。一般情况下，卵子比体细胞大，直径约 100～185 微米。但是，卵子的大小与动物本身体型大小没有联系。

放射冠：刚排出的卵子，通常被数层颗粒细胞和卵胞液层包围。数层包围卵子的颗粒细胞即为放射冠（放射状排列），在排卵后数小时放射冠消失，卵裸化。

卵膜：卵具有两层明显的膜，即卵黄膜及透明层。卵黄膜能使物质扩散。透明层为均匀的半通透性膜，膜的成分以复合蛋白质为主，能被胰蛋白酶等蛋白质酶融解。

（4）卵子的化学成分

卵黄中以卵黄质为主，还含有重要的活性物质，如磷酸酶、脱氢酶、淀粉酶以及核糖核酸。卵黄的各种成分依物种及其进化阶段而有所不同。卵子最重要的结构是细胞核，核内含有脱氧核糖核酸和蛋白质构成的染色体，为重要的遗传基因载体。卵黄质内含有蛋白质、脂肪、碳水化合物。

（5）卵子保持受精能力的时间

卵子保持受精能力的时间，是指卵子具有能够完成受精过程的最长时间。绝大多数卵子在排卵后 12～24 小时仍保持着受精能力。排卵后，当卵子将进入狭窄部时，其受精能力骤然下降，进入子宫角时通常已失去受精能力。牛科动物保持受精能力时间为 18～20 小时，绵羊 12～24 小时，猪 12～24 小时。如果延迟交配，则受精的时间在卵子保持受精活力的末期，这种受精卵可能着床也可能不着床，即使着床，大部分也不能生存。单胎动物卵老化是造成流产，胚被吸收或产生其他异常的原因，老化精子受精时亦发生异常现象。一般情况下，老化的精子、卵子受精大致有以下三种情况：①老化卵子×刚射出的精子；②老化卵子×老化精子；③刚排出的卵子×老化精子。以上三种情况往往因胚不能生存而降低了种群的受胎率。未受精的卵子在子宫内分解，最后消失。

（6）卵的转移与消失

有的物种，如有足兽，卵通过子宫而在子宫内转移是经常有的现象。实验证明，切除猪一侧卵巢时，在两侧子宫角内，都有大致同等数目的胚发育，两子宫角的胚数通常是同数。牛、绵羊由一侧卵巢排两个卵时，通常胚着床在两个子宫角。转移的机制目前仍然不十分清楚。卵子也有在腹腔内转移的现象，这样的卵子绝大多数发生退行性变化，但也有子宫外孕的现象发生。

（7）性活动

1）性活动的概念

从广义上讲，性活动指动物从出生前的性别分化和生殖器官形成到出生后的性发育、性成熟和性衰老的全过程。性活动的狭义概念，是指动物出生后与性发育、成熟、衰老有关的一系列生理活动，包括性行为及其调节活动。雌性动物性活动的主要特点是具有周期性。

性发育：性发育的主要标志是雌性动物出现第二性征。雌性动物在出生后一定时期，生殖器官虽然生长发育，但无明显的性活动表现。当雌性动物生长发育到一定时期，卵巢开始活动，在雌激素的作用下，出现明显的雌性第二性征，如乳腺开始发育，使乳房增大；长骨生长减慢，皮下脂肪沉积速度加快，出现雌性体型。

性成熟：性成熟的主要标志是雌性动物第一次出现发情和排卵。

发情：发情是由卵巢的卵泡发育引起、受下丘脑－垂体－卵巢轴系调控的生理现象。动物发情发生在某一特定季节称为季节性发情；动物在全年均可发情称为非季节性发情。

繁殖季节：有的动物只要处在非妊娠期中，全年任何季节都会规律性出现发情，并能够完成配种。但是，另一些动物发情只局限于一年之中的特定季节，这些动物在非繁殖季节内，雌性生殖道和卵巢都处于相对静止状态。大部分展出动物具有明显的繁殖季节。光照、温度、营养、异性影响等都可能使繁殖季节略有变化。

乏情：是指初情期后雌性动物不出现发情周期的现象，主要表现于卵巢无周期性的活动，处于相对静止状态。引起乏情的因素很多，有季节性的、生理性的和疾病性的等。

产后发情：是指母兽分娩后的第一次发情。各种母兽产后发情出现的时间早晚不一。一般断乳后出现第一次发情较常见。

异常发情：多见于初情期后，性成熟前以及发情季节的开始阶段，营养不良、饲养不当和环境温湿度的突然改变也易引起异常发情。常见的有安静发情、孕期发情、慕雄狂、短促发情、断续发情、无排卵发情。

2）性活动的分期

动物一生从胚胎期开始，经过一系列的生长发育至出生后，又经过成长、成熟至衰老而结束。这一过程中，伴随者一系列的性活动，以维持种族的延续。

初情期：雌性动物第一次出现发情并排卵的时期，称为初情期。

性成熟期：雌性动物在初情期后，一旦生殖器官发育成熟、发情和排卵正常并具有正常的生殖能力，则称为性成熟。动物的这一年龄阶段，称为性成熟期。

体成熟期：动物出生后达到成年体重的年龄，称为体成熟期。雌性动物在适配年龄后配种受胎，身体仍未完全发育成熟，只有在产下 2～3 胎以后，才能达到成年体重。

繁殖能力停止期：雌性动物的繁殖能力有一定的年限，老年动物繁殖能力消失或终止。动物繁殖能力消失的时期称为繁殖能力停止期。

（8）发情周期及其影响因素

发情周期是指在性成熟后和性机能减退前，卵巢内有周期性的形态和机能的变化。各种哺乳动物（灵长类除外）中称为发情期，它以卵巢内卵泡的周期性成熟为基础。大多数哺乳动物其特点是休情期长，一年中只出现 1～2 个发情期。

动物到达性成熟期，非妊娠雌兽则出现特异的有规律的发情。动物自第一次发情后，如果没有配种或配种后没有受胎，每隔一定时期便开始下一次发情，周而复始，循环往复。动物从一次发情期开始到下一个发情期开始；或一次发情结束到下次发情结束的一段时间称为发情周期。在这段时间内，雌兽生殖道在不同阶段发生一系列的生理学变化。各种动物的发情周期长短不一。不同种的动物在一个自然年度出现发情周期的次数不同。例如：熊、狼、狐狸、熊猫等一年只出现一个发情周期，只有一次发情，称为单次发情动物，也有两次发情者，称为少发情动物，另一些物种一年中出现多个发情周期，出现多次发情，称作多发情动物。如虎、羊等。

动物的发情周期通常分为四个时期；发情前期、发情期、发情后期、发情休止期。

发情前期：是性周期的准备过程和性活动开始时期。此时卵巢中的卵子已开始成熟，是排卵的准备阶段。动物的种类不同，成熟卵泡的数量往往有差别，从一个至多个。

发情期：是性成熟的动物出现性欲的时期，也是性周期的高潮出现、排卵及个体生殖器官出现一系列的形态生理变化的时期。在此期间动物表现出精神兴奋不安，食欲减退，主动接近雄性等，生殖道尤其是子宫及子宫角呈现水肿样，大多数动物的阴道中流出黏液状分泌物，许多动物阴道的生殖上皮角化细胞增多。各种动物发情持续时间不同，一般 3～9 天。有的动物在一个发情期内出现多次发情和排卵。发情期结束后，如已有受精卵，则性周期即终止，开始妊娠一直到分娩后才会再出现性周期；如未有受精卵，则过渡到发情后期。

发情后期：这一时期卵巢中出现黄体，黄体分泌助孕素，改变性中枢和中枢神经系统的兴奋性，此时，动物比较安静，不让雄性靠近。

发情休止期（间情期）：是发情后期以后的相对生理静止期，性器官没有任何显著变化，黄体萎缩。此时子宫及其他生殖器官恢复到发情前的形态，其活动降低。动物的性欲已完全停止，动物的行为恢复到平静状态，发情征状完全消失。

影响发情周期的因素有遗传因素、环境因素、饲养管理水平等。

（9）受精与妊娠

受精是指精子和卵子的直接结合过程。受精一般在输卵管内进行，交配后，精子借其主动性运动由阴道进入子宫腔。子宫的内压低于大气压，由于子宫的收缩运动，将精子吸入输卵管内，在此和卵细胞相遇。

妊娠是指受精卵在输卵管和子宫内发育的过程。

（10）分娩与泌乳

1）分娩是指受精后发育成熟的胎儿离开母体的过程。分娩过程可分为三个步骤。第一步是子宫纵向肌收缩，环状肌松弛，子宫颈及子宫口扩大；第二步是胎膜破裂，羊水流出，腹肌、膈肌及子宫体出现强烈收缩，将胎儿娩出；第三步是胎儿离开母体后经过一定时间，子宫又出现收缩以排出胎盘，并使子宫壁的静脉闭合，以免失血过多。

2）泌乳是各种激素作用于已发育的乳腺而引起的。乳汁是不透明的白色液体。其中含有母乳清蛋白、乳球蛋白、乳糖、脂肪、类脂体，并有许多维生素和无机盐类，但缺乏铁质。分娩后1～3日内排出的乳汁色黄而浓，称为初乳。初乳含较多的蛋白质、脂肪和无机盐，能促进初生幼仔的胃肠蠕动，便于排出胎粪。初乳中含有大量的免疫蛋白，能增加仔兽的抗病力。

4.4　动物的生殖激素

4.4.1　生殖激素的种类

生殖激素是指直接作用于生殖活动，与生殖机能关系密切的一类激素。按照激素来源和生理功能分为神经激素、促性腺激素和性激素等。

神经激素包括促性腺激素释放激素（GnRH）、促甲状腺激素释放激素（TRH）、促乳素释放因子（PRF）、促乳素抑制因子（PIF）、催产素、松果腺素。

垂体促性腺激素包括促卵泡素（FSH）、促黄体生成素（LH）、促乳素（LTH）。

胎盘分泌的促性腺激素包括孕马血清促性腺激素（PMSG）、人绒毛膜促性腺激素（HCG）。

性激素包括雄激素（T）、雌激素（E2）、孕激素（P）、松弛素。

其他激素包括前列腺素（PG）、催产素（OXY）、外激素。

4.4.2　神经系统和激素在繁殖过程中的作用

几乎机体的所有活动都受神经和体液的调节。神经系统和激素在生殖过程中的作用是无可替代的，这种作用几乎是不同程度地涉及生殖过程中的各个方面。

（1）神经系统在繁殖过程中的作用

神经系统在繁殖过程中的作用涉及各个方面。内外环境的各种刺激几乎是全部要通过神经系统对生殖过程产生各种影响，可以说神经系统调节着整个繁殖过程。

1）神经系统对于垂体分泌促性腺激素的调节神经系统直接参与控制垂体分泌促性腺激素的机制，也就是参与性腺分泌和配子生成机能的调节。大脑通过丘脑下部对垂体前叶分泌促性腺激素的调节来进一步调节性腺的机能，脑中的一些中枢可以影响垂体前叶释放到血液循环中促性腺激素的量和其类型。这些激素作用于性腺，可使生殖器官出现活动状态，这样生殖细胞才能成熟，这是动物繁殖的必要条件。

与此同时性腺的活动对于脑又有一种"反馈"机制。垂体促性腺激素的分泌是由脑发动的，性腺对这些促性腺激素刺激的反应是分泌性腺激素；同时，性腺激素又反过来作用于脑，通过脑发动必要的行为来完成生殖过程。神经系统的其他部位也对垂体分泌促性腺激素有调节作用，例如通向丘脑下部的传入神经就有这种功能。有些动物如兔和雪貂经过交配后才能排卵，也可以用玻璃棒刺激子宫颈而引起排卵，这种现象显然是与生殖道传入神经有关的。

2）交配行为　交配行为的出现通常可以分为两个部分。第一部分是性欲活动出现，雌雄个体意欲交配或是力图交配；第二部分是交配活动本身，这是由多种反射和反应所组成的，包括姿势的调整，雄性骨盆部向前推进，雌性骨盆部脊柱的调整动作，勃起、射精和性欲高潮。神经系统通过中枢的反射弧控制性交的姿势，大部分的交配姿势的调整，都由脊髓中枢综合。有运动神经纤维束即勃起神经通入生殖器，其中包括控制射精的神经纤维，因此这些纤维也参与射精活动。一般可把射精分为两种动作，即放出与射出。放出是把精液驱入尿道；射出是把精液射出体外。通常都是在性高潮时把精液射出体外。交配时雌雄生殖道的兴奋可引起子宫一连串的肌肉收缩，这种收缩是精液由阴道移向输卵管的重要动力之一。因此通过两性交配行为的协调，为精子顺利到达受精场所创造了必要条件。

雌雄两性的交配反应在雄性依赖于雄性激素如睾酮，雌性则依赖于雌性激素，如雌激素，但是激素必须作用于某种神经基质才能引起性行为方面的效应。研究表明，大脑对于交配行为具有重要的调节作用。动物的性中枢在丘脑下部，这种性中枢保持完整才能发生性行为，对于雄性动物来说除丘脑下部外，大脑皮层更是发生性行为不可缺少的条件之一。

（2）激素在繁殖过程中的作用

激素在繁殖过程中的作用与神经系统一样也是不可代替的。现只介绍几种重要激素的具体作用。

促卵泡素（FSH）和促黄体素（LH）：FSH 和 LH 为垂体分泌的糖蛋白激素。FSH 促进卵巢卵泡的生长；促进卵泡颗粒细胞的增生和雌激素合成和分泌，刺激卵泡细胞上 LH 受体产生；促进睾丸足细胞合成和分泌雌激素，刺激生精上皮的发育和精子发生。在雌性动物，LH 促进卵泡的成熟和排卵；刺激卵泡内膜细胞产生雄激素；促进排卵后的颗粒细胞黄体化，维持黄体细胞分泌孕酮。在雄性动物，LH 刺激睾丸间质细胞合成和分泌睾酮，促进副性腺的发育和精子最后成熟。

促乳素（PRL）：促乳素是垂体前叶腺特化的细胞 – 促乳素细胞合成和分泌的多肽激素。PRL 对乳腺的作用包括乳腺的生长和发育、乳的合成、乳分泌的维持都有作用。PRL 对黄体功能的影响随动物种类和周期阶段而异。

绒毛膜促性腺激素（HCG）：有促排卵的作用。如果给同一只健康成年的雌兽按一定剂量注射 HCG，随之注射孕马血清（PMS），促排卵的效果颇好，甚至可以起到超常排卵的作用。

雄性激素：雄激素的主要作用形式是睾酮（testosterone，T）和双氢睾酮。在雄性胎儿性分化过程中，睾酮刺激沃尔夫氏（Wolffian）管发育成雄性内生殖器官（附睾、输精管等）；双氢睾酮刺激雄性外生殖器官（阴茎、阴囊等）发育。睾酮启动和维持精子发生，并延长附睾中精子寿命；双氢睾酮在促进雄性第二性征和性成熟中起不可替代的作用。

雌性激素：雌激素的主要来源是卵巢胎盘、肾上腺、睾丸以及某些中枢神经元，其主要作用形式是雌二醇（estradiol，E2）。雌激素是促使雌性动物性器官发育和维持正常雌性性机能的主要激素，促进雌性动物的发情表现和生殖道生理变化，例如促使阴道上皮增生和角质化；促使子宫颈管道松弛并使其黏液变稀薄；促使子宫内膜及肌层增长，刺激子宫肌层收缩；促进输卵管的增长并刺激其肌层收缩。

孕激素主要作用形式是孕酮（progesterone，P4），来源于卵巢的黄体细胞，孕酮是雌激素和雄激素的共同前体。

在黄体期早期或妊娠初期，孕激素促进子宫内膜增生，使腺体发育、功能增强。这些变化有利于胚泡附植。

在妊娠期间，抑制子宫的自发活动，降低子宫肌层的兴奋作用，还可促进胎盘发育，维持正常妊娠。孕酮阻抗雌二醇诱导的输卵管分泌蛋白产生，使输卵管上皮分泌活性退化和停止。大量孕酮抑制性中枢使动物无发情表现，但少量孕酮与雌激素协同作用可促进发情表现。动物的第一个情期（初情期）有时表现安静排卵，可能与孕酮的缺乏有关。

4.4.3　交配、受精、妊娠分娩泌乳激素变化

（1）排卵交配

排卵前雌激素的大量分泌会通过正反馈途径作用于下丘脑和垂体，引起 GnRH 的大量分泌，从而导致 FSH 和 LH 排卵前峰的出现。而 LH 峰的出现是诱导排卵发生的关键因素。排卵的机制是由于雌二醇引起排卵前 LH 峰，LH 峰引发卵泡内一系列细胞和分子级联事件，包括前列腺素和类固醇合成和释放的增加，某些生长因子和蛋白分解酶活性的增强，促进排卵前卵泡顶端细胞和血管破解以及细胞死亡，最终导致卵泡壁破裂释放出卵子和卵泡液。

（2）胚胎附植

主要受雌激素和孕酮的调节，雌激素使子宫内膜增生，孕酮使子宫内膜分泌活动增强，发生蜕膜化。在这两种激素的联合作用下，能促使附植发生。

（3）妊娠分娩

在发情和受精后，血液中雌激素从中期水平开始逐渐下降，但雌激素的分泌并没有停止，孕激素的分泌逐渐增加，在妊娠期雌激素水平总体表现为上升趋势，随着妊娠时间的延长，胎盘产生的雌激素逐渐的增加。妊娠期，血浆中孕激素的浓度将会上升，不同的动物在不同的时期达到分泌高峰。一般来说，牛、羊血浆中孕激素的水平在整个妊娠期间都保持稳定的变化。分娩前，孕酮浓度下降，雌激素上升，释放催产素和前列腺素，最后完成分娩。

（4）泌乳

妊娠期间，血中类固醇激素含量较高，促乳素维持平稳水平。分娩时，孕酮停止分泌，促乳素含量增加，起初变化不大，产前全部乳成分急剧大量分泌并在产后延续数日，促乳素血中含量在临产前急剧上升。糖皮质激素和胰岛素可增强促乳素的作用，而孕酮则对促乳素有抑制作用。雌激素可增加乳腺细胞膜上促乳素受体的数量，促进促乳素和其他垂体前叶激素的分泌。

第 5 章　动物行为学基础

5.1　动物行为概述

动物行为学是一门既古老又新鲜的学科。在人类进入农耕社会之前，食物的来源主要来自狩猎和采摘，为了保证食物的来源，先人们不得不开始观察动物、总结动物的行为规律，并将这些知识积累应用于狩猎实践中，以获得更多的食物来源。随着 17 ~ 18 世纪启蒙运动和博物学浪潮的兴起，生物学逐渐从传统博物学分离出来，动物行为学也逐渐在生物学领域占有越来越重要的位置。19 ~ 20 世纪以来，生物学、生理学、心理学、遗传学等相关学科的迅猛发展，为动物行为学成为一门明确的、具有独立学术地位的学科奠定了基础。1973 年，劳伦兹、丁伯根和弗里希因他们在动物行为学领域的卓越贡献获得诺贝尔奖，这一里程碑标志着动物行为学成为一门独立的学科，并从此进入一个高速发展阶段。21 世纪以来，现代分子生物学技术的突飞猛进，又为现代动物行为学注入了新的活力。

动物行为学就是研究动物行为的科学，但什么是动物行为？"动如脱兔、静若处子"，这八个字也许就是对动物行为最形象直观的解释。无论是"动"还是"静"，都是动物个体与环境的互动方式，而无论采用哪种互动方式，目的都是为了保证动物个体内的基因获得更好的遗传机会，因此动物行为被概括为"动物所做的有利于眼前自身存活和未来基因存活的任何事情"。

尚玉昌老师在《动物行为学》一书中，将动物行为定义为："行为是动物在个体层次上对外界环境的变化和内在生理状况的改变所做出的整体性反应并具有一定的生物学意义。动物只有借助于行为才能适应多变的环境（生物的和非生物的），以最有利的方式完成取食、饮水、筑巢、寻找配偶、繁殖后代和逃避敌害等各种生命活动，以便最大限度地取得个体的存活和子代的延续。"

动物园对展出动物来说是一种特殊的生存环境，研究动物行为学可以使保育员从基础层面了解动物的行为需求，并为展出动物创造更合理的生活和展出环境，提高动物福利，让动物表达更多的自然行为，并最终实现物种保护的终极目标。

5.2　动物行为的分类

动物行为丰富多彩，变换无穷，至今人类所了解的动物行为表现和行为机制仍然十分有限。为了更好地认识和研究动物行为，将动物行为分可见的"外显"行为、不可见的"内隐"行为，行为本身可以遗传和进化，每种行为都对应其行为生理，并且在个体和群体层面，都存在行为发育。了解这些基本行为规律有助于对行为进行分类；每一类行为都与其他类型的行为相关，尽管我们为了研究的便捷将动物行为进行了简单分类，但必须认识到各种行为类型之间存在广泛的交集。动物行为大致被划分为以下几方面：

觅食行为 – 主要研究领域包括最适觅食理论、动物觅食的技能和策略和动物的防御行为等方面。其中动物觅食动机的研究成果对动物园中的食物丰容提供了理论依据和指导方向。

生殖行为 – 主要研究领域包括两性生殖对策、婚配体制、亲代抚育等方面。对动物生殖行为的研究有助于动物园保育员及时掌握繁殖机会，并提高珍稀物种的繁殖成活率。

时空行为 – 主要研究领域包括生物节律和生物钟、动物的迁徙行为、动物的定向和导航机制和动物的领域行为等。了解动物的时空行为，有助于动物园根据动物的行为节律特点制定合理的操作日程，在保障动物福利的前提下为游客提供更丰富的参观体验。

社会行为 – 动物社会行为主要包括动物的社会生活和通讯行为，主要研究方向包括动物的社会生活、社会生活的好处和代价、动物的通讯及通讯方式、动物通讯的功能和通讯信号的进化等方面。掌握动物社会行为知识，有助于在动物园中建立珍稀物种的繁育组合和展出群体构建。所有动物园从业者必须认识到一点："计群居动物生活在健康合理的群体中就是最大的福利"。

学习行为 – 动物的学习行为研究受到现代心理学研究的极大促进。为了去除人类自身的社会因素来探究人类心理的动机和机制，科学家往往通过在实验室中开展动物实验来验证心理学猜测。巴甫洛夫的经典条件作用理论和斯金纳的操作性条件作用理论的提出都以动物实验的结果为理论基础。随着生物学和心理学的结合，人们逐渐开始研究动物的学习行为。在圈养环境中，动物不得不学习新的有限刺激环境下的生存技能，了解动物的学习行为，不仅有助于现代行为训练的开展，同时也使动物园中的各项操作目的不仅限于保证动物的生理健康，同时也逐渐向关注动物的行为健康和心理健康发展，从而更全面地提高动物福利。

5.3　展出动物的行为特征

动物园中，由于生活规律和需求的变化，动物的行为有别于自然环境中的行为，甚至出现了许多不正常的行为。现代动物园评估动物福利状态时不能仅关注动物的身体生理指标，例如体尺、体重、繁殖状况和寿命等，关注动物的心理状况同样非常重要。积极的动物福利状态指："在生理和心理需求得到满足，并且环境能够为动物提供丰富、多变的有益选择和挑战时，动物体会到的综合状态"（2015 版《世界动物园水族馆保护策略》）。动物行为不仅是动物心理状态的外显表达，也是直接影响动物心理状态的重要因素。

5.3.1　展出动物常见异常行为

那些看起来明显"不正常"的行为不仅会损害动物自身健康，也会对游客情感造成伤害。动物表现的下列行为，直观的暴露出个体福利水平处于消极状态：

自残行为 – 哺乳动物拔去体表的被毛、鸟类拔除羽毛、猫科动物把自己身体局部舔得血肉模糊，甚至咬掉肢体的某一部分造成残疾等，这些行为往往都是因为动物生活的环境过于单一、枯燥，或者动物无法回避所承受的环境压力造成的。

攻击行为 – 动物个体之间的过于频繁的攻击行为、动物对饲养员的攻击行为，甚至动物表现出的对游客的攻击欲望，往往都是动物的心理承受能力已经接近崩溃的边缘，极度的压力和恐惧往往造成频繁的攻击行为。

刻板行为 – 动物园中最常见到的不良为行为就是刻板行为。刻板行为指持续性的、不变的、没有目的性的重复行为，例如肉食动物表现的踱步、大象表现的晃动身体、长颈鹿表现的舌头舔舐空气行为等。刻板行为是动物与环境的不正常互动，是典型的福利状况不佳的标志，也是陈旧落后的饲养管理方式导致的必然结果。

其他异常行为 – 大熊猫、灵长类动物，特别是大型类人猿，可能表现出"食呕"行为：即把经过咀嚼的已经吞咽的食物呕吐出来，然后再把呕吐物吃进去，或者其他"稀奇古怪"的行为，尽管目前人类对动物行为的了解仍有待提高，但某些行为明显超出了"正常"范畴，这些"怪异"行为，往往都是动物福利状态不佳的表现。

5.3.2　动物表达异常行为的原因

展出动物在人工圈养条件下，环境与自然状态条件存在巨大差异，这种差异除了表现在环境因素过于单一外，还集中体现在动物每天不得不面对的来自人类的环境刺激：动物每天都要服从饲养管理人员对日常生活的"安排"，同时还要面对大量游客的参观。这些刺激给动物带来物种进化过程来不及适应的生存压力，尽管这些压力并没有减少动物获取食物、繁殖后代的机会，但会威胁到动物的精神健康。动物们会感到无聊、沮丧，往往体现为刻板行为，甚至更糟糕的自残行为。

动物与生境的互动不仅体现在生物学层面，还更多的体现在行为学方面。动物园环境尽管可以满足多数动物的生存需要，但难以满足动物经过长期自然进化形成的行为学需求，动物无处释放的基于内在驱动的行为需求往往表达为不断重复的、没有明确功能意义的刻板行为。摇晃身体、甩头、来回踱步等等，都是动物园中常见的刻板行为的表现形式。

人们对刻板行为产生的原因和存在的意义还没有彻底了解，但目前占主导的认识是与动物幼年期的成长经历和目前所居住的枯燥单一的人工环境有关。也可能是动物对动物园环境的一种行为适应，并有可能帮助动物释放压力。行为学家认为，刻板行为表示动物正在试图应对自然行为难以得到表达机会的不理想的环境状况。例如肉食动物中常常表现出刻板行为的大型猫科动物、熊科动物、犬科动物等，长期进化赋予它们一连串的行为动机：搜寻猎物、追赶猎物、捕猎和杀死猎物、处理动物尸体和进食，这一系列的行为动机是动物的本能，即使为动物创造了一个食物充足的人工圈养环境，动物的内在行为动机仍然在发挥作用，促使动物通过其他的能量消耗形式表达出来。动物行为学家相信，这就是动物产生刻板行为的根本原因。最新的研究进展阐述了一种更广为接受的理论，而这个理论恰恰反映出丰容对保证动物精神健康的重要性。这种理论认为，刻板行为是由压力引起的大脑机能异常所导致的；压力导致了刻板行为最初的发生，尽管后期这种压力可能被移除，动物仍然会保持刻板行为的表达。这也许能够证明单一环境产生的压力能够给动物的大脑机能造成损害，这种损害表现为动物外显的刻板行为之下的精神异常，这种精神损伤对动物和饲养员来说都是危险的，也是公众所不能接受的。

5.4　动物行为的研究方法

5.4.1　行为研究的类型

动物行为学包括基础研究和应用研究，基础研究的目的在于提高人们对生物体和生物现象的理解和认识；应用研究的目的在于解决在实践中遇到的具体问题。

（1）动物园中进行的行为学基础研究

动物园是开展动物行为学基础研究的最有价值的场所之一，研究方向主要包括：

1）行为学比较研究－对进化史相近的动物进行比较研究。研究者不可能走遍世界去研究每一种动物，而动物园中可能有几种亲缘关系相近的来自不同地区的动物，所以它们所共存的动物园是进行比较研究的理想场所。

2）发育研究－在动物园可以近距离观察动物，功能完备的设施设计和现代动物行为训练能够实现定期称重、测量体尺，甚至进行采血、取样，动物园是研究动物身体发育和行为发育的理想场所。

3）认知研究－动物园很适于研究动物的学习和记忆，因为我们可以对动物进行测试或给它们出难题。我们可以给不同种的动物出相同的难题或给同一种动物出不同的难题，以实现对动物认识水平更深入的了解。

4）交流和社群行为研究－动物园是研究动物交流和社群行为的重要场所，可以对动物进行实时、可靠的监测，相比野外的研究条件更容易记录到一些少见的行为，比如动物鸣叫或炫耀。研究结果有助于理解动物的社群行为，但必须考虑到圈养条件对社群行为的影响。

5）对条件变化的反应－在动物园中可以改变动物生活的环境状况，比如变换饲料、展区环境条件、局部气候条件，甚至调换与某个动物生活在一起的同伴来研究动物对环境因素变化做出的行为反应。

行为学基础研究成果也许不会直接用于饲养管理制度和丰容运行方式的改善，但这些结果一定会对动物园进一步提升动物福利策略的制定有所启发。

（2）动物园中进行的应用行为学研究

在动物园中，行为学应用研究往往用于直接评测动物园的日常管理水平，并有助于改善工作方式。需要解决的行为问题来自饲养员对动物福利的关注或动物园在丰富游客参观体验、提高保护教育水平方面的更高追求。例如如何减少动物表现出的刻板行为，或者如何延长动物在游客参观时段自愿停留在游客视线范围内的时间、如何减少动物个体间的过度攻击行为等。研究范围往往包括：

1）动物之间能否和谐相处？－受到个性、争夺支配地位或者是季节性行为变化等影响，有时会出现动物个体之间互不相容的问题。我们可以对问题行为的起因进行研究，并缓解这一问题。

2）提高或控制动物的繁殖－往往展出动物在人工圈养条件下的繁育存在很多问题，动物行为研究有助于找到问题的原因，并通过研究结果促进或限制动物的繁殖。

3）提高动物福利－在动物园可以用实验方法来检验我们所采取的某种措施对于动物福利是否具有积极的影响。

4）行为调整 – 例如希望减少过度的攻击行为。应用行为学研究可以有助于控制攻击行为。这项工作同样从行为观察开始，通过观察找出攻击行为的特点，例如谁攻击谁、在什么时间发生攻击、在那里发生等。

5）展区评估 – 行为研究方法还常用于对展区进行评估，了解游人是否容易看到动物，同时还关注动物是否均衡地利用展区、展区是否足够大、展区内是否拥有足够的庇护所让动物有地方躲避游客造成的压力等。

6）动物引见 – 出于繁育或展出群体成员调整的目的，需要将动物个体"引见"给另一个动物个体或引入既有群体，通过对这个过程的研究和控制，能够有效避免动物个体的福利状况受到严重损害。

7）动物健康监测 – 动物行为监测是评估动物健康状态，特别是动物精神健康状态最有价值、最便捷的手段。

处理动物园中展出动物出现的行为问题需要广泛收集该物种的野外生物学知识，这也是开展行为管理工作必须以学习动物物种自然史知识和了解个体生长经历为基础的原因。

5.4.2　动物园中开展动物行为学研究的意义

动物福利最直观的判断依据就是动物的行为表现，因为行为表现往往是动物的生理或心理健康状态最先表达的信号，例如：

① 动物生病 – 动物行为变化往往是最早出现的，也可能是唯一可见的动物患病表现。这些变化可能包括活动方式的改变、活动量减少、社群关系改变等。

② 动物心理需求是否得到满足 – 行为学研究是判断动物心理健康水平的可靠途径。动物都具有获得激励和不同程度的控制环境因素的心理需求，动物的行为表现在一定程度上能够反映出这些心理需求是否被满足。

③ 动物对新的环境条件能否适应 – 动物如果对日常生活失去控制，就会感到压力，甚至可能会生病。例如在展区内引入了一只新动物个体，或者笼舍的环境发生了改变，又或者日常管理方式出现了变动，动物能否适应这些变化，都可以通过行为观察来了解动物对变化的适应程度。

④ 动物所处生理周期的判断 – 例如动物进入或结束发情期。动物行为监测是判断动物是否正要进入繁殖季节或繁殖周期是否行将结束的依据。跟踪记录动物行为变化，有助于在动物进入发情期之前做好充分的准备，发情期的动物会更具有攻击性，有可能损害其他个体的福利水平，甚至威胁到操作安全。

⑤ 饲料供应是否合理 – 观察动物的取食行为，可以判断动物对饲料供给是否满意。

⑥ 动物社群结构是否合理 – 在圈养条件下构建功能健全的动物社群是一项艰巨的任务。通过行为研究可以判断是否存在同一环境中的动物个体数量不足或者过多，或者笼舍空间不合理等问题。如果个体间出现持续的攻击行为、刻板行为、自残行为和食欲减退等现象，那么这些消极的行为表现足以说明该动物群体的社群结构有待调整。

⑦ 动物学习行为的的研究 – 在动物园中开展的内容丰富的正强化动物行为训练是研究动物学习行为的绝佳机会；同样，这方面的研究成果也会直接改善日常动物行为训练工作，并增加新颖展出设计手法的应用范围，为游客带来更丰富的参观体验。

5.4.3　行为研究法在动物园中的应用 – 以丰容项目评估为例

动物行为学经过近 100 年的发展，已经形成了严谨、系统的理论和研究方法。这些理论、方法和术语都直接运用于动物园中的丰容评估；另外，行为学研究使用统计学方法进行数据收集和分析，丰容项目评估属于行为学研究的一个细小分支，在选择丰容评估方法时不能仅从动物物种行为特点出发，还需符合统计学对数据的要求。

（1）行为观察实验设计的前提设置

1）实验条件：实验条件指在研究过程中，观察对象（动物）所体验的环境是否包含待评估丰容项目。

对照组：也称为基准组，指处于无待评估丰容条件下的动物，即本组动物生活环境中没有加入待评估的丰容项目，但可以包含其他的与本次评估无关的丰容项目。

实验组：也称为处理组，指处于待评估丰容条件下的动物，即本组动物生活环境中加入了待评估丰容项目，除了这一点，其他条件与对照组相同。

2）变量：变量指实验条件下的差异。在丰容评估中是否提供待评估丰容项目所形成的环境条件差异和提供差异后动物行为产生的行为变化都称为变量。

自变量：指饲养员改变的量，这里指在环境中增加的待评估丰容项。丰容评估的原则是每次实验仅提供一个自变量，即每次只增加一个丰容项。同时增加多个丰容项目，例如在为动物提供新的地表铺垫物的同时，也改变的饲料的提供方式，则无法判断究竟是哪个丰容项引起了行为变化。丰容效果评估过程与日常丰容运行之间的区别即在于此：丰容效果评估，每次只提供一个丰容项目作为环境变量；而丰容的日常运行，则鼓励同时运行多个丰容项目，给动物提供更多的机会和选择。

因变量：指行为观察者测量到的动物行为变化。在丰容评估中指的是：因为饲养员所提供的自变量，即增加丰容项而产生的动物行为变化，这种行为变化被观察、记录并测量统计出的变化就是因变量。

3）间隔期：指特定的时间段。根据所制定的研究目的、提供的丰容项和所观察动物的行为特点，将观察周期划分成不同的时间段。每个时间段，称为间隔期，根据观察需要的差异，例如观察内容是行为事件或是行为状态的不同，间隔期有可能是 5s、20s、1min、15min，甚至是 1h 不等。应用全事件记录法时，需要全时段观察，不存在间隔期。

（2）丰容项目评估中常用的行为变量测量内容

动物行为可以分为外显行为和内隐行为，动物园中开展的丰容效果评估工作只关注动物的外显行为。动物的外显行为也同时具有多重属性，有些行为属性尽管可以描述，但很难进行量化比较，所以与动物行为学研究一样，动物园中进行的丰容项目评估工作中，只关注那些"可以被观测到的、可以量化的；可以对不同的量化指标进行比较的行为属性"。这些行为属性包括：行为持续时间、发生频率、潜伏期、强度和行为列表/内容等方面。

1）行为持续时间：指动物在某一行为上所花费的时间。测量结果可能有以下形式：

某一行为的持续时间：例如"动物取食时间的平均值为 5min"，"动物平均每次梳理毛发的持续时间为 2min"，"动物平均每次后肢站立时间为 1min15s"等。

在全部观察周期内，某一行为所占的时间百分比：例如，经过测量，发现动物取食时间所占时间比例为："从 8:00 ～ 11:30 这段时间内，动物平均会花 17% 的时间进食"等。

2）行为发生频率：指动物的某一行为多久发生一次，也表示在特定时间段内，行为发生次数。例如："动物平均每小时进食 3 次"等；

3）行为发生顺序：指行为发生的先后次序。任何一个行为，都处于一个连续的行为序列 / 链中，不同的行为发生顺序会指示行为发生与丰容项之间的关联。例如："78% 的标记行为都立即发生在探究行为之后"等；

4）行为潜伏期：指动物从接收到刺激至做出行为反应之间的时间长度。这项指标在实际应用过程中会根据实验条件进行调整，有时会被调整为"动物做出相同的两种行为之间的时间间隔"。例如"动物平均每 55min 进食一次。"

5）行为强度：指动物行为的剧烈程度，按照观察积累的经验，可以将行为划分成不同的等级。例如用"威慑""冲撞"和"撕咬"来表示动物的攻击行为强度逐渐加强。

6）行为列表：指提供丰容项后，所观察到的行为多样性指标。例如：将整个的西瓜作为新奇食物丰容项提供给黑熊后，观察到动物出现：嗅闻、舔、用爪子抓、推、追逐、进食等行为。这项指标会直观反映出丰容项对动物行为产生的影响，有助于判断丰容项能否鼓励动物自然行为的表达。

（3）丰容项目评估中常用的行为测量方法和记录方法

对动物行为进行的观察和记录，都可以称为"取样"，指从全部样本中按照不同的目的抽取一部分样本进行处理，也就是说取样指仅对全部样本中的一部分样本进行测量和比较。在丰容项目评估工作中，我们也只选择与丰容目的相关的某种或几种行为进行观测，对动物行为所进行的观察和记录，都仅仅是动物所有行为样本的一部分，所以都称为"取样"。唯一的特例是在行为记录过程中，如果采用"连续记录"行为记录方法，则要求在观察期间内记录动物所有的行为表现，这种记录方式要求记录动物的全部行为样本，而不是仅仅记录行为样本中的一部分，所以不称为"连续取样"，而是称为"连续记录"。

1）行为观察方法

行为观察，也称为行为测量、行为取样，共有四种方法：

① 随意取样：也称任意取样，即观察者可以任意选择动物的行为进行观察记录，而不是只记录几个目标行为。由于没有目的性，这种行为观察方法仅仅适用于对动物行为的初步了解，掌握一般性认识，往往用于正式的动物行为研究之前的准备阶段。如果没有进一步以提出假设或以明确的实验目的为导向的实验设计，随意行为取样的成果不能转变成为有科研价值的行为学研究成果。

② 目标取样：目标取样法，简称"目标法"，也称为"焦点法"，指每个观察时段只观察一只动物的行为，并对其进行记录。如果观察对象为多只动物，则首先需要进行动物个体识别，然后给每个个体编号。例如需要观察 4 只动物，动物编号为：1 号、2 号、3 号、4 号。在进行动物观察时，同样是每次只观察一只动物，但需要按照预先确定的顺序和观察时段轮流对动物进行行为观察，并记录结果。每一轮个体全部观察完毕后，再按照同样的顺序开始新一轮的观察，如此循环往复，直至观察结束。假设预先设计的观察顺序是 1 号 –2 号 –3 号 –4 号动物，每 5min 为一个观察时段，在每个观察时段之间设定 5min 的观察间歇。那么从上午 9：00 开始观察，则观察记录的顺序与时间的对应方式见表 5-4-1：

观察记录顺序与时间表 表 5–4–1

时间	观察目标	行为	备注
9:00～9:05	1 号		
9:10～9:15	2 号		
9:20～9:25	3 号		
9:30～9:35	4 号		
9:40～9:45	1 号		
……	……		

如此往复循环，直至观察周期结束。

目标取样法在时段内观察记录动物行为，可以获得个体行为信息并能够测量动物行为的持续时间，适合于单只动物或少数动物个体的丰容评估。采用目标法，在一个试验周期中分别观察多个动物个体，比长期观察一只个体能够获得更多的关于该物种的行为信息。

③ 扫描取样：扫描取样法简称"扫描法"，指一次同时观察所有动物个体的行为、并进行记录。采用扫描法观察动物行为时，首先也需要辨别动物个体，经过预先观察，确定少数几种行为作为观察内容。扫描法的实施方式与雷达扫描的方式一致：以观察者为圆心，每次观察时，观察者视线均按照同一方向（顺时针方向或逆时针方向）逐一扫过所有动物个体，并记录观察瞬间动物的行为。由于需要同时观察多只个体，往往需要简化行为谱，以保证观察结果的准确性。

扫描法只观察和记录动物在经过每个时间间隔时刻的瞬时行为。例如，如果将间隔时段设定为 5min，设定计时秒表每 5min 蜂鸣一次；观察者只有在蜂鸣的瞬间对动物进行扫描观察记录，迅速对每个个体进行观察记录之后，则不再对动物进行观察，也就是说每次观察之间有接近 5min 的时间间隔。直到下一次蜂鸣时，观察者再次扫描观察动物。这种瞬间观察的方式，很难捕捉到出现机率较少的行为，也无法获得可靠的动物行为事件持续时间方面的数据。

④ 行为取样：行为取样法指在观察一群动物时，只观察某种特定行为的发生，以及哪个个体表达了这种行为。行为取样法往往用于观测某种罕见的、但具有重要意义的行为，例如打斗行为、交配行为等。每次这类行为的发生，都会对动物社群产生重要影响，所以需要特别进行记录，但如果应用目标取样法、扫描取样法进行观察则这些罕见行为往往会被漏掉。行为取样法常与目标取样法和扫描取样法同时应用，因为这类特殊行为都会以显著的方式表达，易于观察到、及时判断、记录，不会影响目标取样法和扫描取样法的进程。由于行为取样法只关注那些罕见的、显著的行为表达，所以行为取样法也被称为"显著行为取样法"。

2）行为记录方法

行为记录方法分为两类，共三种：一类是连续记录，另一类为时段取样。时段取样又可以分为瞬时取样和 1/0 取样。

① 连续记录：连续记录是最有力的记录方式，观察者记录在观察期间的动物表现的所有行为，并对每个行为的每次发生都记录。记录行为时，同时标注时间，则可以记录下准

确的行为持续时间、行为发生频率、行为发生顺序和潜伏期；如果记录行为时不进行时间对应，则观察记录结果只反映全部观察时段内动物行为的发生频率和先后行为顺序。

②时段取样：时段取样指将观察周期划分成多个长度相等的时段，与各时段分界点对应瞬间的取样方法为瞬时取样；对应各时段期间的取样方法为 1/0 取样。

③瞬时取样：瞬间取样只在准确的时间点记录观察结果，这个时间点就是各时段的分界瞬间。瞬时取样法记录的结果易于进行数据分析，所以在丰容评估过程中应用较多。这种记录方式可以记录下行为的大致持续时间。采用瞬时取样，需要穷尽的行为谱，即行为谱中需要包括"其他行为"或"动物不可见"。

D1/0 取样：1/0 取样指在每个观察时段内记录某几种行为是否发生，行为发生记录"1"，未发生则记录"0"。在采用"1/0"取样法进行记录时，不需要穷尽的行为谱，只关注少数几个目标行为是否发生，不记录行为发生的次数和持续时间和强度。由于这种记录方式只能收集有限的信息，所以评估结果准确度不高，一般用于行为变量的初步研究阶段。

行为观察和记录方法（图 5-4-1）在实际应用于丰容项目评估过程中，可能会进行部分调整或根据评估需求对不同观察、记录方式进行组合。选择什么方法、进行怎样的调整、采用哪种组合方式都取决于实验条件的限制和丰容项目实施的目的。

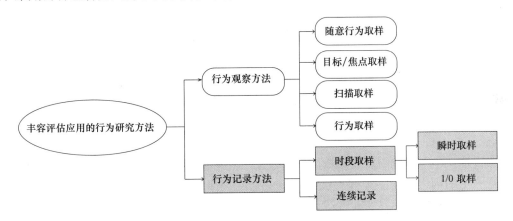

图 5-4-1　行为观察方法和记录方法图示

第6章　动物医学基础

圈养动物是一类特殊的观赏动物，饲养于动物园中，服务于游客。为了使游客能够看到更多种的动物和更清楚的看动物，动物园饲养的动物以种类多、种群小为特点之一；圈舍以展出为主，大部分动物被圈养在环境单一、运动场地有限的场馆之中；有些动物成年后不能及时分圈、不能得到合适的异性伴侣；有些动物园的草食动物常年吃"一种草"、"一种料"（自制的饲料），不分年龄和地域；有些动物在一个环境中生活，直到死亡；动物每日接受游客观赏，与留鸟、候鸟、流浪动物相伴，个别动物与家畜家禽混养，并受它们携带病菌的威胁。甚至，一些动物被进行强制的表演训练，向游客展出"特有行为"，使它们过劳、致损、致伤，甚至致死。

疾病是机体在一定的条件下，受病因损害作用后，因自稳调节紊乱而发生的异常生命活动过程。多数疾病，是在一定病因作用下，自稳调节紊乱而发生的异常生命活动过程，并引发一系列代谢、功能、结构的变化，表现为症状、体征和行为的异常。

6.1　基本特征

疾病都是有原因的。疾病的原因简称病因，它包括致病因子和条件。疾病的发生必须有一定的原因，但往往不单纯是致病因子直接作用的结果，与机体的反应特征和诱发疾病的条件也有密切关系。因此研究疾病的发生，应从致病因子、条件、机体反应性三个方面来考虑。

疾病是一个有规律的发展过程。在其发展的不同阶段，有不同的变化，这些变化之间往往有一定的因果联系。掌握了疾病发展变化的规律，不仅可以了解当时所发生的变化，而且可以预计它可能的发展和转归，及早采取有效的预防和治疗措施。

患病机体内发生一系列的功能、代谢和形态结构的变化，并由此而产生各种症状和体征，这是我们认识疾病的基础。这些变化往往是相互联系和相互影响的。但就其性质来说，可以分为两类，一类变化是疾病过程中造成的损害性变化，另一类是机体对损害而产生的防御、代偿和适应性变化。

疾病是完整机体的反应。不同的疾病又在一定部位（器官或系统）有它特殊的变化。局部的变化往往是受神经和体液因素影响的，同时又通过神经和体液因素而影响到全身，引起全身功能和代谢变化。患病机体内各器官系统之间的平衡关系和机体与外界环境之间的平衡关系受到破坏，机体对外界环境的适应能力降低是疾病的又一个重要特征。

病理过程指存在于不同疾病中的共同的、系统的机能、代谢和形态结构的异常变化。

6.2　疾病的发生、发展和转归

病因作用于机体使疾病发生以后，疾病便作为一个运动发展的过程不断向前演变、推移，经过一定的时间或阶段后，最终趋于结束，即疾病的转归，包括恢复健康和死亡。

6.2.1　疾病的发生和发展

（1）机体自稳调节机能紊乱

疾病发生、发展的基本环节是病因通过其对机体的损害性作用而使体内自稳调节的某一个方面发生紊乱。而自稳调节任何一个方面的紊乱，不仅会使相应的机能或代谢活动发生障碍，而且往往会通过连锁反应，牵动其他环节，使自稳调节的其他方面也相继发生紊乱，从而引起更为广泛而严重的生命活动障碍。

（2）疾病过程中的因果转化

原始病因使机体某一部分发生损害后，这种损害又可以作为病因而引起另一些变化，而后者又可作为新的病因而引起新的变化，原因和结果交替不已，疾病就不断发展延续。随着因果转化的不断向前推移，一些疾病就可以呈现出比较明显的阶段性。具体分析疾病各阶段中的因果转化和可能出现的恶性循环，是正确处理疾病的重要基础。

6.2.2　疾病的转归

大多数疾病在经历一定时间或若干阶段以后，终将趋于结束，这就是疾病的转归。疾病转归的三种情况：

（1）完全恢复健康或痊愈

这是指致病因素以及疾病时发生的各种损害性变化完全消除或得到控制，机体的机能、代谢活动完全恢复正常，形态结构破坏得到充分的修复，一切症状、异常体征均先后消失，机体的自稳调节机能、机体对外界环境的适应能力、机体的防御、代偿等反应均恢复正常。

（2）不完全恢复健康

不完全恢复健康是指损害性变化得到了控制，主要症状已经消失，但体内仍存在着某些病理变化，只是通过代偿反应才能维持着相对正常的生命活动。如果过分地增加机体的功能负荷，就可因代偿失调而致疾病再现。严格地说，不完全恢复健康的动物应当被看成是病动物，应受到恰当的保护和照顾。

（3）死亡

疾病时的各种严重损害占优势，而防御、代偿等抗损害反应相对不足，或者自稳调节紊乱，不能建立新的平衡，又没有及时和正确治疗，就可发生死亡。

6.3　传染病学

6.3.1　基本概念

病原体侵入机体，削弱机体防御机能，破坏机体内环境的相对稳定性，且在一定部位生长繁殖，引起不同程度的病理生理过程，称为传染。

传染病是由各种病原体所引起的一组具有传染性的疾病。病原体在动物群中传播，常造成传染病流行。

传染病学是研究病原体侵入机体后，所致传染病在机体发生、发展、转归的原因与规律，以及不断研究正确的诊断方法和治疗措施，促使患者恢复健康，并控制传染病在动物群中发生的一门临床学科。

6.3.2 传染病的流行过程

传染病在动物群中的发生、传播和终止的过程，称为传染病的流行过程。

（1）流行过程的基本环节

传染病的流行必须具备三个基本环节：即传染源、传播途径和易感动物群。三个环节必须同时存在，方能构成传染病流行，缺少其中的任何一个环节，新的传染不会发生，不可能形成流行。因此切断任何一个环节，就可控制传染病的流行。

1）传染源

它是指带有病原体、并不断向体外排出病原体的人和动物。包括：

①病动物：在大多数传染中，病动物是重要传染源，然而在不同病期的病动物，传染性的强弱有所不同，尤其在发病期其传染最强。传播疾病的动物为动物传染源。动物作为传染源传播的疾病，称为动物性传染病，如狂犬病、布鲁氏菌病等；野生动物为传染源的传染病，称为自然疫源性传染病，如鼠疫、钩端螺旋体病、流行性出血热等病。

②病原携带者：包括病愈后病原携带者和无症状病原携带者。病愈后病原携带称为恢复期病原携带者，3个月内排菌的为暂时病原携带者，超过3个月的为慢性病原携带者。病原携带不易发现，在传染病的预防上具有重要意义。

2）传播途径

病原体从传染源排出体外，经过一定的传播方式，到达与侵入新的易感动物的过程，谓之传播途径。分为四种传播方式：

①水与食物传播：病原体借粪便排出体外，污染水和食物，易感动物通过污染的水和食物受染。菌痢、伤寒、霍乱等病通过此方式传播。

②空气飞沫传播：病原体由传染源通过咳嗽、喷嚏排出的分泌物和飞沫，使易感动物吸入受染。流脑、流感等病通过此方式传播。

③虫媒传播：病原体在昆虫体内繁殖，完成其生活周期，通过不同的侵入方式使病原体进入易感动物体内。蚊、蚤、蜱、恙虫、蝇等昆虫为重要传播媒介。

④接触传播：有直接接触与间接接触两种传播方式。如皮肤炭疽、狂犬病等均为直接接触而受染，血吸虫病、钩端螺旋体病为接触污染水传染，均为直接接触传播。多种肠道传染病通过污染物传染，即间接传播。

3）易感动物群

它是指动物群对某种传染病病原体的易感程度或免疫水平。病后获得免疫、动物群隐性感染、人工免疫等均使动物群易感性降低，不易于传染病流行或终止其流行。

（2）影响传染病流行过程的因素

1）自然因素

包括地理因素与气候因素。大部分虫媒传播疫病和某些自然疫源性传染病，有较严格的地区和季节性。与水网地区、气候温和、雨量充沛、草木丛生适宜于储存宿主、啮齿动物、节肢动物的生存繁衍和活动有关。寒冷季节易发生呼吸道传染病，夏秋季易发生消化道传染病。

2）物种差异

由于野生动物的种间差异，使某种动物对于一种传染病有特殊的易感性或耐受性。在一定的区域内发生传染病的过程中，因物种的差异而受到的影响也不同。比如感染禽类的新城疫病毒不感染兽类动物。

3）防疫措施

动物在野生状态下不易做到防疫，但是在人工饲养条件下，可以通过接种疫苗等措施来提高动物的抵抗力，从而影响疫病的流行。

（3）传染病的流行特征

1）强度特征

传染病流行过程中可呈散发、暴发、流行及大流行。

2）地区特征

某些传染病和寄生虫病只限于一定地区和范围内发生，自然疫源性疾病也只限于一定地区内发生，此等传染病因有其地区特征，均称地方性传染病。

3）季节特征

指传染病的发病率随季节的变化而升降，不同的传染病大致上有不同的季节性。季节性的发病率升高，与温度、湿度、传播媒介因素、动物群流动有关。

4）动物特征

某些传染病与每一类动物有很大的关系，如口蹄疫只传染偶蹄动物。

5）年龄特征

如某些传染病，尤其是呼吸道传染病，幼年发生率高。

6.4 内科疾病

6.4.1 概念

内科病指的是用内科手段（吃药、打针、输液等）能治疗取得痊愈的疾病叫内科病，有呼吸系统，消化系统，泌尿系统，内分泌系统，血液系统等等几十个病种。

内科学作为一门系统的学科，虽然有其实践性，但是它具有一整套完整的理论体系。它把机体当作一个独立的系统来进行研究。

6.4.2 内科与外科关系

内科和外科虽然都属于医学的范畴，二者有众多的共通之处，但二者的工作性质以及内外科医生的思维方式却是大相径庭的。

凡是需要外科手术解决的疾病划归外科的范畴，凡是不需要手术来治疗的疾病归到内科范畴。有些外科病未发展到一定程度不必手术治疗，某些内科病随着病程进展也可变为外科病。

6.4.3 内科病主要病因及病症

（1）呼吸系统病

呼吸系统疾病是一种常见病、多发病，主要病变在气管、支气管、肺部及胸腔，病变轻者多咳嗽、胸痛、呼吸受影响，重者呼吸困难、缺氧，甚至呼吸衰竭而致死。

1）咳嗽：急性发作的刺激性干咳常为上呼吸道炎引起，若伴有发热、声嘶，常提示急性病毒性咽、喉、气管、支气管炎。慢性支气管炎，咳嗽多在寒冷天发作，气候转暖时缓解。体位改变时咳痰加剧，常见于肺脓肿、支气管扩张。阵发性咳嗽可为支气管哮喘的一种表现，晚间阵发性咳嗽可见于左心衰竭的患者。

2）咳痰：痰的性质（浆液、黏液、黏液脓性、脓性）、量、气味，对诊断有一定帮助。慢支咳白色泡沫或黏液痰。支气管扩张、肺脓肿的痰呈黄色脓性，且量多，伴厌氧菌感染时，脓痰有恶臭。肺水肿时，咳粉红色稀薄泡沫痰。肺阿米巴病呈咖啡色，且出现体温升高，可能与支气管引流不畅有关。

3）咯血：咯血可以从痰中带血到整口鲜红血。肺结核、支气管肺癌以痰血或少量咯血为多见；肺结核空洞壁动脉瘤破裂可引起反复、大量咯血。此外咯血应与口鼻喉和上消化道出血相鉴别。

4）呼吸困难：按其发作快慢分为急性、慢性和反复发作性。急性气急伴胸痛常提示肺炎、气胸、胸腔积液，应注意肺梗塞，左心衰竭动物常出现阵发性呼吸困难。慢性进行性气急见于慢性阻塞性肺病、弥散性肺间质纤维化疾病。支气管哮喘发作时，出现呼气性呼吸困难，且伴哮鸣音，缓解时可消失，下次发作时又复出现。

（2）消化系统病

消化系统疾病多表现为消化系统本身的症状或体征，但这些表现特异性不强，其他系统器官的疾病也会产生类似表现，而消化系统疾病也可以出现其他系统或全身性的临床表现。目前常见的病因有：感染、理化因素、营养缺乏、代谢–吸收障碍、变态反应、自身免疫、先天性发育异常或缺陷等因素，还有一些迄今尚不明确的病因。

1）吞咽困难：多见于神经系统病变以及咽、食管或食管周围疾病，如：咽部脓肿，食管癌，腐蚀性食管炎，胃食管反流病，食管裂孔疝等累及食管，以及纵膈肿瘤，主动脉瘤等，甚至明显扩大的心脏压迫食管。

2）厌食和食欲不振：与惧食不同，是由于胃肠道梗阻性病变，或消化酶缺乏等所致，多见于消化道肿瘤，肝炎，胰腺炎，胰腺癌及功能性消化不良。

3）呕吐：多是反射性或流出道受阻产生，最常见于胃癌，胃炎，贲门痉挛与梗阻，另外，肝、胆道、胰腺、腹膜的急性炎症也可引起，而管腔炎并梗阻者，如胆总管炎，肠梗阻等，几乎无一例外地发生呕吐。

4）黑便和/或咯血：上消化道和肝、胆、胰出血表现为黑便和/或咯血，最常见于消化性溃疡，食管胃底静脉曲张破裂，急性胃黏膜病变和胃癌。出血量过大且肠蠕动加速时，可出现血便。下消化道出血者，常排出暗红色或果酱样粪便，出血部位距肛门越近，粪便越呈鲜红色，甚至出现血便，多见于下消化道肿瘤，血管病变，炎症性肠病，肠道感染等。

5）腹胀：可以由胃肠积气、积食，胃肠道梗阻，腹水，气腹，腹内肿物，便秘以及胃肠道运动障碍等所致，应进行相应的检查，明确诊断。

6）腹痛：表现为不同程度的不同性质的疼痛和腹部不适感，多由于消化器官的膨胀，肌肉痉挛，腹膜刺激等因素牵拉腹膜，或压迫神经所致，见于消化性溃疡、阑尾炎、胃肠道感染、胆囊炎、肝癌、胰腺癌、胰腺炎、腹膜炎等。室腔脏器痉挛产生剧烈疼痛，即所谓腹绞痛，见于胆绞痛、肠梗阻等。腹绞痛也可见于全身性疾病，泌尿生殖道炎症或梗阻，以及肺部疾病；在功能性消化不良等胃肠道功能性疾病中，也常见腹痛。

7）腹泻：腹泻是由于肠分泌增多和（或）吸收障碍，或肠蠕动加速所致，多见于肠道疾病，水样便多是提示小肠病变或结肠炎症，溃疡或肿瘤常出现脓血便或黏液便。

8）里急后重：是直肠受到刺激的症状，多因局部炎症或肿瘤引起。

9）便秘：便秘是常见的症状，多反映结肠平滑肌或腹肌，膈肌及提肛张力减低，或是结肠痉挛而缺乏驱动性蠕动所致，也可以由于直肠反射减弱或消失所致，常见于患全身性疾病、机体虚弱的动物，肠梗阻，假性肠梗阻，习惯性便秘等疾病。

10）黄疸：各种原因造成的血胆红素增高时可以出现巩膜、皮肤黄染称为黄疸，病因有溶血性、肝细胞性和阻塞性之分，肝炎、肝硬化、肝癌、胆道梗阻以及某些先天性疾病均可出现黄疸。

6.5　产科疾病

6.5.1　概念

怀孕：精子和卵子结合成合子，合子在子宫粘膜上着床，这个过程叫怀孕。

妊娠：合子从着床到发育为成熟胎儿的过程叫妊娠。这一段时间叫妊娠期。

分娩：胎儿发育成熟，妊娠期满，母体将胎儿及其附属物从子宫排出体外，这个生理过程称为分娩。

流产：妊娠期不满，胎儿（发育不完全）提前从子宫内排出体外。

难产：妊娠期满，胎儿不能从子宫内顺利排出体外。

6.5.2　分娩

（1）分娩前兆

随着胎儿的发育及接近分娩期，母兽生殖器官、骨盆、精神食欲及全身状况出现的变化。主要有：乳房膨胀增大，甚至有乳汁分泌；阴门松弛，排出黏液；精神不安，食欲减退，大小便频繁；出现筑巢窝。

（2）分娩过程

1）开口期：从出现阵缩到子宫口张开。

2）产出期：从胎衣、胎儿进入产道到胎儿完全排出，此时努责明显。

3）胎衣排出期：从胎儿排出到胎衣、胎盘完全排出。

（3）影响分娩的因素：分娩过程是否顺利、快慢取决于以下三个因素：

1）产力：是促使胎儿从子宫内排出的力量，是子宫收缩形成的阵缩力、腹肌和膈肌收缩产生的力量（努责）的综合。产力的大小与母兽的体质有很大关系。

2）产道：是胎儿从子宫到体外的必经之路（阴道部分），其大小、形状、松弛程度、有无赘物增生等。

3）胎儿：是指胎儿的大小、方向是否正常。正常时伏卧向前，蹄、头向前。

6.5.3　产前准备及注意事项

（1）准备产房：母兽比较熟悉，产前不做大的变化。

（2）保持环境安静：禁止围观，大声喧哗。

（3）认真观察做好助产准备：有无努责、胎儿是否露出等，并做好必要的准备。

6.5.4　难产及处理

（1）当出现难产时，首先要分析造成难产的原因，如果是产力不足，可通过注射药物进行助产，条件允许时进行人工助产。

（2）如果是胎位不正（这一点比较难判断），尤其是横位胎，这种情况不能自然产出，必须进行剖腹助产。

6.5.5　产后护理

不论是顺产、难产、流产对母兽子宫、产道等造成很大的损伤。因而产后要注意护理母兽：

● 地面保持干净，勤添换垫草，防止引起产道感染。

● 给母兽易消化的饲料，营养要全。

● 要有充足的饮水。

● 观察母兽的精神食欲、恶露的排出量和颜色等。

● 产房的环境要安静，温度要适宜。

6.5.6　新生儿护理及常见病预防

（1）护理

● 保温：由于新生仔对温度调节能力低，极易受冷刺激发病。

● 保障初乳：初乳能够促使新生儿及时排出胎粪，并提供胎儿所需要的免疫物质。

● 保持环境清洁、安静、干燥。

● 脐带处理：在条件允许时，给脐部结扎、消毒，并经常检查是否发炎，必要时注射破伤风抗毒素。

（2）常见病预防

仔兽抵抗力低，容易发生疾病，要积极进行预防。常见疾病有：

1）脐带炎：脐带断端受致病菌感染引起的炎症，严重时可引起全身感染。

病因：环境条件差、被污染；处理时消毒不彻底。

症状：脐孔周围红肿热，有分泌物甚至化脓、有臭味、常弓腰。

防治：及时清扫兽舍环境，保持兽舍干燥；脐孔周围进行感染创处理；必要时进行全身治疗。

2）消化不良

病因：母兽饲料不合理，导致初乳的质量、数量不符幼兽需要，致使幼兽抵抗力低下；环境条件差，不干净、潮湿、冷；人工哺育时，人工乳的温度、浓度、饲喂量，及用具消毒不彻底。

症状：精神沉郁，食欲下降，有稀便，有未消化的奶瓣且酸臭。

防治：加强母兽的饲养管理，提供合理足量的饲料；保持环境条件好；人工哺育时要注意人工乳的配制及用具消毒等；必要时给予助消化药、抗菌素等。

3）肺炎

病因：仔兽抵抗力低；环境温度不稳定，忽高忽低；饲喂时操作不当，引起误吸。

症状：精神沉郁、体温高、咳嗽，食欲减退或废绝，呼吸快、困难，结膜发绀。

防治：增强仔兽体质；保持环境清洁、湿度适宜，通风良好；必要时全身给药治疗。

6.6　寄生虫病

6.6.1　概念

寄生虫学是研究与健康有关的寄生虫的形态结构、生活活动和生存繁殖规律，阐明寄生虫与其外界因素相互关系的科学。

寄生虫病学是研究由寄生虫引起动物疾病的发生、发展、临床表现和预防、诊断和治疗的临床科学。

6.6.2　寄生虫特性

在演化过程中，寄生虫长期适应于寄生环境，在不同程度上丧失了独立，寄生虫可因寄生环境的影响而发生形态构造变化。如跳蚤身体左右侧扁平，以便行走于皮毛之间；寄生于肠道的蠕虫多为长形，以适应窄长的肠腔。某些器官退化或消失，如寄生历史漫长的肠内绦虫，依靠其体壁吸收营养，其消化器官已退化无遗。某些器官发达，如体内寄生线虫的生殖器官极为发达，几乎占原体腔全部，如雌蛔虫的卵巢和子宫的长度为体长的15～20倍，以增强产卵能力；有的吸血节肢动物，其消化道长度大为增加，以利大量吸血，如软蜱饱吸一次血可耐饥数年之久。新器官的产生，如吸虫和绦虫，由于定居和附着需要，演化产生了吸盘为固着器官。

（1）寄生虫与宿主的类别

1）寄生虫的类别

根据寄生虫与宿主的关系，可将寄生虫分为：

① 专性寄生虫生活史及各个阶段都营寄生生活，如丝虫；或生活史某个阶段必须营寄生生活，如钩虫，其幼虫在土壤中营自生生活，但发育至丝状蚴后，必须进入宿主体内营寄生生活，才能继续发育至成虫。

② 兼性寄生虫既可营自生生活，又能营寄生生活，如粪类圆线虫（成虫）既可寄生于宿主肠道内，也可以在土壤中营自生生活。

③ 偶然寄生虫因偶然机会进入非正常宿主体内寄生的寄生虫，如某些蝇蛆进入人肠内而偶然寄生。

④ 体内寄生虫和体外寄生虫前者如寄生于肠道、组织内或细胞内的蠕虫或原虫；后者如蚊、白蛉、蚤、虱、蜱等，吸血时与宿主体表接触，多数饱食后即离开。

⑤ 长期性寄生虫和暂时性寄生虫前者如蛔虫，其成虫期必须过寄生生活；后者如蚊、

蚤、蜱等吸血时暂时侵袭宿主。

⑥ 机会致病寄生虫如弓形虫、隐孢子虫、卡氏肺孢子虫等，在宿主体内通常处于隐性感染状态，但当宿主免疫功能受累时，可出现异常增殖且致病力增强。

2）宿主的类别

寄生虫完成生活史过程，有的只需要一个宿主，有的需要两个以上宿主。寄生虫不同发育阶段所寄生的宿主，包括有：

① 中间宿主：指寄生虫的幼虫或无性生殖阶段所寄生的宿主。若有两个以上中间宿主，可按寄生先后分为第一、第二中间宿主等，例如某些种类淡水螺和淡水鱼分别是华支睾吸虫和第一、第二中间宿主。

② 终宿主：指寄生虫成虫或有性生殖阶段所寄生的宿主。例如人是血吸虫的终宿主。

③ 储存宿主（保虫宿主）：某些蠕虫成虫或原虫某一发育阶段既可寄生于机体，也可寄生于某些脊椎动物，在一定条件下可传播给人。在流行病学上，称这些动物为保虫宿主或储存宿主。例如，血吸虫成虫可寄生于人和牛，牛即为血吸虫的保虫宿主。

④ 转续宿主：某些寄生虫的幼虫侵入非正常宿主、不能发育为成虫，长期保持幼虫状态，当此幼虫期有机会再进入正常终宿主体内后，才可继续发育为成虫，这种非正常宿主称为转续宿主。例如，卫氏并殖吸虫的童虫，进入非正常宿主野猪体内，不能发育为成虫，可长期保持幼虫状态，若犬吞食含有此幼虫的野猪肉，则幼虫可在犬体内发育为成虫。野猪就是该虫的转续宿主。

（2）寄生虫的生活史及其类型

寄生虫的生活史是指寄生虫完成一代的生长、发育和繁殖的整个过程。寄生虫的种类繁多，生活史有多种多样，繁简不一，大致分为以下两种类型：

1）直接型完成生活史不需要中间宿主，虫卵或幼虫在外界发育到感染期后直接感染终末宿主。如肠道寄生的蛔虫、蛲虫、鞭虫、钩虫等。

2）间接型完成生活史需要中间宿主，幼虫在其体内发育到感染期后经中间宿主感染终末宿主。如丝虫、旋毛虫、血吸虫、华支睾吸虫、猪带绦虫等。

6.6.3 寄生虫与宿主的相互作用

自然界中，随着漫长的生物演化过程，生物与生物之间形成复杂的关系。凡是两种生物在一起生活的现象，统称共生。在共生现象中根据两种生物之间的利害关系可粗略地分为共栖、互利共生、寄生等。

（1）共栖

两种生物在一起生活，其中一方受益，另一方既不受益，也不受害，称为共栖。例如，有一种鱼，其背鳍演化成的吸盘吸附在大型鱼类的体表被带到各处，觅食时暂时离开。这对这种鱼有利，对大鱼无利也无害。

（2）互利共生

两种生物在一起生活，在营养上互相依赖，长期共生，对双方有利，称为互利共生。例如，牛、马胃内有以植物纤维为食物的纤毛虫定居，纤毛虫能分泌消化酶类，以分解植物纤维，获得营养物质，有利于牛、马消化植物，其自身的迅速繁殖和死亡可为牛、马提供蛋白质；而牛、马的胃为纤毛虫提供了生存、繁殖所需的环境条件。

（3）寄生

两种生物在一起生活，其中一方受益，另一方受害，这种关系称寄生。受益的一方称为寄生物（寄生虫），受损害的一方称为宿主。例如，病毒、立克次体、细菌、寄生虫等永久或长期或暂时地寄生于植物、动物和人的体表或体内以获取营养，赖以生存，并损害对方，这类营寄生生活的生物统称为寄生物；营寄生生活的多细胞无脊椎动物和单细胞的原生生物则称寄生虫。

6.6.4　寄生虫病的流行

寄生虫病能在一个地区流行，该地区必须具完成寄生虫发育所需的各种条件，也就是存在寄生虫病的传染源、传播途径和易感动物三个基本环节。此外，还受生物因素、自然因素、物种差异的影响。当这些因素有利于寄生虫病传播时，在此地区才可有相当数量的动物获得感染，而引起寄生虫病的流行。

（1）寄生虫病流行的基本环节

1）传染源

寄生虫病的传染源是指有寄生虫寄生的人和动物，包括患病动物、带虫者和储蓄宿主（家畜、家养动物及野生动物）。

2）传播途径

寄生虫从传染源传播到易感宿主的过程。常见的传播途径有：

①土壤：肠道寄生虫的感染期存活于地面的土壤中。如蛔虫卵、鞭虫卵在粪便污染的土壤发育为感染性卵；钩虫和粪类圆线虫的虫卵在土壤发育为感染期幼虫。机体感染与接触土壤有关。

②水：多种寄生虫可通过淡水而达到机体。如水中可含有感染期的阿米巴与贾第虫包囊、猪带绦虫卵、某些感染性线虫卵、血吸虫尾蚴和布氏姜片虫囊蚴等。

③食物：主要是蔬菜与鱼肉等食品。由于广大农村用新鲜粪便施肥，使蔬菜常成为寄生虫传播的主要途径。旋毛虫、猪带绦虫可以通过吃生的或未煮熟的猪肉而传播。某些淡水鱼类可传播华支睾吸虫等。

④节肢动物传播媒介：很多医学节肢动物可作为多种寄生虫的传播媒介。如蚊为疟原虫、丝虫，白蛉为利什曼原虫，蚤为膜壳绦虫的传播媒介。

⑤机体直接传播：通过直接接触可以直接传播某些寄生虫。如阴道滴虫可由于性交而传播，疥螨由于直接接触患者皮肤而传播。

3）易感动物是指对寄生虫缺乏免疫力的动物。机体感染寄生虫后，通常可产生获得性免疫，但多属于带虫免疫，当寄生虫从机体消失以后，免疫力即逐渐下降、消退。所以，当有感染机会即易于感染该种寄生虫。易感性还与年龄有关，一般幼年时的免疫力低于成年。

（2）影响寄生虫病流行因素

1）自然因素：包括温度、湿度、雨量、光照等气候因素，以及地理环境和生物种群等。气候因素影响寄生虫在外界的生长发育，如温暖潮湿的环境有利于在土壤中的蠕虫卵和幼虫的发育；气候影响中间宿主或媒介节肢动物的孳生活动与繁殖，同时，也影响在其体内的寄生虫的发育生长，如温度低于 $15 \sim 16℃$ 或高于 $37.5℃$，疟原虫便不能在蚊体内发育。温暖潮湿的气候，既有利于蚊虫的生长、繁殖，也适合蚊虫吸血活动，增加传播疟疾、丝虫病的机会。温度影响寄生虫的侵袭力，如血吸虫尾蚴对机体的感染力与温度有关。地理环境与中间宿主的生长发育及媒介节肢动物的孳生和栖息均有密切关系，可间接影响寄生虫病流行。土壤性质则直接影响土源性蠕虫的虫卵或幼虫的发育。

2）生物因素：生活史的发育为间接型的寄生虫，其中间宿主或节肢动物的存在是这些寄生虫病流行的必需条件，如丝虫病与疟疾的流行同其蚊虫宿主或蚊媒的地理分布与活动季节相符合。

3）物种差异：由于物种的不同，生活环境的差异，机体免疫性的特性，使物种间对寄生虫的适应性也产生了差异。

（3）寄生虫病的流行特点

1）地方性寄生虫病的流行与分布常有明显的地方性，主要与下列因素有关：气候条件，如多数寄生虫病在温暖潮湿的地方流行且分布较广泛；与中间宿主或媒介节肢动物的地理分布有关；与动物的生活习惯有关，如猪带绦虫病与牛带绦虫病多流行于吃生的或未煮熟的猪、牛肉的地区，华支睾吸虫病流行于习惯吃生鱼或未煮熟鱼的地区。

2）季节性寄生虫病的流行往往有明显的季节性。生活史中需要节肢动物作为宿主或传播媒介的寄生虫，此类寄生虫病的流行季节与有关节肢动物的季节消长相一致。

3）自然疫源性在机体寄生虫病中，有的寄生虫病可以在脊椎动物和人之间自然地传播着，称为人兽共患寄生虫病。在原始森林或荒漠地区，这些寄生虫可以一直在脊椎动物之间传播，人偶然进入该地区时，则可从脊椎动物通过一定途径传播给人。这类不需要人的参与而存在于自然界的人兽共患寄生虫病具有明显的自然疫源性。这种地区称为自然疫源地。寄生虫病的这种自然疫源性不仅反映寄生虫病在自然界的进化过程，同时也说明某些寄生虫病在流行病学和防治方面的复杂性。

6.7　外科疾病

6.7.1　概念

（1）外科疾病：是一般以需要手术或手术为主要疗法的疾病。外科学是医学科学的一个重要组成部分，按病因分类，外科疾病大致可分为：损伤、感染、肿瘤、畸形及其他性质的疾病。

（2）无菌术：是针对周围环境中的微生物所采取的一种预防措施，由灭菌法、抗菌法和一定的操作规则及管理制度所组成。

（3）手术：是外科治疗的组成部分和重要手段。

手术指用医疗器械对动物身体进行的切除、缝合等治疗。以刀、剪、针等器械在机体局部进行的操作，来维持动物的健康。是外科的主要治疗方法，俗称"开刀"。目的是医治或诊断疾病，如去除病变组织、修复损伤、改善机体的功能和形态等。

6.7.2　外科常见病

（1）损伤

是指机体受各种致伤因子作用后发生组织结构破坏和功能障碍。由机械因素所致的损伤称之为创伤。

1）损伤因素

① 机械因素：兽舍运动场的突出的墙角、捆绑的铁丝尖、树杈、食槽水槽、群养动物之间的争斗等。

② 物理因素：如高温、低温、电流、放射线等。

③ 化学因素：如强酸、强碱可致化学性烧伤。

④ 生物因素：如虫、蛇等咬伤或螫伤，可带入毒素或病原微生物致病。

2）损伤的处理

① 局部处理

闭合伤处理原则：除合并有重要脏器伤或血管伤需紧急手术处理外，对于野生动物，尤其是野生食草动物，一般采取让动物安静的办法，同时口服一些止血药物。

开放伤处理原则：对新鲜污染伤口主要是早期彻底清创，转化为闭合伤。对感染伤口主要保持引流口通畅。

② 全身治疗：着重维持伤动物的循环及呼吸功能，补充血容量，保持呼吸道通畅，维持体液及电解质平衡和能量代谢，保护肾功能等。

③ 防治并发症：包括全身和局部的并发症，如休克、肾衰、感染等。

（2）外科感染

一般是指需要手术治疗的感染性疾病。

1）外科感染的特点

① 大部分由几种细菌引起，一部分即使开始时是单种细菌引起，但在病程中，常发展为几种细菌的混合感染。

② 多数有明显突出的局部症状。

③ 病变常比较集中在某个局部，发展后常引起化脓、坏死等，使组织遭到破坏，愈合后形成瘢痕组织，并影响功能。

2）外科感染的分类：外科感染通常分为非特异性和特异性感染两大类：

① 非特异性感染：又称化脓性感染或一般感染。其共同性特征：红、肿、热、痛和功能障碍。防治上也有共同性。

② 特异性感染：如结核病、破伤风、气性坏疽等。它们的致病菌、病程演变和防治方法，都与非特异性感染不同。

3）外科感染的治疗：原则是消除感染病因和毒性物质（脓液、坏死组织等），增强机体的抗感染和修复能力。较轻或范围较小的浅部感染可用外用药、热敷和手术等治疗；感染较重或范围较大者，同时内服或注射各种药物。深部感染一般根据疾病种类作治疗。全身性感染更需积极进行全身疗法，必要时应作手术。

（3）脓肿

急性感染后，组织或器官内病变组织坏死、液化后，形成局限性脓液积聚，并有一完整脓壁者，叫作脓肿。

1）临床表现：浅表脓肿，局部隆起，有红、肿、痛、热的典型症状，与正常组织分界清楚，压之剧痛，有波动感。深部脓肿，局部红肿多不明显，一般无波动感，但局部有疼痛和压痛，并在疼痛区的某一部位可出现凹陷，患处常有运动障碍。在压痛或水肿明显处，用粗针试行穿刺，抽出脓液，即可确诊。小而浅表的脓肿，多不引起全身反应；大的或深部脓肿，则由于局部炎症反应和毒素吸收，常有较明显的全身症状，如发热、食欲不振和白细胞计数增加。

2）治疗：脓肿尚未形成时的治疗与疖、痈相同；如脓肿已有波动或穿刺抽得脓液，即应作切开引流术，以免组织继续破坏，毒素吸收，引起更严重的后果。切开大型脓肿时，要慎防发生休克，必要时补液、输血。

（4）败血症和脓血症

败血症是指致病菌侵入血液循环，持续存在，迅速繁殖，产生大量毒素，引起严重的全身症状者。败血症通常由一种病原菌引起，但也有由两种或更多种类的病原菌所引起，称为复数菌败血症。

脓血症是指局部化脓性病灶的细菌栓子或脱落的感染血栓，间歇地进入血液循环，并在身体各处的组织或器官内，发生转移性脓肿。

菌血症是少量致病菌侵入血液循环内，迅即被机体防御系统所清除，不引起或仅引起短暂而轻微的全身反应。

毒血症则是由于大量毒素进入血液循环，可引起剧烈的全身反应。毒素可来自病菌、严重损伤或感染后组织破坏分解的产物；致病菌留居在局部感染灶处，并不侵入血液循环。

败血症和脓血症常继发于严重创伤后的感染和各种化脓性感染，常见的致病菌是金黄色葡萄球菌和革兰氏阴性杆菌。

1）临床表现

败血症、脓血症和毒血症的临床表现有许多相同之处：起病急，病情重，发展迅速，体温可高达 $40 \sim 41℃$ ；食欲不振、恶心、呕吐、腹胀、腹泻、大量出汗和贫血；神志淡漠、烦躁、昏迷；呼吸急促、困难；肝、脾可肿大。严重者出现黄疸、皮下瘀血；白细胞计数明显增高，一般在 $20 \sim 30 \times 10^9$L 以上，左移、幼稚型增多，出现毒性颗粒；代谢失调和肝、肾损害，尿中常出现蛋白、管型和酮体；病情发展，可出现感染性休克。

2）诊断

①临床表现：根据在原发感染灶的基础上出现典型的败血症或脓血症的临床表现，一般即可初步做出诊断。

②血液和脓液的细菌培养检查，如果所得的细菌相同，则诊断可以确立。

3）预防及治疗

主要是提高患病动物全身抵抗力和消灭细菌。

①局部感染病灶的处理：及早处理原发感染灶。伤口内坏死或明显挫伤的组织要尽量切除；异物要除去；脓肿应及时切开引流。

②抗生素的使用：应早期、大剂量地使用抗生素。可先根据原发感染灶的性质选用估计有效的两种抗生素联合应用。细菌培养阳性者，要及时作抗生素敏感试验，以指导抗生素的选用。对真菌性败血症，应尽可能停止原用的广谱抗生素或换用对原来化脓性感染有效的窄谱抗生素，并开始全身应用抗真菌的药物。

③提高全身抵抗力：纠正水和电解代谢失调；给予高热量和易消化的饮食；适当补充维生素 B、C。

④ 对症处理：高热者用药物或物理降温，在严重患病动物，用大剂量抗生素时配合使用激素，以免感染扩散。发生休克时，则应积极和迅速地进行抗休克疗法。

（5）破伤风

1）病因

破伤风是由破伤风杆菌侵入机体伤口，生长繁殖，产生毒素，所引起的一种急性特异性感染。破伤风杆菌广泛存在于泥土等环境中，是一种革兰氏染色阳性厌氧性芽胞杆菌。破伤风杆菌及其毒素都不能侵入正常的皮肤和黏膜，故破伤风都发生在伤后。

2）临床表现

潜伏期平均为 6 ～ 10 日，亦有短于 24 小时或长达 20 ～ 30 日，甚至数月。一般来说，潜伏期或前驱症状持续时间越短，症状越严重，死亡率越高。先有乏力、咬肌紧张、烦躁不安等前驱症状，一般持续 12 ～ 24 小时，接着出现典型的肌强烈收缩，最初是咬肌，以后顺次为面肌、颈项肌、背腹肌、四肢肌群、膈肌和肋间肌。患病动物开始感到咀嚼不便，张口困难，随后有牙关紧闭。颈项肌痉挛时，出现颈项强直，头略向后仰，不能做点头动作。背腹肌同时收缩，但背肌力量较强，以致腰部下沉，形成背弓，称为"角弓反张"状。在持续紧张收缩的基础上，任何轻微刺激，如光线、声响、震动或触碰患病动物身体，均能诱发全身肌群的痉挛和抽搐。每次发作持续数秒至数分钟，患病动物呼吸急促、口吐白沫、流涎、磨牙、头频频后仰、四肢抽搐不止、全身大汗淋漓，非常痛苦。发作的间歇期间，疼痛稍减，但肌肉仍不能完全松弛。强烈的肌痉挛，有时可使肌断裂，甚至发生骨折。持续性呼吸肌群和膈肌痉挛，可以造成呼吸停止，以致患病动物死亡。

3）预防

破伤风是可以预防的，最可靠的预防方法是注射破伤风类毒素。避免创伤，正确而及时地处理伤口等，也都是重要的预防措施。

① 正确处理伤口，及时彻底清创。所有伤口都应进行清创。对于污染严重的伤口，要切除一切坏死及无活力的组织，清除异物，切开死腔，敞开伤口，充分引流，不予缝合。

② 被动免疫，注射破伤风抗毒素。

4）治疗

破伤风是一种极为严重的疾病，要采取积极的综合治疗措施。

① 消除毒素来源 有伤口者，进行彻底的清创术。清除坏死组织和异物后，敞开伤口以利引流，并用 3% 过氧化氢或 1∶1000 高锰酸钾溶液冲洗和经常湿敷。如原发伤口在发病时已愈合，则一般不需进行清创。

② 使用破伤风抗毒素中和游离的毒素，如同时加用强的松龙 12.5 毫克，可减少这种注射所引起的炎症和水肿反应。

③ 控制和解除痉挛。患病动物应单独饲养，环境应尽量安静，防止光声刺激。控制和解除痉挛是治疗过程中很重要的一环。

6.8　展出动物疾病特点

展出动物发生的疾病有别于宠物、家畜的疾病，具有如下特点：

6.8.1　症状不典型性

临床资料显示，展出动物大部分是在没有或不知症状的情况下死亡，甚至有些动物是在吃食过程中死亡，有的是在驱赶时突然倒地死亡。我们对展出动物的行为特征了解不深，正常的行为与异常的表现不易区分（不排除野生动物为防止被捕食者发现而有意隐蔽患病征象）。另外，对野生动物的疾病资料缺乏，检测手段有限，病原诊断不清，不能明确所患的疾病，及野生动物的耐受力很强，患病后不吃、不喝、不动这"三不"是常见的、基本的征象。特别是一些慢性疾病，临床几乎发现不了症状，但死亡后的病理变化十分严重。另外，野生动物不易接近，这给诊断和治疗带来诸多不便，比如测体温、听诊、触诊、采血、输液等很多动物都做不到。而很多动物需要这些诊断和治疗时就必须麻醉，麻醉就要进行风险评估，尽量减少麻醉次数，缩短麻醉持续时间等。

6.8.2　生物因素是主要的致病因素

通过记录资料分析得知，生物性因素是引起展出动物发病的主要因素，生物因子包括病毒、细菌、衣原体、支原体、立克次氏体、螺旋体、真菌、寄生虫、动物之间以及人类等引起的野生动物感染。饲养环境中的条件致病菌、其他动物携带的致病菌是引起动物患病的主要致病菌。有些致病菌可在动物之间传播，引起多种动物群发疾病，甚至死亡，还有一些致病力强的条件致病菌，如魏氏梭菌，是引起动物肠炎的重要致病菌，是导致野生动物急性死亡和造成损失最大的病原菌。各种不同的微生物引起不同的动物患疾病，如球虫感染造成幼年动物、禽类动物的发病较多，大肠杆菌是引起消化道炎症的主要细菌。近几年出现的高致病性禽流感病毒对猫科、犬科动物的致病力较强。犬瘟热病毒对大熊猫、小熊猫的致病力强等。对于一般性的微生物，进行定期的环境消毒，保证饲料质量和饲养环境干净，即可进行有效的预防。特殊的病原菌，疫苗是预防传染病最好的、针对性最强的措施。

6.8.3　不同季节动物疾病发病率不同

展出动物常年可以患病，根据北京动物园保存的动物发病记录资料分析，动物的发病是有一定规律的，有高峰年和低谷年，每 8 ～ 12 年会出现一次高峰。物种之间发病率高低不同，哺乳类动物的发病率高于禽类动物，夏季发病率最高，冬季最低；禽类夏季发病率比冬季发病率高一倍以上，兽类相差较小。各动物园的动物发病的规律可能不同，需要大家记录并整理分析。

6.8.4　营养性疾病多

营养因素是引起展出动物发病的最重要的因素之一。不同种动物在不同的季节、不同的年龄需要的营养不同，大部分动物园不能按季节、按动物提供所需要的饲料，营养过剩或营养不足现象同时出现。长期摄入营养过多或不平衡可以引起肥胖症，摄入某些维生素，特别是 VA 和 VD 过多也可引起中毒。营养不足可以由营养物质摄入不足或消化、吸收不良所引起，也可以是需要增加而供应相对不足的结果。展出动物不能像在野外一样根据需要选择食物，也容易引起营养性疾病。

6.8.5　各种动物发病的系统不同，与季节有关

根据记录资料分析，同一类动物不同系统疾病的多发季节不完全相同，消化系统多发季节为夏季和春季，冬季和秋季发病较少。禽类消化性疾病最多季节与最少季节的发病率相差极大；兽类动物消化性疾病发病率差异较小；呼吸系统发病率季节差异与消化性疾病不同，禽类动物秋、冬季高于春、夏季，而兽类则是春、秋季高于冬、夏季；运动系统春、夏季节发病率较高，但其季节差异较小；其他系统发病率几乎没有季节性差异。

6.8.6　应激性疾病发病多

展出动物是没有受过驯化、一直在野生环境中生活或由野外转移到圈养环境中生活的动物，自身的野性没有消失，对环境异常敏感，如群居性或单居性的饲养变化时，动物会出现受惊、不食；突然出现声响、光照时，神经质动物如斑马、长颈鹿、角马、黑羚羊、麋鹿等动物发生剧烈奔跑，甚至闯撞致伤致死；新捕捉的动物、产卵和新孵化的动物、分娩时期的动物、处于发情期的动物容易出现攻击行为等。游客恐吓投打也是引起动物应激的一个因素。

6.8.7　消化系统异物致病多见

异物致病是展出动物特有的，在野生动物疾病中占的比例较高。不同动物的异物不同，如草食动物胃中发现有麻绳、塑料绳、食品袋、编织袋、钉子、毛发、泥沙、石块等；海狮、海狗、龟的胃肠中发现硬币、钥匙、锁、冰棍棒、钉子等；食肉、杂食动物的消化道中发现有毛发、骨头、铝制包装、桃核等。游客投喂是引起动物异物的一个重要因素，饲料不洁也是因素之一。

第 7 章　动物保育新概念

7.1　胚胎移植

胚胎移植是一项应用于哺乳动物的繁殖技术。自 1890 年沃尔特（WalterHeap）利用胚胎移植技术获得兔以来，迄今已有 100 年的历史。20 世纪 30 年代，胚胎移植技术在畜牧界引起人们的重视，研究工作者首先是在绵羊上获得成功，此后，在奶牛上实现了胚胎移植产业化。20 世纪 90 年代，我国应用胚胎移植技术在改良畜禽的品种和提高生产性能取得了显著成效。

7.1.1　概念

胚胎移植是将体内取出的或体外培养的早期胚胎，移植到同种的生理状态相同的母兽体内，使之继续发育成新个体的过程，又称借腹怀胎。提供胚胎的个体称为供体，接受胚胎的个体称为受体。

7.1.2　胚胎移植的基本程序

供体和受体的选择、供体的超排、受体繁殖状态的同期化处理以及胚胎回收和移植。

7.1.3　基本原则

胚胎移植前后所处环境的一致性：供、受体在分类学上具有相近属性（越近越好，即二者属于同一物种最好）；动物繁殖生理上的一致性，即供、受体在情期时间上的同期性，在实践中供、受体发情的同步差要求在 24h 以内；动物解剖部位的一致性，即移植前后胚胎位置的相似性。

7.1.4　胚胎的来源

（1）超数排卵法

技术程序：供体动物的选择；对供体动物进行药物处理；胚胎的采集。

1）供体动物的选择，根据生产的目的，对供体动物进行选择，一般情况要求健康、高产或具有特定优良性能的动物个体作为供体，还要考虑供体的年龄、遗传基因、健康状况等。

2）供体动物进行药物处理，一般多用 FSH 或 PMSG 进行超排处理。

促卵泡素（FSH）在家畜体内的半衰期较短，注射后在短时间内失去活性。因此，使用时需多次注射。

孕马血清促性腺激素（PMSG）的使用剂量与排卵数的关系依药品的含量、动物物种以及体重而定。

前列腺素（PG）在超排处理中常作为配合药物使用，不仅能使黄体提早消退，而且能提高超排效果。

促黄体素（LH），经超排处理的供体，卵巢上发育的卵泡数要多于自然发情的卵泡数，这时，仅依靠内源性促排卵激素不能达到排卵目的。需要注射外源性促排激素 LH 等，使卵泡破裂排卵，减少卵巢上的卵泡数。

3）供体的发情鉴定和配种，通过行为观察或者激素检测等方法确定供体的发情情况。根据物种不同，选择适宜的时间进行自然交配，或者采取适宜方法进行人工采精输精或者冷冻精液复苏后进行人工受精。

4）胚胎的采集，采胚就是通过手术法和非手术法将胚胎从输卵管或生殖道中冲出，并收集在器皿中。方法分为手术法和非手术法。

5）胚胎的检查与鉴定，在立体显微镜下进行胚胎的检查。

鉴定：根据胚胎形态，来判断胚胎的等级，分为 A 级、B 级和 C 级。

6）胚胎的保存，在体外条件下将胚胎贮存起来而不失去其活力，通常有两种方法：

常温保存：胚胎在常温 15 ～ 25℃保存，在此温度下只能存活 10 ～ 20h，进行新鲜胚胎移植用此方法。

冷冻保存：将胚胎在 −196℃液氮内保存，以便在不同时间，不同地点使用。

（2）外受精胚胎

1）卵母细胞获得和培养，从死亡剖检动物体内取下卵巢，在显微镜下挑选出含有完整卵丘细胞层、胞质均匀的卵母细胞，用于体外成熟。将 15 ～ 20 个卵母细胞放入培养液滴中进行成熟培养。培养结束后，选择形态良好具有第一极体的卵母细胞进行体外受精。

2）体外受精，将卵母细胞随机分组用于体外受精并将受精卵体外培养。

7.1.5　胚胎移植

经检查后，完整的胚胎即可移植到受体子宫内。移植必须在同一部位或相似部位。整个过程必须迅速准确，保持无菌操作。

（1）受体的选择

受体应选择健康状况中上等、具备正常的发情周期、生殖器官、无疾病、经产的雌性动物。

如何正确地选择受体动物，一直是野生动物进行胚胎移植的一个关键问题。

选择野生动物胚胎移植的代孕受体，有两种可能的方案。一种是利用同种野生动物作为胚胎移植的受体；另一种是选择适当的异种野生动物作为胚胎移植的适当受体。

在全世界 500 多种野生哺乳动物中，成功地进行异种间胚胎移植的野生动物寥寥无几。截至目前，仅有少数野生动物利用其他近缘属、种的动物作为受体，为其他异种类动物的胚胎生产出纯正的仔代，报道进行了部分异种动物之间哺乳动物胚胎移植。例如：美国科学家 Benett 和 Foster，首次报道了利用普通家畜马作为格兰特斑马（*Equusburchelli*）胚胎的受体，生产出小斑马；美国马萨诸塞州的科学家曾利用黄牛作为印度白脚野牛（*Bosgaurus*）体细胞克隆的受体，不过小野牛仅存活了 2 天；Kenneth 等利用核移植技术首次把盘羊胚胎移入家羊体内；Gomez 和 Pope 等，首次利用家猫生出野猫（克隆猫）；韩国科学家 Lee 等利用家畜狗作为狼的受体。

（2）受体雌性动物同期发情

同期发情技术主要是指借助外源激素的作用，使受体动物的生殖器官按照预定的要求发生变化，达到供体、受体动物的卵巢和子宫生理机能都处于相同阶段。

（3）胚胎移植

通过手术和非手术的方法将胚胎移植到受体的子宫内，使胚胎发育为个体。

1）手术法：腹部手法，剖腹，拉出子宫角和输卵管，将胚胎种植到子宫相应发育部位。小动物的胚胎移植常采用手术移植。

2）非手术法：大动物的胚胎移植多采用非手术移植法。

子宫颈移入法：以导管通过子宫颈口移入子宫角顶端。

子宫颈迂回法：通过阴道穿刺，借助插入直肠的手，用月针形导管将胚胎移入子宫角。

7.1.6　受体母兽的管理

胚胎移植后，不仅要注意受体的健康状况，还要仔细观察它们在预定的时间内是否发情。移植后出现发情则说明未受胎，移植失败。

7.2　哺乳动物克隆

动物的生殖有两种形式。一是有性生殖，有雌雄配子携带单倍体的细胞核，如人的精子和卵子各含 23 条染色体相互作用完成受精过程。新的生命由此开始，在适宜的环境中发育成子代。这是自然界最普遍的生殖方式。除此之外，在人工控制下有性生殖的其他形式还有体外受精和显微授精。二是无性生殖，亦可称为克隆。"克隆"一词由英文 clone 音译而来，原指由一个细胞经过分裂、增殖而形成的细胞系，而每个细胞都具有相同的遗传物质，也称为无性繁殖。自然界的同卵孪生就是一种克隆，是在雌雄配子受精恢复正常的二倍体细胞后，在卵裂的过程中，由于某种原因是其分成两半，并各自发育成独立的个体。胚胎分割和细胞核移植产生个体的过程就是克隆。1997 年，世界首例体细胞核移植哺乳动物 – 克隆羊"多莉"在英国诞生了，开创了生产体细胞克隆动物的新纪元，曾引起世界范围内的轰动，一时间，"克隆"一词妇孺皆知，空前普及，使哺乳动物体细胞核移植成为生物技术领域的研究热点。

7.2.1　胚胎分割

将未着床的早期胚胎采用显微手术的方法一分为二、一分为四或更多次地分割后，分别移植给受体体内，让其妊娠分娩。这样由一枚胚胎可以克隆出两个以上遗传基因完全一样的后代。

7.2.2　胚胎细胞核移植

20 世纪 80 年代，随着哺乳动物卵子的体外成熟，体外受精技术的发展，特别是显微操作技术的出现，使哺乳动物的核移植技术得以迅速发展。用显微手术的方法分离未着床的早期胚胎细胞（分裂球），将其单个细胞导入去除染色体的未受精的卵细胞，经培养发育为胚胎。将该胚胎移植给受体，让其妊娠产仔。从理论上讲，一枚胚胎有多少个卵裂球，就可克隆出多少个后代。该技术比胚胎分割更进了一步。因为胚胎分割次数越多，每份细胞数越少，发育成个体的能力越差。

7.2.3 体细胞核移植

采用动物体细胞细胞核移植的方法取出细胞内的染色质，将其导入去除染色质的成熟卵母细胞，构建成克隆胚胎，使动物体细胞去分化，恢复全能性。将核移植体细胞移植给受体，妊娠产仔，克隆动物就出生了。从理论上讲，使用该方法可以无限制地克隆出动物个体。但到目前为止，体细胞克隆方式成功率还大大低于胚胎细胞克隆方式。利用该项技术克隆出的动物只有英国的"多利"羊、1998 年日本科学家利用成年动物体细胞成功克隆出两头牛犊。2001 年，我国克隆黄牛和奶牛也获得成功。近年来，经过各国科学家的努力，各种克隆动物相继出生。

7.2.4 克隆技术应用的意义

（1）繁殖性克隆

通过克隆技术可以"复制"大量相同的个体，来满足生产和人们生活的需要，如高产奶牛，通过克隆可以扩群。

（2）转基因克隆

核移植技术与转基因技术的结合来生产转基因动物，使一度陷入困境转基因动物生产带来了新的希望。哺乳动物体细胞不仅可以进行基因转染，也可以进行基因打靶。核移植技术与转基因技术结合有两个方面，第一，用核移植技术"复制"转基因动物，使它的个体增多，称之为"克隆转基因动物"；第二，利用转染方法将外源基因导入体外培养的体细胞中，经体外筛选，将携带外源基因的体细胞用于核移植，称之为"转基因克隆"。

（3）治疗性克隆

治疗性克隆是核移植技术与干细胞技术相结合的产物，是利用核移植技术将病人体细胞核移植到去核的卵母细胞中，使其重编程并发育成囊胚，然后再用胚胎干细胞分离技术从克隆囊胚的内细胞团（ICM）分离出多能胚胎干细胞（ES）。这种干细胞在遗传学上和病人完全一致，再定向诱导其分化成病人所需要的体细胞进行移植，以取代和修复患者已丧失功能的细胞、组织或器官，而达到完全治愈。

7.3 亲子鉴定

应用医学遗传学和生物学的理论和技术来判断可疑的父母与子女之间是否存在亲生的关系或相互间亲缘关系的方法，称之为亲子鉴定。在人类、家畜特别是在野生动物上具有十分现实的意义。

常见的亲子鉴定方法有：血型检查、DNA 指纹分析、STR 技术应用。

7.3.1 血型检查

血型是人类的一种遗传性状，它遵循孟德尔遗传学定律，常表现为简单的显性或隐性遗传。在一个家庭中，孩子的血型基因必定来自父母，承接父母各一半的这种遗传因子。

因此，血型可以作为一种遗传标记用于亲子鉴定。发现 ABO、MN、P、Rh 等一系列血型系统，其遗传方式都符合孟德尔定律。血型检验的检材最主要是血液。血液采集方便，检测时处理相对简单，尤其是现场采取，不但直观，而且能保证不被污染，至今仍被认为是亲子鉴定的最佳检材。血型仅是指红细胞表面抗原，由于每个血型系统所能检测出的表型种类有限（例 ABO 为 4 种，MN 为 2 种，P 为 2 种），故少数几个血型系统的检验结果，不能有效地区分不同的个体。

7.3.2　DNA 指纹分析

1985 年，英国 Jeffereys 等建立了 DNA 指纹技术（DNA fingerprint），又称基因指纹术。所谓"指纹"是比喻，意思是人体内的基因能起到类似指纹的作用。世界上没有两个人的指纹是完全相同的，同样也没有两个人的基因完全一样。根据 DNA 的多态性，个体的 DNA 用限制性内切酶切断后，片断的数目和长度具有高度的特异性，经过凝胶电泳，或以特定的探针（如放射性标记）southern 杂交，都能产生具有高度特异性的谱带，这种图谱在不同个体之间均存在明显差异性。

DNA 指纹首先在人类，随后在家畜的 DNA 上发现。由于 DNA 指纹图谱在动物和人类中一样，具有个体高度特异性、体细胞稳定性和种类稳定性的特点，而且这种特异性仍按简单的孟德尔方式遗传，成为目前最具吸引力的遗传标记，具有广泛的用途。

7.3.3　STR 技术应用

STR 分型被认为是第二代法医 DNA 指纹技术的核心。STR 是短串联重复序列（Short tandem repeat）的简称，也叫微卫星 DNA 或简单重复序列（Simple Sequence Repeat，SSR）。STR 是一类广泛存在于真核生物基因组中的 DNA 串联重复序列。其核心序列为 2～6bp，重复次数通常在 15～30 次。多数的 STR 基因座具有多态性，其高度多态性主要源于核心序列重复次数的个体间差异，这种差异在基因传递的过程中一般遵循孟德尔共显性遗传规律。STR 作为一个重要的遗传标记系统，已广泛应用于肿瘤生化研究、法医学个体识别、亲子鉴定和群体遗传学分析等领域。

7.4　野生动物再引入

随着全社会对生物多样性保护重要性认识的提高，珍稀物种的饲养繁育、生物学、生态学等相关学科研究取得了丰硕的成果，再引入已经成为拯救、保护珍稀濒危物种的一个重要手段，同时也对动物园、生物学家和公众产生了巨大的吸引力，给予了极大的关注。再引入是十分复杂的系统工程，除了技术方面的问题外，它还涉及相关单位、部门的协调配合，更需要政府和民间的长期财政支持和协调配合。目前国际上再引入物种的成功率只有 10%～15%。一个物种再引入计划如果考虑不周或实施不好，不但不会增加该物种的存活机会，还会引发当地生态、疾病、资源等方面的问题。

1995 年 5 月世界自然与自然保护联盟（IUCN）第 41 届理事会通过了《物种再引入指南》，以满足当时自然保护过程中对政策性指导的需要，确保物种再引入规范、科学，达到预期的目标，而不会带来生态、社会等方面负面影响。该指南只是从学术上介绍再引入的实施程序，并非是一个严格的法规。

7.4.1　再引入相关术语的定义

再引入：在一个物种历史曾经分布的部分区域内（此物种在该区域内已经消失或灭绝）重新建立该物种种群的一种尝试。克雷曼（Kleiman）博士定义再引入为：在原分布区这类动物已经消失或数量下降的情况下，将野生或圈养的该动物放回到它们原来生存的分布区。

重建：是再引入的同义词，但它表明物种再引入已经获得成功。

迁移：人为地通过各种手段向现存种群中移入同种野生个体的过程。

再加强/补充：向现存的种群添加同种个体的过程。

保护性/良性引入：以保护为目的，在物种历史分布区以外的适宜生态环境和生态地理区域以内建立物种的过程。这是在该物种历史分布区内已无残存区域存在的情况下的一种可行的保护措施。

7.4.2　物种再引入的目的和目标

目的：所有物种再引入是对那些在全球范围内野生种群已经灭绝，或在某个地区内野生种群已经消失了，利用其种、亚种或品种建立起野外可维持、自由生活的种群。物种的再引入应当在该物种的原自然栖息地进行。

目标：一项物种再引入计划的目标应当包括提高物种长期存活力、重建生态系统中的重要物种、维持或恢复自然生物多样性、为当地或国家提供长期经济效应、提高公众保护意识，或以上几个方面的综合。

7.4.3　再引入的实施过程

（1）立项前的准备

进行再引入的第一步是确定该计划长期保护的目标和成功的标准。依据这种动物的野生和圈养状况和接受国（地区）的政治状况制定。主要的目标包括扩大野生种群，特别是增加新的野生种群；保护或者扩大可利用的栖息地。

计划释放野生动物回到自然栖息地时要细化以下几个方面：1）释放地是否有适合动物生存的生境；2）释放地是否在该物种原栖息地范围之内；3）在释放地先前是否有自由生存的野生种群；4）待释放动物的背景等。

（2）立项

1）何时开始再引入

当野外种群的统计和基因表明一个物种可能会走向灭绝、增加该种群的数量和基因多样性将会有利于将来的保护时，进行再引入。

2）释放动物的要求

必须要有一个稳定、自我维持、基因多样的圈养种群。圈养种群必须足够兴盛，使得再引入技术完善过程中可以维持长时间、大量动物损失的需要。选择用于释放的动物必须超过将来圈养种群需要，而且能够与野生种群配种繁殖。

3）释放地的要求

需要有足够容存量、适合的栖息地以维持再引入种群的发展。栖息地适宜性的评估可以通过生境选择、避敌环境以及自由生活野生动物的采食行为的研究来确定。至关重要的环境因子自身可能不会很明确，需要深入细致地研究才能发现。

4）政策法规的保障

因为栖息地的丧失和变化是多数物种下降的重要原因，从生态学的角度，反对再引入计划的主要理由是缺乏受保护栖息地。因此，进行再引入项目需要有立法的保护区，诸如国家公园和类似的保护区，实施确实有效的保护，也必须期望保护区在未来的影响。没有长期的承诺，将会冲突不断，不论是动物还是栖息地。

5）考虑释放动物对当地动物的影响

在再引入的地区不能有自由生存的同类动物。将圈养种群与野生种群混合是不恰当的，除非这个野生种群绝对需要注入圈养种群的基因。首先，圈养动物可能携带疾病，这些动物对这些疾病有免疫力，但野生动物没有，如果释放的动物携带病毒、细菌或其他病原微生物，引入疾病可能会横扫灭绝一个动物种群（特别是小种群）。减少野生与圈养动物接触的其他原因是保护两者的基因多样性。

（3）项目的启动

1）释放动物的选择

释放的动物最好来自野生种群。如果是以迁移为目的的释放，野生种群的选择应在遗传上与当地原有种亲缘关系最近，而且具有相似的生态学特征（形态、生理、行为以及生境选择等）为佳。如果是以物种再引入为目的的个体调动，选择的种群必须不至于威胁到当地的圈养种群或野生种群，必须保证圈养种群的日常需求。如果用圈养种群或人工种兽，依照现代保护生物学原理的要求，这些动物必须来自从统计学、遗传学两个方面管理都好的种群。只有在评估了调动对提供种源种群的影响、确保对原种群没有副作用的情况下，才能从野生种群中迁移出个体。特别需要注意的是不能因为有圈养种群就进行物种再引入项目，更不能把再引入作为处理过剩动物的手段。

2）释放地点选择（包括评估释放地和选择地点两个方面）

释放地点的评估：应具有适宜的生境。再引入只能选在栖息地和景观需要得到满足的地方进行，而且将来能够继续得到维持。必须考虑到该物种消失后栖息地已经变化的可能性，该地区的生态环境足以承载物种再引入种群的持续增长，并能够长期供养一个可自我维持的种群。

找出以前导致种群衰退原因，并消除这些因素或使其影响降低到适当的水平。这些因素包括疾病、过渡捕猎、过渡收集、污染、中毒、与引入种的竞争或被引入者捕食、生境的丧失以及与家畜的竞争等。如果释放地是由于人类的活动产生明显的退化，在实施物种再引入前应对其进行恢复和重建。

3）公众教育

不论在发达国家还是在发展中国家，公众的教育和大力支持是生态保护的基础。由于当地民众的狩猎、过度利用栖息地资源是导致再引入动物下降最重要的根源，这些问题不解决，没有当地居民的积极配合和参与，项目很难进行，更不可能获得成功。在项目方案制定阶段和实施过程中就与地方政府、民间组织和民众协商，正面宣传再引入项目的重要意义，争取他们的认可和支持。同时，在制定项目计划书时应考虑当地的利益。

4）项目的批准和相关单位的协调配合

虽然项目的启动源于个人或单位，但实施需要政府和非政府多个方面的参加和参与。项目实施前首先要得到政府主管部门的批准，涉及国际间的还要经过当事国的批准。具体到我国，要得到释放地保护区/土地拥有者的同意；当地林业、兽医等行业行政主管部门的批准。涉及濒危动物还要逐级上报直至国家林业局。再引入项目是一项复杂的工程，从技术层面需要动物园、当地动物研究所、大专院校以及民间学会的合作；从社会层面，需要当地群众、媒体、民间组织的参与。为了保证项目的顺利进行，应当与有关方签订协议，内容包括项目的目标、资金的来源和使用，各方的权利和义务，释放后动物的所有权，项目成果（成功或失败）的归属等。

5）资金保障

与其他研究项目一样，再引入也需要可靠的资金保证，没有资金项目就无法进行。包括人员工资、野外生活费、笼箱和运输费、车辆费、跟踪监测设备及其项目运作费用（例如租赁卫星）、交通通信费等。除了这些以外，公众教育、前期野外动物生态和行为学研究、释放动物前期管理等费用也必须算在内。保证项目的每个阶段都有资金支持也十分重要。

6）栖息地保护

栖息地退化是动物种群下降的主要原因，在实施再引入项目之前，同时需要进行栖息地的恢复和保护，否则再引入项目就会成为空中楼阁。再引入项目与栖息地保护可相互促进，一者的实施必定影响另一者。

（4）项目的实施

前期的各项准备工作完成之后（挑选动物、进行必要的驯化、选择合适的释放地点等），接下来进入项目的实施阶段。需要制定详细的释放技术方案，包括如何使释放动物适应释放地的环境和食物；释放动物的种群结构和个体数量，释放的方式（速释法和缓释法）以及释放后的跟踪监测等。需要考虑的其他方面包括释放的季节、释放点间的距离、释放的时间（是否所有的释放都同时进行或按预定的间隔进行）。释放不应选在恶劣和食物短缺季节。如果这只动物最终会占据邻近的领域，释放时间的选择需要依动物的社群组成而定。

应当考虑到那些具有潜在危险的圈养繁殖动物（如大型肉食动物、灵长动物）在有人类存在的环境中可能会对当地居民和家畜带来危害。

释放的前后要做好公众的宣传教育，没有当地民众的理解、支持和参与，再引入是不会顺利进行的，这需要当地政府、媒体和民间组织参与和配合。

1）准备动物

释放动物运出之前必须在原产地进行全面的兽医检疫。一旦发现某些个体被感染或患有非地方疾病、传染性病原检测阳性（在种群水平上有影响）必须剔除。没有感染的阴性动物进行严格的检疫，等待适宜的时间再次进行检疫，如没问题，才能够运输动物。假如释放的动物来自野外，则应注意以下几点：必须确保动物运输前没有传染病或传染病病原，释放的动物不会接触到释放地特有的病原媒介，因为它们不具免疫力。为了抵抗释放地地方性流行病或野生动物和家畜的地方性疾病，在这些动物释放前，应进行免疫接种。这项工作必须在准备阶段进行，使得动物有足够的时间产生免疫力。

在运输过程中，特别是跨地区运输可能会感染严重的传染病，因此必须小心谨慎，使这种危险降低到最低的程度。种源必须满足释放地的国家和地方法规条例的要求。

进行必要的标记。为了释放后的跟踪监测，需要对动物进行标记，不同的动物、不同的跟踪方式，标识的方法各不相同。常见的方法有脚环、耳号、烙印、无线电颈圈、卫星等多种方法。

准备工作也包括放归前释放动物对栖息地环境和气候一段时间的适应性驯化。一般是先在释放地小范围内进行短期饲养，给予一定的人工辅助饲养。之后，逐渐扩大饲养地范围，减少人工干预，最后让动物自由生活。

2）释放和监测

得到政府主管部门和释放地所有者的批准和同意后，还需要聘请相关专业的学者为顾问，为项目各个阶段的实施提供咨询。要认真制定释放前后的监测项目、监测手段和数据的收集和分析方法。个体健康和存活状况是监测的重点内容，释放后如果前景不乐观，必要时进行人工干预。

将圈养动物放归到野外意味着动物与管理者之间的关系发生了变化。圈养动物全部由饲养员负责，包括它们的食物、兽舍和同伴。的确，它们在很多方面受制于人。一旦释放到野外，一切都不复存在。项目负责人应当必须决定是否和在什么条件下进行干预。

释放动物的长期监测是所有再引入项目重要内容，对此，释放动物的提供单位有着特殊的兴趣。广泛的监测也可以获得大量死体以进行病理学研究，这样可以明确死亡动物的原因。监测也能够表明动物如何，以及何时圈养动物所有行为技能与野生的动物相同了。所有的这些资料会反馈到圈养动物种群的管理。对释放的动物进行跟踪监测，根据需要和可能进行无线电跟踪、直接观测或间接跟踪（足迹、粪便）。进行放归后的行为、生存状况、种群数量、生态学等方面的研究。

收集死亡动物个体，进行死亡原因的调查分析，必要时进行人工干预，例如补充喂养、兽医保健。如果释放动物生存状况继续恶化，就要重新安排或终止项目的实施。最后不论结果如何，都要对项目进行总结。

3）项目成功与否的评定

对于再引入的是否成功没有统一的标准，哥菲特（Girffith）等评估了1973年至1986年间在新西兰、加拿大、澳大利亚和美国进行的鸟类和哺乳动物的引入和再引入项目，讨论了影响成功的变因素。释放个体动物的数量越多，项目持续的时间越长；释放地的环境越好、释放地处于它们历史分布的核心区、释放野生个体、释放地没有天敌等，则项目的成功率越高；依动物分类而言，释放后成功的可能性依次排列为：第一是草食动物，第二为杂食动物，最后是肉食动物。一般而言，鸟类的再引入比哺乳动物要简单得多，而且还省钱，这主要与食物链有密切关联。斯特利（Stanley）等认为最适合再引入动物的特征是：大型、聚群生存的动物、敢于冒险的动物、夜行性动物以及那些能够耐受栖息地或环境变化的动物。

第 2 篇

操作技能

第8章 展出动物饲养与展出管理技术

8.1 展出动物的饲养管理

8.1.1 两栖动物的饲养管理

（1）两栖动物概述

两栖动物一般认为是既能在水中生活，又能在陆地生活，这种说法不确切，如鳄既在水中生活，又能上陆地生活，但它不是两栖动物而是爬行动物，河马既能在水中生活又能在陆地生活，而它却是哺乳动物。两栖动物从生物进化角度来看，它是由水中生活到陆地生活的一个过渡类型，两栖纲的动物均共同具有如下特点：

1）两栖动物为水中产卵、体外受精、水中发育、幼体到成体需经过变态；

2）幼体用鳃呼吸，有一个水中生活的幼体阶段；

3）成体阶段具备了上陆的条件，经过变态、鳃尾退化、长出四肢，虽然有了比较简单的肺，可以进行呼吸，但仍需要湿润裸露的皮肤以帮助进行气体交换，所以上陆也不能离开潮湿的环境，它们摆脱不了对水的依赖性，必须经常回到水中。

在分类学上把这类动物称为两栖纲动物。两栖纲动物分为蚓螈目、蝾螈目、蛙形目。

（2）两栖动物的饲养环境

根据两栖类动物的特点和生活习性，创造一个适应它们生活的饲养环境，是养好两栖动物的首要条件。

1）动物的笼箱不应有尖锐突出物及粗糙物，以免动物划伤和蹭伤它们裸露的皮肤，减少不必要的外伤。地面铺以松软的沙土。

2）两栖动物均为变温动物，没有恒定的体温，饲养环境适宜与否十分重要，饲养箱温度一般应保持在 20～28℃为宜。

3）饲养箱水池应占面积的 2/3、陆地占 1/3，虽然水池面积较大，但陆地还应定时喷洒水，以保持箱内空气相对湿度 70%～80%。

4）应定期进行消毒工作，对于饲养环境的清理，每日应更换水池的水和清除岸上食物残渣和排泄物，以减少污染源，以利动物健康，操作时动作敏捷防止动物惊吓和碰撞。

5）饲养场所应布置一些植物景观，既提高了展览效果，又给动物提供了可隐蔽的栖息地，模拟动物生活的自然环境，增强动物对饲养环境的适应性，以减少动物对环境改变不适的死亡。

（3）两栖类动物的饲养管理应注意的问题

1）两栖类动物生活习性

两栖类动物为变温动物，体温随外界温度变化而变化，本身不能调节体温。当冬季气温下降时和食物缺乏时，它们便不食不动，进入冬眠。冬眠分为地下和水下两种方式，当春季气温回升，它们才出蛰，进行觅食和繁殖活动。两栖类动物大多数喜栖息于山溪、池塘、水沟或水田边，因种而异，就是远离水源的种类也是栖息于比较潮湿的地带。

两栖类动物的食性多为肉食性（有的种幼体阶段以草食为主），它们的食物大多为昆虫，如蝗虫、蜘蛛、土鳖及蚯蚓、小鱼等活食。

2）掌握两栖类各种动物的习性和食物的构成是养好动物的重要因素

其中包括动物的觅食时间、捕食方式以及食量的大小、食物的种类和营养是否全价等问题。一般来说大部分两栖类动物多为夜间活动和觅食，但有的种类活动和取食却在白昼，这就需要根据不同种类动物选择最佳的饲喂时间。活饲料可直接放入箱内任其自由取食，两栖类动物的饲料以活食为最佳，如果没有活食，可将食物拴线用杆挑住在其面前挑逗，使它们误认为活食而捕食吞咽。

3）注意饲养箱的清洁

清扫时动作轻而敏捷，脚踩的沙土下应注意有无藏匿动物，动物的粪便及食物残渣、死食等如不及时清除，易引发霉菌滋生，对动物极易造成感染。水池应保持水质的清洁，更换水应注意温差变化不宜过大，有利于动物体表组织的保护。

4）定期进行消毒工作

特别是水池应定期用 5% ～ 20% 漂白粉进行消毒，切记消毒完毕后必须用净水冲干净，才能给水池加水，地面沙土每年应更换二次为宜。搞好消毒工作是养好两栖类动物的关键，能防止各种疾病的发生和传播。

恬静清洁的环境很重要，环境条件的不安定往往会造成碰撞损伤，给饲养带来一定的难度。另一方面要仔细观察动物日常活动和觅食情况，特别是无尾目蛙、蟾蜍科的动物，它们的眼能充分说明它们的健康情况，有尾目，大鲵及蝾螈体表黏液光滑程度等均能说明它们健康的好坏。

8.1.2　爬行动物的饲养管理

爬行类动物是人们习见熟知的动物，它们虽然身体结构有了很大变化，如身披鳞甲，防止体内水分蒸发，用肺呼吸等摆脱了对水的依赖性，但它们没有恒定的体温，在夏季炎热和冬季寒冷时，需要夏眠和冬眠，仍然是比较低等的动物。

爬行类动物在动物分类学上总称为爬行纲，其中又分为蛇目、龟鳖目、鳄目、蜥蜴目。各目的爬行动物种类繁多，各种动物的栖息环境又各有所异，在人工饲养下，设备条件的要求有所不同，为了模拟动物的野生环境，创造较好的饲养条件，就要了解各目动物的生活习性，以达到较好的饲养方法，现将各目动物分别加以阐述。

（1）蛇目

1）蛇类特征及习性：身体细长，通身被覆鳞片，分为头、躯干、尾三部分。颈部一般不明显，泄殖腔孔以后为尾部，没有四肢，但有的种类如蟒蛇在其泄殖腔孔两侧仍保留着一对爪状的后肢残余。

蛇类的体形因种而异，差异极大，小的仅长十余厘米，最大的蛇为蟒科的一些种类，长可达十米以上。蛇类的牙齿一般均为细小的刺状，毒蛇则有一对或几对较长的大牙，生在蛇的上颌骨的前端或后端。毒蛇的牙分为管牙和沟牙（前沟牙和后沟牙）两种，一般来说管牙多为血循毒，沟牙多为神经毒。

蛇没有四肢，靠肌肉牵引数量甚多的腹鳞和彼此关联牢固而又灵活的椎骨及相连的肋骨进行活动。

蛇类食性广泛，但均以活的动物为食，如蛙、鸟、鼠、鸡、兔、鱼、泥鳅、蚯蚓、蜥蜴卵，有的种类如眼镜王蛇、金环蛇、银环蛇等捕食其他蛇类。蛇能吞食比自己头部大几倍的动物，其原因是它的下颌凭借可活动的方骨与脑颅间接相连，使蛇口可张大至130°，而且下颌的左右两半之间又是以韧带相连。可以左右展开，像打开的口袋一样，再加上它吃食均先从动物头部开始吞咽，这样使被吞食的动物毛比较顺，借助它的牙齿钩送，使食物很顺利地吞咽下去。蛇食物的种类往往决定蛇昼夜出来的活动时间，如吃昆虫、鱼、蜥蜴或鸟类的蛇，多是白天出来活动。吃泥鳅、鳝鱼或鼠类的蛇多为夜间出来活动。

一般以鼠、鸟类为食的有毒蛇：眼镜蛇、尖吻蝮、竹叶青、烙铁头、蝮蛇、蝰蛇等。

无毒蛇：王锦蛇、黑眉锦蛇、三索锦蛇、百花锦蛇、棕黑锦蛇、灰鼠蛇、滑鼠蛇、玉斑锦蛇、白条锦蛇、火赤链、黄链蛇等。

以蛙、鱼、泥鳅、鳝鱼等为食的有银环蛇、中国水蛇、铅色水蛇、黑斑水蛇、虎斑游蛇等；毒蛇类以及红点锦蛇、草游蛇、渔游蛇、水赤链游蛇、花尾斜鳞蛇、乌梢蛇、乌游蛇等无毒蛇类。

蟒蛇科多以小型动物鸡、兔等为食。

蛇类亦有一些为狭食性，食物比较单一。如眼镜王蛇、金环蛇等捕食蛇类，各种小头蛇则以蜥蜴卵等为食，颈棱蛇又称为蝮蛇却喜食蟾蜍。

蛇类没有恒定的体温，在很大程度上取决于外界环境的温度，冬季气温降低，它们便蛰伏于树洞、岩石缝隙或其他动物的洞穴内，"不食不动"，以缓慢消耗脂肪等营养物来维持生命的最低需要，这时就叫做冬眠。冬眠是蛇类及其他一些低等动物以适应低温环境的一种反应，以利生存。

蛇类雌雄一般从外形上不易区别，一般雄性尾基部靠近泄殖腔孔较粗而尾略长。雌性尾基部突然变细而尾略短。鉴别雌雄最有把握的是将蛇抓住用手指挤压它的尾根部，雄性则会出现二个棒状带刺的交接器。雌性则没有。

蛇类均为体内受精，产卵繁殖，一般在春末夏初交尾及产卵，卵的数量因种而异。有的种类直接产出幼蛇，是卵在其输卵管内后段发育成熟产出，我们称它们为"卵胎生"。

2）蛇目动物的饲养管理：蛇类分为有毒蛇和无毒蛇，在人工饲养下，设备要求不同，一般毒蛇饲养箱应从上面操作较为安全，为上开盖形式，无毒蛇则从操作间直接开门的形式较为方便，如清扫卫生，更换沙土，消毒捕捉等。

饲养展箱面积大小应根据蛇的大小、数量而定，箱内地面铺以沙土，以便清扫排泄物。展箱内应有水池，以便动物饮用或浸泡之用，水池需保持清洁用水。在饲养箱内还应设置一些花草树枝等物。一方面增强展出效果，更重要的是利于蛇类脱皮，树枝能对蛇类脱皮蹭擦起到很好的效果。另外还应堆码一些假山石，能给蛇类提供一个隐蔽的栖息环境。

饲养蛇类应注意温度，饲养温度一般为 24～28℃之间。高于以上温度表现焦躁不安，低于以下温度则大部分拒食。在此温度范围内蛇一般均能正常活动和觅食。湿度在蛇类饲养中也很重要，关键是影响蛇类的新陈代谢作用，饲养当中相对湿度应保持在

60%～80%。湿度过高它们便会生病长疱、湿疹等，如果过低，会使它们身上的皮脱不掉，形成干痂和溃烂，重者会造成眼瞎或死亡。

（2）蜥蜴目动物的饲养管理

1）蜥蜴目概述：蜥蜴目动物体呈蛇形，大部分有四肢及爪，个别种没有如"蛇蜥"，但它有肢带的残迹，它们的尾很长，几乎占体长的五分之二。

蜥蜴目动物生活环境多样，多数为陆栖，有的为半水栖、地下穴居或树栖的种类。它们多以昆虫、蛛形类、蠕虫和软体动物等为食，大型的蜥蜴亦捕食鼠类、鸟类。也有少数的种类兼食植物，专吃植物者极少。一般繁殖为体内受精，卵生，少数为卵胎生。蜥蜴类动物再生能力较强，大多数蜥蜴善于脱落尾巴以保护自己，但尾巴再生需要较长的时间，如捕捉小型蜥蜴应抓它的身体，不要抓尾巴。

人工饲养"蜥蜴目"的动物应根据不同的种类大小及栖息环境设置饲养箱。树栖类的饲养箱内必须要放树枝、小树或花草以供它们攀爬和栖息。陆栖的种类应放些木板或树皮等供它们卧息。穴居的种类如石龙子一类的蜥蜴，喜钻洞，皮肤容易干燥，因此饲养箱地面应铺3～5cm的沙土，再放些树皮或石块之类，以供应它们藏匿。如果在饲养展出箱内种植一些植物，既能给动物创造好的局部环境，提高空气的相对湿度，净化箱内空气，还能使游客参观起来觉得自然，增强观展效果。

2）人工饲养下应注意以下几点：

① 水：蜥蜴目动物大多数喜欢在水池内外来回爬动，饮水和浸泡，更有的在水中大便，很容易感染疾病，所以水每天应清换，保持水质清洁。

有的蜥蜴类，如避役，俗称"变色龙"不肯从水盆或水池内喝水，用喷壶向种植在箱内的树上喷水，让它们舔，每日喷3～5次为宜。

② 通风：饲养箱内要保持良好的通风，没有通风设备的箱舍，可适当打开馆舍的窗子通风，保持空气的新鲜。

③ 温度：蜥蜴目动物没有恒定的体温，有冬眠习性，在人工饲养下，温度应保持在22～28℃为宜，改变它们冬眠习性，冬季照样活动和取食。

④ 湿度：饲养箱相对湿度应保持在60%～80%。当湿度不够时，应喷些水于室内来调节。

⑤ 饲料：常用的活饲料是面粉虫，但长期吃单一的面粉虫，常引起眼前糜烂，长包等疾患。这是营养成分不全的表现，所以应添加一些别的饲料如蝗虫、油葫芦之类的昆虫来调节营养。还有些蜥蜴除取食各种昆虫以外，还吃一些植物性饲料如树叶及果实类。

⑥ 寄生虫：蜥蜴目的动物易感染内外寄生虫，内寄生虫多为两种线虫、绦虫。它们大部寄生于动物体的肠胃中，有时肺中也有发现。外寄生虫最常见的是螨、虱，它们寄生在蜥蜴类的四肢根部和耳窝、肛门外等。喜欢洗澡的一些动物，长时间浸泡在水中，能自己清除掉一部分，但大多数需人帮它们摘除下来。

⑦ 肠炎：蜥蜴科的动物较易患肠炎，如发现蜥蜴大便不正常，应马上隔离治疗，做好消毒工作，消灭传染源，不然传染也很快，能造成大批动物死亡。

（3）龟鳖目

1）龟鳖目概述：龟鳖目动物分为三种，草食性、肉食性、杂食性。平胸龟吃蜗牛及蠕虫、螺。陆龟亚科大部分为食草性，吃各种草、树叶及浆果。龟亚科及海产龟类为杂食、肉食、草食都有。鳖科动物则大部分为肉食。

龟类分为陆栖、水栖、半水栖、海水栖等生态类型，均对各种环境有一些适应性特征。鳖类大部分为底栖类型，水底栖生活使它们有适应底栖生活环境的特征，有长的吻突，可露出水面呼吸空气，咽部还有特别的辅助器官，背甲裙边适宜身体潜入水底淤泥之中。

龟鳖类动物和其他爬行动物一样，没有恒定的体温，有一年一度的休眠、冬眠或夏眠。

龟鳖动物均产卵繁殖，卵产于陆地上，产卵量因不同种类有所不同，最少为二枚，多的几十枚，产卵一般是在掘穴后将卵产于其中，然后用土将卵掩盖起来，卵靠自然温度孵化，繁殖季节一般在 5 ～ 10 月间。

2）龟鳖动物的饲养管理：龟鳖动物的饲养箱应依据各类动物的习性而设置。对水栖、半水栖型的龟鳖在箱舍内有较大的水池，适当留些陆地，水池应严格注意保持清洁卫生。属于陆栖型的龟大部分不需要水池，应有水盘以供饮用，设置水池反而容易造成陆栖龟淹死。

另外在饲养箱内应设置一些圆石、"鹅卵石"或木板为地面。因为龟类较善在水池内外爬来爬去，土地面容易将污物带入水池，造成水的污染。饲养箱温度应保持在 22 ～ 28℃为宜，在这个范围内，冬季仍可进食和活动。

根据各种龟鳖动物的食性，配定饲料，一般龟均可吃肉、窝头、青菜切碎后的混合料，每周饲喂 1 ～ 2 次。因为多数龟属于杂食性，在饲料配给上容易做到多样化。食植物性食物的龟，饲喂应以各种瓜果、蔬菜和植物的嫩叶为宜，但纤维质过硬的就不适宜了，因为不好咬断和吞咽。动物性食物以小型无脊椎动物为主。如蚯蚓、田螺、蜗牛、蠕虫和昆虫及幼虫等。有时也吃一些小型的脊椎动物，如蛙、蝌蚪、蜥蜴等。

饲养龟鳖目动物最常见的疾病为肠炎，但龟抗病能力较强，死亡率比起其他爬行动物、蛇、蜥蜴要低得多，龟鳖动物有内寄生虫、蛔虫、线虫等。但外寄生虫很难见到。

龟如果不爱进食或营养不良时，会导致眼睛发炎，新生的幼龟，如果缺食或缺营养，则背甲畸形或不能变硬，阳光对饲养龟鳖动物很重要，所以应该经常喂新鲜食物和晒太阳。

8.1.3　鸟类的饲养管理

（1）走禽类的饲养管理

1）走禽类的主要特征：龙骨突不发达，两翼退化，腿强而健，是失去飞翔能力的大型鸟类，依靠快速奔跑以逃避敌害，雄鸟具交接器，雏鸟为早成性。走禽类雌雄鉴别的方法：

鸵鸟：雄性：体羽黑色，飞羽、尾羽纯白色。雌性：体羽灰褐色，飞羽、尾羽灰白色。

美洲驼：雄性：颈部及前胸黑色。雌性：颈部及前胸黑色面积少，体型比雄鸟小 1/3。

食火鸡：雄性：体型较小，头盔及肉垂小。雌性：体型较大，头盔及肉垂较大。

鸸鹋：雄性，叫声连音。雌性：叫声平声有节奏，似击鼓声。

除上述差别外，雄鸟排便时，交尾器从泄殖腔伸出，雏鸟亦可依此鉴别。

2）饲养设备要求：饲养走禽应有大面积的运动场，地势平坦且高于场外，便于排水、保持干燥、无积水。场内适当种植高大乔木供遮荫，并可利用树木躲避同类的攻击，运动场的围栏要光滑避免刮伤动物，栏高要求 2m。

动物的馆舍要背风朝阳，室内要求硬质地面，易于消毒冲刷和清理，铺垫物为沙土、垫草等。墙壁要求平整光滑。因动物不安静时常擦墙边走动，粗糙的墙面容易把身体的羽毛磨断，严重时擦伤胸部及大腿部皮肤。窗户的高度以动物不能看到室外为准，可减少外界对新迁入或其他原因对关入舍内的动物的干扰。

3）饲养：走禽类中的鸵鸟、美洲鸵、鸸鹋、食火鸡以植物性食物为主，兼食部分动物性食物。

鸵鸟、美洲鸵、鸸鹋喂以颗粒配合饲料（或窝头），各种叶菜（白菜、油菜、菠菜等）胡萝卜、苜蓿、树叶（杨、桑、榆、槐）和昆虫（面包虫、蝗虫）、肉条、熟蛋等。

食火鸡以各种水果（苹果、梨、香蕉）、瓜类（木瓜、西瓜、哈密瓜）为主，经常喂给小鸟（麻雀、燕雀、鸡雏）、小白鼠、肉条、熟蛋等。

4）饲养要点：鸸鹋成对饲养，鸵鸟、美洲鸵可一雄多雌（1∶3 或 1∶4），食火鸡因相互间好争斗可单只饲养。尽量使其成对生活。

在北方越冬，需保温设备，白天可放出室外活动。夜间室温：鸵鸟、美洲鸵、鸸鹋 5～10℃，食火鸡 15～20℃。夏季高温天气可用自来水给动物洗澡降温。

要经常检查室内外地面是否有铁丝、钉子等异物，以免被动物吞食。

5）繁殖：在繁殖期间注意观察群养的亚成鸟，如有争斗现象要及时分开，以免造成伤亡。

走禽在繁殖期间，食量减少，应注意饲料的多样化，尽量使其在繁殖期间多进食。

产卵前对笼舍内的垫草进行清理，更换新的垫草，避免造成种蛋的污染。

走禽类多在下午或傍晚产卵，要掌握其产卵的规律，产卵后及时取出，避免造成损坏（表 8-1-1）。

几种走禽的性成熟年龄及产卵、孵化情况 表 8-1-1

走禽名称	性成熟（年）	产卵月份	卵重（g）	颜色	孵化期（天）
鸵鸟	3	3～7	1230～1955	乳白	38～42
美洲鸵	2	5～7	410～690	石黄	36～39
鸸鹋	3	11～次年 4	450～750	蓝绿	48～50
食火鸡	4	3～7	500～790	淡绿	49～52

（2）游禽类的饲养管理

游禽是习惯于水上生活的鸟类，善于游水和潜水。脚趾间具蹼，尾脂腺发达，嘴阔而且扁平适于攫取水生生物，多地面营巢。共包括 8 个目，适于人工饲养、观赏的有企鹅目、雁形目、鹈形目和海鸥目的鸟类。

1）饲养设备要求：利用湖面放养，其生活环境开阔，空气新鲜，阳光充沛，洗浴方便，活动量大，有利于动物健康。使羽毛丰满洁净，展览效果自然，饲养管理也简便。主要问题是保证湖水不受污染，最好是流动的活水。陆地的地面要平整，放置饲料处需有遮阳防雨设备。

放养的水禽，必须做断翅手术，割断一侧翅膀的指骨，使动物飞翔时身体不能保持平衡，只能短距离滑翔。可防止逃跑。

　　大型游禽。如鹈鹕、天鹅等从指关节割断，除去五枚飞羽。中小型者如雁、鸭、海鸥等从腕关节 割断摘除十枚飞羽。手术后，关笼饲养。一周后，伤口即可愈合。

　　① 全陆地型：多用高大的鸟笼，可多种游禽、涉禽、雉类混养，但饲养动物的只数不能过多，笼内设山石、树木、水池，放置饲料处应遮蔽风雨。此形式适于小型公园，展览效果好，但不利动物的繁殖。

　　② 半陆地型：利用湖岸和水面建造笼舍，一半或三分之二为陆地。湖岸种植乔木或灌丛植物，其环境自然，便于饲养管理，适于饲养中小型游禽。

　　③ 小型笼养:是为成对的或不耐寒的游禽（如黑颈天鹅、蜡嘴雁等）创造的人工环境，笼内设水池和御寒又避风雨的笼舍。

　　④ 企鹅与其他游禽所需的饲养环境有所不同，因为它的双翼演变为不能飞翔的"浆"，与其他游禽的生活习性差异也较大，所以与其他游禽不能混养，可多种企鹅一起饲养。

　　场内设水池，深 $60 \sim 100cm$，每只企鹅要有 $2m^2$ 的水池面积，运动场有树木或其他遮荫设备，地面要平滑，不能有积水，防止潮湿以防磨损脚部造成感染而死亡。场地备有干净的小石子，有的企鹅种类以石子筑巢，有的也食少量石子。

　　2）饲料：雁形目的鸟以植物性食物为主，如玉米、高粱、稻谷、大麦等，或喂混合粉料制成的颗粒饲料。每天补充一些动物性食物，如鱼虾、熟蛋、肉末等和青饲料，如水草、水葫芦、水浮萍或叶菜要充足供应。

　　鹈形目、鸥形目、企鹅目以动物性食物为主。鹈形目主要如鲫鱼、白鲢、鲤鱼、白条鱼等。鸥形目主要食性较杂，可喂给鱼、肉条、熟蛋等。企鹅目主要以海鱼为主，鲭鱼、鳕鱼、鲱鱼、黄鱼等，每日喂一次，要保证新鲜，不变质。

　　所有的游禽在繁殖期及换羽期要保证维生素及矿物质的补充。

　　3）饲养要点：北方冬季饲养游禽，要保证有一定的水面。大型游禽每只不能小于 $2m^2$；中型游禽每只不能小于 $1m^2$；小型游禽每只每平方米水面可养 $3 \sim 4$ 只。只数越多，相对水面适当减少。

　　笼内的水池，冬季每周换水冲刷一次，夏季每二日换水冲刷一次，预防肠道传染病的发生。

　　春季 3、4 月份，秋季 9 月份笼舍进行全面大消毒，更换沙土。

　　4）繁殖：大部分游禽每年二月份开始进入繁殖期。放养或混养的游禽如鹈鹕、天鹅等会占领巢区。攻击其他鸟类，所以要细心观察动物的繁殖行为，发现争斗现象，要及时隔开饲养。

　　繁殖前在岸边或陆地安放窝巢和垫巢材料：鹈鹕、海鸥都喜用树枝筑巢，天鹅用干草筑窝。雁类在较隐蔽的地方用小树枝或干草筑窝。野鸭的巢区与巢的出口有一段距离，所以巢区较暗，可利用直径 25cm，长一米左右的水泥管或缸瓦管，将其中一端封死，横放在阳光不直晒的岸边，供野鸭类产卵、孵化。

　　放养或混养的游禽在产卵季节要固定专人每天捡卵两次，防止其他鸟类将卵啄食，捡拾的卵可以人工孵化，人工育雏。游禽类产卵及孵化期见表 8-1-2。

　　黑天鹅、黑颈天鹅每年春季和秋末繁殖，蜡嘴雁在秋末繁殖，所以要做好以上鸟类秋末孵化、育雏的保温工作，一般保持 10℃即可。

游禽类产卵及孵化期　　　　　表 8-1-2

目	科	动物名称	产卵月份	孵化天数（日）
雁形	鸭	天鹅	3～6	34
雁形	鸭	疣鼻天鹅	4～5	34
雁形	鸭	黑天鹅	5、10	37～39
雁形	鸭	黑颈天鹅	5、10	34～37
雁形	鸭	灰雁	3～5	30～31
雁形	鸭	鸿雁	3～5	30～31
雁形	鸭	斑头雁	4～6	28～30
雁形	鸭	蜡嘴雁	5～8	38
雁形	鸭	加拿大雁	3～5	28
雁形	鸭	绿头鸭	3～6	26～28
雁形	鸭	斑嘴鸭	3～6	26～28
雁形	鸭	赤麻鸭	4～5	32
雁形	鸭	鸳鸯	5～7	28
鸥形	鸥	红嘴鸥	5	20～22
鸥形	鸥	棕头鸥	5	24～26
企鹅	企鹅	智利企鹅	4	41～43
鹈形	鹈鹕	斑嘴鹈鹕	3、9	30～33

（3）涉禽类的饲养管理

涉禽类形态特点：嘴长、颈长、腿长。三长是与它们涉水行走，从地面或水底污泥中取食的生活习性分不开的。包括鹤形目、鹳形目、鹬形目和红鹤目。

1）饲养设备要求：成对鹤、鹳要单笼饲养，笼舍要选择安静的环境，笼舍之间要遮挡，避免相互干扰。笼的高度不低于 2.5m，每对鹤的饲养面积不少于 50m²。土地面、排水好，笼内有遮荫避雨的棚舍。

饲养鹭、鹳、冠鹤的笼舍要安栖架。

火烈鸟可群养，运动场要求土地面、平坦、排水好，设水池，深 20～40cm。水池面积按每只鸟 1m² 计，冬季室温 10～15℃。

大鸨、黄脚三趾鹑的饲养条件同雉鸡类。

兽舍丰容设计：展出动物的丰容原则应美观实用，繁殖用动物的兽舍丰容设计应实用而且便于饲养人员操作。如：依据涉禽的生活环境，兽舍应设有水池、有草地或种植芦苇等水生植物，种植高大树木可以遮阴，但环境应有良好的通风和光照，树木不宜过多。有攀援习性的鹳、鹭、鹭、部分鹤应有栖杠或休息平台。室内外应有良好的供水、排水设施系统，以便植物的养护和兽舍的卫生消毒。由于动物对植物均有一定的破坏性，所以植物应定期维护和更换。

2）饲料

鹤形目：食性较杂，以植物种子、水生植物的根、鱼类、软体动物、昆虫等为食。人工喂给：玉米、混合颗粒料（同游禽类的颗粒料）要充足供给，鱼、肉末、熟蛋每日喂给一次。

鹳形目：以动物性食物为主。喂给鱼、肉末，两栖类、小型爬行类和啮齿类小动物。

97

鹬形目：以水生浮游生物、昆虫、植物种子为食。喂给小鱼、小虾、肉末、熟蛋等。

红鹳目：是较特殊的涉禽，采食用独特的喙过滤水中的浮游生物。喂给混合料窝头，其配方如下：玉米39%、大麦5%、豆饼20%、鱼粉6%、麸皮10%、面粉10%、虾皮5%、盐0.5%、碳酸钙2.5%、磷酸氢钙2%。窝头加熟胡萝卜切碎后饲喂。

3）饲养要点

成年繁殖的种鹤、鹳、火烈鸟等涉禽，不宜轻易改变原有的生活环境，因其对新的环境有一个适应的过程，所以会影响种禽的繁殖。

迁入新环境的鹤、鹳类，一定要进行剪翅，因对新环境的不熟悉，往往因飞奔而造成翅膀骨折。每年春、秋季各进行大消毒。春季将运动场的土地面深挖翻动一次。

4）繁殖

雌雄鉴别：

① 鹤类：雄鹤比雌鹤粗壮，头部裸露的皮肤比雌鹤鲜艳，鸣叫时雄鹤是平音，雌鹤是双音。另外在繁殖期泄殖腔的比较，雌鹤明显大于雄鹤；

② 鹳类：雄鹳体形稍大于雌鹳，额面的宽度、嘴长、跗蹠长均大于雌鹳，嘴叩击声雄鹳亦比雌鹳洪亮；

③ 火烈鸟类：雄鸟体形略大于雌鸟鸣叫声雄鸟尖而细，雌鸟粗而洪亮；

④ 大鸨：雄鸟体形大于雌鸟，下嘴基部及颊部有胡须样羽毛，雌鸟无。

从每年3月份开始，为繁殖的鹤、鹳提供筑巢材料，如细树枝、干草等。给鹳类提供巢箱或巢筐。

火烈鸟是用泥土筑巢，每年四月份为火烈鸟准备筑巢用的红黏土，将土放入浅水池内浸泡，可事先人工在池边做好窝巢的雏形，火烈鸟在此基础上筑成自己满意的巢，因火烈鸟习惯在老巢上搭上新巢。群养的火烈鸟在繁殖期间要仔细观察，对于不产卵并影响其他鸟孵化的应及时迁出，单独饲养。

不同涉禽的产卵与孵化时间 表8-1-3

目	科	动物名称	产卵月份	孵化天数（日）
鹤形	鹤	丹顶鹤	3～5	32
鹤形	鹤	白枕鹤	4～6	30
鹤形	鹤	加拿大鹤	4～6	30
鹤形	鹤	灰鹤	4～6	28～30
鹤形	鹤	蓑羽鹤	4～6	27～30
鹤形	鹤	黑颈鹤	4～7	30～31
鹤形	鹤	白鹤	4～6	29
鹤形	鹤	黑冠鹤	6～8	28
鹤形	鹤	灰冠鹤	6～8	28
鹤形	鹳	白鹳	3～5	33～34
鹤形	鹳	黑鹳	4	36
火烈鸟	火烈鸟	智利火烈鸟	5～6	29～30
		美洲火烈鸟	5～6	28

（4）雉类的饲养管理

雉类大多数是留鸟，具坚硬的嘴，强有力的腿和适于挖土的钩爪，大多数雌雄的羽色有显著的差别。多成对生活，地面营巢（除角雉、凤冠雉等），产卵多，雌鸟孵化、育雏。雏早成性。

1）饲养设备要求：成对小笼饲养的优点是易于饲养观察和繁殖。

① 笼内地面应高出笼外 20 ～ 30cm，利于排水，保持干燥。

② 笼的一侧有遮蔽风雨的笼舍或棚。饲料槽、窝巢安放其内。

③ 笼舍内铺垫沙土供啄食和沙浴。种植一些丛生灌木或堆砌山石利于雉类栖息、隐蔽。

④ 栖架应安装在不影响动物活动的地方，因动物受惊容易飞撞在栖架上而造成伤亡。

⑤ 单纯以繁殖为目的笼舍，最好用软网作顶网，可避免动物飞撞时的伤亡。笼与笼之间应遮挡，避免相互干扰。可一雄多雌（1：1 ～ 4）饲养。笼内要多种植一些灌丛和搭栖架，能减少不发情的母鸟被雄鸟的过分追逐。为了更好的繁殖要减少人为的干扰。

2）大笼舍饲养：多种鸟类混养于一笼，其优点是：展览效果好，但因相互间的干扰而不利于繁殖，在繁殖季节因雄鸟之间的争斗，易造成伤亡。

① 笼内除避风雨的笼舍，还应设小的隔离笼，供新迁入的或因争斗啄伤的鸟隔离饲养。

② 笼内除种植灌丛还应有高大乔木或假树供栖息并安放屋式巢供隐蔽或产卵。

③ 根据饲养的种类，在笼网的高处安放鸟巢供繁殖用。

④ 产于热带的种类，冬季需有保温设备。

3）兽舍丰容设计：展出动物的丰容应美观实用，繁殖用动物的兽舍丰容设计应实用而且便于饲养人员操作。如：依据不同雉鸡的生活环境，兽舍运动场部分应有草地和沙地，可以种植一些低矮灌木用于动物隐藏躲避，运动场有遮荫棚。有攀援习性的雉鸡如：角雉、大凤冠雉的运动场内应有栖杠或休息平台。室内外应有良好的供水、排水设施系统，以便植物的养护和兽舍的卫生消毒。由于动物对植物均有一定的破坏性，所以植物应定期维护和更换。

4）饲料：雉类多为杂食性，以植物性食物为主，所以饲料的供给应考虑到多样化。

常备饲料：玉米、高粱、大麦、稻谷、谷子。要充足供应，少添、勤添，使鸟经常吃到干净的饲料。

麻籽、苏籽、松籽、花生等油料作物在冬季及换羽季节加喂，占饲料总量 10%。

动物性饲料：肉末、熟蛋、昆虫（蝗虫、面包虫、蟋蟀等）。

青绿饲料：各种叶菜、胡萝卜、鲜苜蓿、麦苗、水果等。

动物性饲料及青绿饲料切碎混合，每日上下午各喂一次，饲喂前添加适当生长素及维生素添加剂。

5）饲养要点

① 雉类性胆怯，受惊呈直线起飞，极易引起撞笼受伤，所以每天清扫时注意留有动物躲避的余地，清扫动作要轻、快。

② 每年春季和秋季时对整个笼舍和地面进行全面大消毒，更换沙土。

③ 夏季注意饲料卫生，杜绝饲喂发霉变质的饲料，当天喂给的动物性饲料保证吃净，

剩余的要及时取出不过夜。

④ 秋季接种新城疫疫苗一次。

6）繁殖

① 每年繁殖期间提供巢箱、巢材，做好产卵前的准备工作。

② 产卵期间加强观察，掌握每只动物的产卵规律。产卵后及时取出，防止被啄食。

③ 准备新配对的雉鸡，要先隔离熟悉一段时间，再合笼饲养。

④ 要防止发情不同期的雄鸟啄伤雌鸟。

⑤ 雉鸡类多采用人工孵化，人工育雏。

部分雉类的产卵期及孵化期　　　　　　　　　　表 8-1-4

目	科	动物名称	产卵月份	孵化天数（天）
鸡形	雉	褐马鸡	4～7	25～26
鸡形	雉	白马鸡	5～7	23～24
鸡形	雉	兰马鸡	4～7	25～26
鸡形	雉	黄腹角雉	4～6	27～28
鸡形	雉	红腹角雉	4～6	27～28
鸡形	雉	白鹇	4～7	23～25
鸡形	雉	原鸡	4～7	18～19
鸡形	雉	银鸡	5～6	23
鸡形	雉	金鸡	4～6	22～24
鸡形	雉	环颈雉	4～7	23～24
鸡形	雉	白冠长尾雉	4～7	24
鸡形	雉	白颈长尾雉	4～7	23
鸡形	雉	灰孔雀雉	3～5	21
鸡形	雉	巴拉旺孔雀雉	5～6	18
鸡形	雉	绿孔雀	4～8	25～27
鸡形	雉	兰孔雀	4～8	26～28
鸡形	雉	白孔雀	4～8	26～28
鸡形	雉	普通珍珠鸡	4～9	26～28
鸡形	雉	盔顶珍珠鸡	6～8	27
鸡形	雉	秃顶珍珠鸡	6～8	28
鸡形	雉	石鸡	4～6	23
鸡形	雉	鹌鹑	4～8	18
鸡形	雉	绿尾虹雉	5～6	28
鸡形	凤冠雉	大凤冠雉	4～6	32

（5）猛禽类的饲养管理

猛禽具钩嘴、利爪和善飞的双翼，肉食性。包括隼形目和鸮形目的鸟类。

1）饲养设备要求：饲养雕类和兀鹫类等大型猛禽，需要高大坚固的铁笼，可多种混养。这些鸟类在高大的笼内展翅飞翔时才能真正展现出它们矫健优美的雄姿。

利用山势建造笼舍是最理想的，既提高了展览效果又相对增加了动物的活动面积，北高南低的山坡还能起到避风的作用。笼内堆砌一些山石、岩洞，可增加动物的回旋余地，岩洞又是避风雨或免受强者攻击的庇护所。笼内还应种植一些高大乔木，安装栖架供栖息，并设水池供沐浴及饮用。池深 20～25cm，面积可根据数量而定。中小型猛禽如：鹞、鹰、隼等根据笼舍大小，同等体型可混养，不同体型要隔开饲养，避免弱者被强者残杀。对于昼夜活动的隼形目鸟类和夜间活动的鸮形目鸟类也要分笼饲养，否则相互干扰造成伤亡。

产于热带的猛禽如：蛇雕、鹭鹰等在北方饲养越冬需要保温设施。

2）饲料：猛禽的种类繁多，食性各异，有的食性广泛，有的食性单一。但共同的特点是专以动物为食。捕食的对象包括：兽类、鸟类、爬行类、两栖类、鱼类和昆虫等，所以喂给的饲料要根据不同的对象而有所区别。

① 大型猛禽习惯用双爪和嘴撕扯食物，应喂给大块带骨肉，这样可锻炼动物的采食本领，也可使它们保持旺盛的食欲。除喂肉外，每月应喂给活食 1～2 次，如鸡、兔、白鼠等。

海雕类除以上饲料，可经常喂给一些新鲜鱼头。

② 中小型猛禽 除喂肉外，应该多喂一些活食，如：小鸟、小白鼠、小鸡雏、昆虫、动物肝脏等。

③ 鸮形目吃食时不善撕碎食物，而是将食物囫囵吞下，所以喂的肉要切成条状，每周喂小白鼠一次。

喂给猛禽的活食，喂前要处死，避免其逃遁，长期吃不到活食易患营养缺乏病：最常见的是眼疾，严重时双眼失明而导致饿死。如活食供给不足，每次喂给时应补充多种维生素，尤其是 VA 和 VB 族类。

大中型猛禽隔日喂食一次，小型猛禽每日喂食一次。进食量和季节有关，每日喂食后在 2h 内吃净为宜。

3）饲养要点：

① 同笼饲养多种多只猛禽时，饲喂时应将食物放于多处，便于所有鸟类吃到食物。

② 每次饲喂前清扫地面冲刷水池。喂食后不要进入笼内。因动物饱餐后受到惊扰时容易引起呕吐。

③ 生病的鸟，应及时隔离治疗。以免被强者残食。

4）繁殖：猛禽的繁殖与饲养环境有直接关系：

① 要有高大的笼舍，饲养的猛禽种数、只数要少。

② 笼中只能有一对占绝对优势具繁殖能力的猛禽。

8.1.4　草食动物饲养管理

（1）象科动物的饲养管理

1）生物学特征

长鼻目仅 1 科即象科，有 2 属 2 种，即亚洲象和非洲象。分布于亚洲和非洲，我国有 1 种。

象是现代陆地上最大的哺乳动物。鼻延长与上唇合并成圆筒状，上门牙特别发达突出口外。生活在热带亚热带，群居，多晨昏活动，象的皮肤裸露无毛，畏寒冷，怕曝晒，喜浴水，善游泳。象性情温和，在不受伤时不与人为敌，但发情期的公象是很危险的。正常情况下寿命达 60y 以上。

亚洲象分布于中国的云南省、东南亚、南亚各国。生活在热带和亚热带的茂密林区或开阔草原，无固定栖地。集家族群，由一只成年雌象率领。嗅听觉灵敏，视觉较差。炎夏喜在水中、塘边活动。以青草、树叶、野果等为食，食量很大。无固定繁殖季节，孕期 607～641d，每产 1 仔，9～12y 性成熟，寿命 70～80y。

非洲象分布非洲的中部、东部和南部。生活在各种生境如草原、河谷、密林及沙漠丛林。结成大小不一的群，彼此和睦互助。无固定栖息地，游荡觅食，喜水，善游泳。以树枝、树皮、青草及其他植物为食。无固定繁殖季节，孕期 21～22M，每产 1 仔，13～15y 性成熟，寿命 60～70y。

2）设备条件

① 要修建大型馆舍和宽敞的运动场所，饲养两只象的馆舍面积不应小于 300m²，运动场面积不应小于 1000m²，顶棚不应低于 7m，要以象鼻够不到为准，否则会破坏顶棚。舍内可用坚固的兽栏隔离，运动场用隔栏或沟隔离。

② 兽舍要有良好的采光，通风，保温设施，上下水必须通畅。饲养设备要设隔离间，饲养区和观赏区要有较宽的隔离带，以象鼻不能对游人构成威胁为准。

③ 运动场要平坦、宽敞、地面要坚实、不能泥泞，场内应设水池，供夏季沐浴用。运动场栏杆要极为坚固或采用隔离沟。

④ 温度要求：冬季室温，亚洲象 16～18℃，非洲象 18～20℃。

⑤ 暖气设备，动力设备如闸门控制，照明灯具设备，工具、车辆等均应安放在象鼻够不到的地方。

3）饲料及管理

① 粗饲料：象以草及树枝叶为食，每日都应充分供应，并保证质量。象在冬季主要喂干草等；夏季多喂青绿饲料，如鲜苇、青草、青苜蓿、苏丹草。以 5t 重成年雄性亚洲象为例，干草日采食量为 90～100kg，如青饲料则需 400kg；成年雌性亚洲象，干草日采食量为 50～55kg，如青饲料则 200～250kg。

② 精饲料：分上下午两次喂，日粮因性别、年龄、体重大小、南北位置而有差异，一般 5t 重的雄性成年亚洲象颗粒料 7～8kg，可补充钙粉和食盐；3t 重的雌性成年亚洲象则为 6～7kg，适当补充钙粉和食盐。

冬季要喂较多的胡萝卜，以补充维生素，且价格比较便宜；象喜食水果，蔬菜等多汁饲料，条件允许可适当多供给，果菜每日 20～30kg/ 只。瓜类饲料要剖切检查，以防变质，并在喂前要洗净和消毒。

③ 象的管理要点：一年之中应使象有尽可能多的时间在室外活动。天气炎热时，要引导象到水池洗浴；春天 10℃以上，晴天，无大风（3 级以下）可由室内外放到运动场活动，秋天室外温度低于 8～9℃时要把象赶回室内饲养。

象是温顺动物，在管理时要态度友好，用简单、粗暴和漠不关心态度对待象是十分有害的，用喂食和其他一些驯化方法，使象和人建立起感情，继而使它对人的指令采取合作的态度这对饲养十分有益。

情况反常：有恶癖和发情的象能对人构成巨大威胁，对这类象要串圈饲养或带上脚链，使其只能在一定范围内活动。

另外，饲养中要供给充足的清洁饮水，饮、食容器要每天清洗，定期消毒。工具堆放整齐，并应放在象鼻够不到的地方。下班前要做好交接班工作。

4）繁殖

① 象性成熟均为 12y 左右，属全年多次发情动物，每年 4～6 月份和 9～10 月份是发情最旺盛时期，妊娠 21～24M，每胎产 1 仔。

② 发情时象烦躁不安，对异性表现亲热主动，高潮为 5～6d，可连续交配 3～4d，并应准确做出记录。

③ 产前要准备好产房，并于分娩前 2～3M 安排好，使母象熟悉产房的环境。

④ 仔象一般生后很短时间就能站立起来，并找到母象乳头，母象对仔象照顾周到，气候允许天气晴好，半月后可让母象带仔象到运动场活动，时间由短到长。

仔象 2～3M 能练习吃草，哺乳期应给母象营养丰富的饲料，冬季要注意保证仔象所需的室内温度，并设紫外线灯照射，以利母仔象的健康和生长。

（2）马科动物的饲养管理

1）生物学特征

奇蹄目有马科、犀科和貘科动物。马科动物有家马、普通斑马、山斑马、细纹斑马、普氏野马、西藏野驴、亚洲野驴、非洲野驴、斑驴等 9 种，我国仅 3 种。

① 普氏野马分布中国新疆东北部、甘肃西北部，生活在开阔戈壁荒漠或沙漠。野生种是否存在不明。群体不大，无固定栖息地，白天活动，在草原上漫行觅食，感官敏锐，性机警野蛮，善奔跑，以荒漠中植物为食，秋季发情，孕期 11M，每胎 1 仔，3～5y 性成熟，寿命 15～25y。

② 斑马分布非洲的东部、中部和南部。生活在热带疏林草原地带或山地的近水处。集群，有时达数百只，常与牛羚、大羚羊、非洲鸵鸟混群。机警、胆怯，奔跑速度快，不远离水源。其身上的斑纹是很好的保护色。多在春季发情，孕期 345～390d，每产 1 仔，3.5～4y 性成熟，寿命约 20y 左右。

③ 蒙古野驴分布于中国甘肃、内蒙古部分地区。栖息在海拔 3800～5000m 的高原亚寒带开阔草甸和半荒漠、荒漠地带。群居，迁徙性大。感官灵敏，善奔跑、游水。以粗草为食。

④ 西藏野驴分布于中国西藏、新疆等地。生活在戈壁丘陵地带，夏季在海拔 4000m 的高山上，冬季则到海拔较低处。合群，有时达数百只，由一成年雄性率领。不定居，善持久奔跑，喜洗浴游泳。性机警，凶猛。以戈壁上的各种草为食。

野驴是一种典型的高原荒漠动物。夏秋季集小群，冬春成数十只至百余只的大群活动。视、听、嗅觉发达，性机警，奔跑能力强，耐力好。它们晨昏活动，觅食粗草、荆棘，无固定栖息地。8～9 月份发情交配，有激烈求偶争斗，孕期 11M，每产 1 仔，4y 性成熟，寿命 15～20y。

2）设备条件

兽舍人工饲养野驴设备要求比较简单，一般不用建防寒兽舍，冬季不用保温，有遮蔽风雪的三壁式棚屋即可解决问题。

若要考虑装笼运输、产仔隔离等特殊情况可建简单馆舍，但墙壁要坚固，门窗要高，窗高应于 2m 以上，因野驴有时站立用前蹄扫碎玻璃。

各个馆舍之间的串门要求坚固封闭式不透光，以免踢坏或撞坏，拉条设在操作廊以免伤及操作人员或动物。

每只斑马的室内使用面积应不少于 20m²，并各有隔离串间。室外运动场不少于 50m²，要求围栏坚固，场地平坦、坚实，利于排水。在其经常活动处设砖石路，以供磨蹄。

设备：室内外均设食、水槽，设计应利于清扫。室外有遮荫防雨棚，并植高大乔木。

取暖与通风：斑马属于畏寒动物，冬季室内应有取暖设备，室温保持在 5℃以上，室内应具备良好的通风和光照。

运动场：运动场可按 75 ～ 100m²/只，否则影响奔跑运动，地面要求坚实，排水良好，泥泞地面不利运动，长期可致蹄病；

应铺设磨蹄用的粗石或粗水泥地面，以利磨蹄，蹄生长过长要及时切蹄；同时，也应有泥土地面，因动物有时需要"打滚"；应于草料槽上面设遮荫棚，棚的四柱坚固光滑；可种植乔木，野驴、野马运动场树木设保护拦，斑马可不设保护栏，因斑马一般不啃树皮；围栏不应低于 2m，下部设 1m 高的砖墙，以免奔跑时伤及蹄腿。

3）饲养管理

① 饲料：包括草、精料、果蔬菜等，青绿饲料供应量，冬季 10 ～ 15kg/日/只，夏季 30kg/日/只。精料日粮标准为 1.5 ～ 2kg，冬季没有青饲料，可供给胡萝卜。

饲喂前应先检查饲料，清除其内杂物（铁钉、铁丝等），并辨认饲料有无发霉变质，及时清除吃剩的草、料。

每日应给以清洁饮水。夏季注意及时清洗水槽并按时消毒，冬季水槽要每日除去坚冰，以防动物因结冰而喝不到水。

② 管理要点：饲养中要注意兽舍及运动场内勿留杂物及工具等，以免造成意外事故。

饲养中要注意安全，有的驴咬人或踢人，应串间清扫。

野驴、斑马等动物胆小，遇意外情况如声音、彩旗往往惊慌，尤其夜间遇惊吓往往撞网，造成伤亡。对待斑马这种神经质动物，在操作时应有意识地发出"信号"，以免引起动物惊恐而发生事故。同时在日常工作中有意识做好驯化工作。在其发情期要特别注意，防止被咬伤，踢伤，此间最好隔离饲养。

饲养中外伤治疗、串笼、运输等比较困难，应有熟练人员现场指挥操作。

饲养中成年雄性不可数只同舍饲养。

4）繁殖

① 野驴繁殖

发情与交配：野驴 3y 雌性成熟，雄性约 4y 成熟。发情期表现神情活跃，食欲减退，异性互相接近，雄驴不停地追逐雌驴，嗅雌驴的阴部和尿液，阴茎勃起，并试图交配。

雌驴发情时阴门轻度肿胀，尿频，高发情期接受雄驴交配。

雌驴产后 10 ～ 20d 与雄驴合笼交配，受孕率较高。

妊娠与养护：雌驴妊娠后，不再发情，妊娠 6M 后腹围明显增大，后期可见胎动；临产前 1M 乳房明显增大，产前一周可见阴门肿胀，临产前 1 ～ 2d 采食下降，排尿次数增多。

雌驴临产前 1 月或 2 周串入经过消毒的产房，使其熟悉环境，保持安静，避免惊动，确保安全分娩。

临产前留熟悉人员值班，如遇难产及时请兽医人员协助。

幼仔产下后，及时做脐带处理，并注射"破抗"。

仔驴生后很快站立行走并吃奶，1～2M 后，可学吃精料和青草，半年后可断乳。

② 斑马繁殖

发情与交配：首先作好选种，雄性要年轻、体健、性欲旺盛。其次，选择交配时间，斑马是常年发情动物，孕期 11.5M，因此。可选春、夏季交配。次年产仔季节利于幼仔和产后母兽照顾。

妊娠与哺育：产前设置产房，内铺垫草，保持环境清洁、安静。产后认真观察母仔体况。注意判断母兽的泌乳量，孕期和哺乳期要补充饲料中钙的含量，防止仔兽及母兽发生骨代谢的异常。

（3）犀科动物的饲养管理

1）生物学特征

在非洲生活有两种犀牛，亚洲有三种。通常我们所见的是黑犀、白犀和印度犀。除发情期外，一般都单独生活，但白犀常结成小群。它们主要在晨、昏及夜间活动，吃各种多汁植物。白天则在茂密的树林或草丛中休息。视觉迟钝，嗅、听觉发达。喜在泥沼、河床中跋涉。

① 印度犀，又名独角犀，生活在亚热带潮湿茂密的丛莽草原，尼泊尔和印度的东北部。独居，夜行性，白天隐匿在高草中休息。常到池塘、泥沼中沐浴，视觉差，听、嗅觉较好，行动迟缓，但在野外几乎没有天敌，晨昏觅食，主要以青草、芦苇和嫩枝为食，繁殖期不固定，孕期约 17～19M，每产 1 仔，5～6y 性成熟，寿命约 40y。

② 黑犀，又名尖吻犀，生活在非洲的东部和南部，北至尼日利亚东北部的疏林草原地带。独居或 2～3 只同栖，夜行性，晨昏常到水中洗浴。嗅觉灵敏，听觉一般，视觉差，性凶猛暴躁，躯体笨拙，以各种多汁植物为食，无固定繁殖期，孕期 438～469d，每产 1 仔，7～8y 性成熟，寿命约 35～50y。

③ 白犀，又名方吻犀，生活在乍得、苏丹、肯尼亚、乌干达等地的草原及丛林地带。成对或家族小群，夜行性，白天在丛林中休息。性较温顺，行动迟缓，喜在泥沼中沐浴，在固定处排便。以各种草类为食。繁殖季节不固定，孕期 17～18M，每产 1 仔，6～9y 性成熟，寿命 35～50y。

2）饲养管理

① 饲养设备

笼舍：犀牛应单独饲养，每只一间笼舍。运动场与室内均应设坚固围栏，可采用直径 5～7cm，间距 30～40cm 的钢管隔离。与游人间还应设栏杆。

设备：室内外均应设食水槽，并在室外加遮荫、防雨棚，运动场为泥土地，应有水坑，供其泥浆浴。

取暖与通风：冬季室内应有取暖设备，室温保持 15℃以上，并加放木垫板或水泥地面下铺设暖气排管。室内通风良好，并保持较高湿度。

② 饲料

犀牛属大型食草动物，饲料应以粗饲料为主（青绿饲料），精料为辅。饲喂时注意饲草的质量，清除杂物，不喂发霉变质的饲料，保持清洁饮水。

粗饲料：各种适口性好的青草、嫩树枝、叶、新鲜的作物秸秆等，日量为 15～25kg。

精饲料：玉米、大豆、高粱、小麦、糠麸等加盐、骨粉及添加剂，日量 6～8kg，分两次投喂。

③ 管理要点

犀牛皮厚而无毛，寒冷和干燥的环境对其不利，在饲养中注意保持室内外的温、湿度。夏季曝晒易引起中暑和热射病，应有遮荫设备。在发情期和哺乳期都应小心操作，避免发生事故。

④ 繁殖

发情与交配：犀牛属常年发情动物，且发情表现明显：食欲下降，精神振奋，对异性主动接近。雄性阴茎勃起，频频排尿；雌性阴门肿胀。交配的关键在于雌、雄性发情的同步，交配成功后应立即将其分开，以免打架顶伤。

妊娠与哺育：犀牛的妊娠期为 15～18M，孕后雌性食量增加，行动迟缓，此时要注意防止惊吓，抽打腹部和冲洗冷水，以避免流产。通常每产 1 仔，产后应供给营养丰富的多汁饲料及充足饮水，以利泌乳。

（4）牛科动物的饲养管理

牛科动物种类较多，包括牛、羊、羚等。动物体型大小不一，角的形状各异，毛色多样。大体型的有野牛、牦牛，其次有羚牛、角马，体型小的斑羚、藏羚等。盘羊、剑羚、旋角羚、长角羚等因其独特的角形，都是极具观赏价值的牛科动物。

羚牛栖息于海拔 2000～4000m 左右的高山地区，成群活动。其外形粗壮笨重，行动迅速敏捷。它具有隆起的吻鼻，低矮的臀部，尾短小，较耐寒而畏炎热，天气炎热时喘急而气粗。白天多隐匿休息，晨昏觅食。以青草和细嫩的植物为食，冬季下降到海拔较低处吃树叶、竹叶、嫩树叶。雌雄均具角，幼年角直，成年后角形弯曲，扭转而向后伸展。

1）饲养管理

饲养羚牛应设有馆舍及运动场，饲养一对羚牛的兽舍面积需 40m²，可隔成两间，中间设推拉闸门。室内设草料及饮水槽，水泥地面，以利消毒，窗子开在 2m 以上，以免其站立时打碎玻璃。

运动场地面要坚实，如有条件可设假山、石及磨蹄路面，成对饲养，运动场面积不应低于 200m²，中间加隔断及闸门。

场地应排水良好，最好加设水池，以备夏季炎热时淋浴使用。

运动场地应设遮荫棚，棚下可设草料及饮水池，以免雨雪侵蚀，可植乔木既可遮荫又可美化环境，但应加护栏，以免啃咬和磨角而伤及树木。

2）饲养中注意问题

颗粒饲料：成年兽一般不超过 1.5kg/d，因年龄、雌雄、体重不同视消化情况而定，过多引发消化不良而导致疾病，冬季加喂胡萝卜或水果。

粗饲料要充足供应，冬季可喂山草和树叶，每只日量为 5～6kg，夏季足量供应青草和其他树叶，每只日量为 10～15kg。

羚牛性格凶猛，尤其是成年雄兽，进兽舍打扫卫生时要串开动物，以利安全，在野外和动物园均有伤人的记录。

充足供给清洁饮水，冬季 1～2 次，夏季炎热时 2～4 次，天热时可往运动场地喷水降温，食水槽应每天刷洗并定期消毒。

3）繁殖

发情与交配：羚牛在 4 岁左右性成熟，为季节性发情，每年 5～9 月份发情交配，发情周期平均 20d 左右，发情持续 7～10d，交配多在上午和早晨进行，发情时鸣叫不安，食欲减退，频频排尿，并发出特殊臭味，饮水少，神情紧张，易发怒，雄雌互相嗅舔。发情高潮时雌羚牛翘尾巴，频尿，体舒展，呼吸急促，急于接触雄羚牛，当雄羚牛爬跨时站立不动。雄羚牛用舌舔雌羚牛的嘴、脸、体躯，并嗅舔其阴部或尿液。交配过程极短，一般仅几 s，整个上午可交配 3～4 次。

妊娠与哺育，怀孕初期，精神和食欲变化不大，后期食量增大，腹围明显增大，行动笨拙，活动量减少，采食快，饮水增多，有的四肢下部浮肿，孕期 250d 左右。

产前征兆：分娩前两周，腹部明显下垂，乳房膨大，乳头变粗变硬，呈浅红色，食欲明显消退。临产前，卧立不安，有腹痛表现，步态蹒跚，神情紧张，粪便少而有黏液。

站立分娩，出现弓腰、下蹲、努责，直到仔牛生出为止，产程约 1h，产后约 2h 左右小仔即可站立吃奶，胎盘约在产后 4～6h 后排出。

产后护理，雌羚牛产后当日取食少，多卧下休息，产仔 3d 后食欲渐好转，应多喂青绿多汁饲料，哺乳期约 3M，此时幼牛可独立生活。

如遇雌羚牛无乳或不哺育，要考虑取出仔兽人工哺乳。

（5）鹿科动物的饲养管理

我国是鹿类动物的发源地，也是鹿资源最丰富的国家，现存鹿类动物 21 种，占全球的 41.7%。其中黑鹿、白唇鹿、麋鹿为我国特有种，麝科、獐亚科、鹿亚科等小型种大多数分布于我国境内。我国制定的《国家重点保护野生动物名录》中将鹿类动物的 7 种列为Ⅰ级保护物种，5 种列为Ⅱ级保护物种。在全国数百个自然保护区中，至少有三分之二的保护区内有一种或数种鹿类。此外还建立了对野生梅花鹿及海南坡鹿的专门保护区。

1）生物学特征

鹿类动物是以各种草类、灌木、树的嫩枝叶、水草、地衣、苔藓及各种农作物的秸秆、种子等为食的动物群落。鹿栖居于各种环境的都有，如森林、北极苔原干旱的沙漠、开阔的灌木林带。具有适于快速奔跑的强健修长的四肢，大而能转动方向的耳朵，敏锐的视觉和嗅觉，借以逃避肉食动物的捕食。

2）饲养管理

① 饲养设备

笼舍：在人工饲养条件下要有宽敞的场地，以避免因奔跑而撞伤。一般 10 只左右的鹿群，运动场面积以 200～300m² 为宜，马鹿运动场面积更大。在圈内背风处设置简单棚舍，可留一面敞开式，以利冬季避风雪，夏季避曝晒及雨淋。产于南方热带地方的种，冬季应有馆舍及保温设施。

圈内场地应排水良好，以免雨季泥泞，易造成蹄叉腐烂病，或因喝污水而引发消化道疾病。鹿经常活动的地方最好铺以石板或粗水泥路面，以利磨蹄，蹄过长影响运动，严重可使关节变形。围栏高度 2～3m 左右为宜，上部可用铁栅，铁栅间距因种类不同而有差异。兽舍围栏下部可做 0.5～1m 的矮墙，并留排水沟眼，但注意小型鹿类的仔兽不能由沟眼逃出。

设备：圈内设置食水槽，并定期消毒，饲草最好采用"草架子"既可节约用草，也可免去卧踏及粪尿污染，有利饲草清洁。

圈内最好有遮荫棚，以免夏季曝晒，尤其白唇鹿圈，夏季怕热，呼吸急促，降温是很重要的。

圈内种植树木，起美化及遮荫作用，树木要注意加保护栏。

② 饲养管理

每日早晨要彻底清扫兽舍，要保持干燥和清洁，清除粪便和吃剩的草料，并同时注意观察动物有无异常变化，大便是否正常，如为群养，大便异常是个别的，还是群体的。

应每日更换水槽内的饮水，保持足量，夏季炎热时，每日换 2 ～ 4 次，水、料槽要定期消毒。

鹿科动物大都胆小，神经质，进圈清扫前要准备好工具车辆，人员及服饰也应注意最好为动物所熟悉，尤其对新来的动物更应注意，给以声音信号，动作要轻，如无特殊情况，夜间最好不要惊扰动物，白天进圈清扫时也要注意，应给动物留有"躲避"的余地。

夏季，以免动物食用变质饲料，因夏季动物取食青绿饲料多，可减少精料供给量。

圈内可常备盐砖，补充某些微量元素之不足。

③ 繁殖

发情与交配：雌性性成熟是 1.5y，雄鹿性成熟要晚一年。

鹿属于季节性发情动物，发情季节在 9 ～ 12 月份间，发情旺期在 10 ～ 11 月份。发情周期以 7 ～ 12d 情况为多，持续约 1 ～ 2d。雌性表现烦躁不安，食欲减退，尿频和阴门肿胀等现象。雄鹿表现兴奋好斗、磨角，性情烦躁，食欲明显减退。

种公鹿的选择：要选用健壮、体格匀称结实、精力充沛、性欲旺盛的公鹿做种用。同时要考虑茸角大而完美、对称、分枝好、毛色正。选用身体被毛紧凑、富弹性、毛光泽、花臀斑分明、抗病力强、对饲料适应性广的鹿做为种鹿。

种母鹿的选择：母鹿选用身体健康、毛色好、抗病力强、适应性强、对饲料适应广泛、繁殖情况好、受孕率高、分娩正常、母性强、泌乳好的留作种鹿。

妊娠与哺育：妊娠期梅花鹿约 7.5M、马鹿约 8M、白唇鹿 8M 左右，每胎均多为一仔，每年 5 ～ 8 月产仔。

妊娠中期，要加强营养，要选择质量好的饲料及其他适口性强的饲料。要防止对孕母鹿的人为惊扰，尤其是怀孕后期，不要强行驱赶，以防流产。

仔鹿生后 0.5h 左右即可站立，不久可寻奶头吃奶，20d 左右可随母鹿叼食细草和精料，3 ～ 4M 后可断乳，独立取食草料。

8.1.5 食肉目动物的饲养管理

（1）肉食动物概述

肉食动物是指以动物性物质为食物的哺乳动物食肉目动物分为犬科、熊科、浣熊科、大熊猫科、鼬科、灵猫科、鬣狗科、猫科 8 科。我国的虎的亚种有东北虎、华南虎和孟加拉虎。但有时为了区别，而把吃活动物的称为捕食性动物，吃尸体的称为食腐动物。并非所有的肉食动物仅以动物性食物为食，有些还吃一些植物性食物，如熊类和浣熊类进食植物性食物的比重比较大，近乎杂食，而大熊猫更是主要以竹子为食，几乎成为素食者。肉食动物是从吃小昆虫的原始食虫类发展而来的。一般为陆生，少数为树生，也有一部分重新适应了水环境而为水生，如海豹、海狮、海象等。

肉食动物特点：牙齿、四肢和体躯的结构都适合捕食功能要求。门齿较小，排列整齐，适于撕皮啃肉；犬齿发达，长而尖，适于穿刺杀死猎物；臼齿齿突锐利；有一对由上下臼齿特化而来的裂齿，适于切割和咀嚼食物。由于种类不同和食肉程度的差异，牙齿的数目和形状有较大变化。陆生肉食动物四肢矫健有力，一般具 4 趾或 5 趾，趾端有尖锐爪，有利于捕捉猎物。猫科动物的爪，在不用时还可缩回。鳍脚类动物已衍变为适于游泳的鳍状四肢。肉食动物中各成员虽然体重悬殊，形态各异，但它们都是躯体匀称，强健灵巧，听觉、嗅觉、视觉、味觉等感觉器官都很发达，反应敏锐，一般都依靠高速的奔跑和力量猎取食物，如小到鼠、幼鸟，大到各种羚羊、鹿、牛、马等有蹄类。捕猎方式各有不同：狮子成群结队出猎，由 1 头追击，其他狮子在另一方向等待猎物的到来；虎、豹多单独出猎，在袭击猎物前先静静跟踪，然后突然袭击；中型的鼬科动物则凭借细长的身材、灵敏的嗅觉直接进洞捕食鼠类。食肉兽多数是昼伏夜出的夜行动物，每种食肉兽往往都有一定的活动领域。

（2）狮虎的饲养管理

1）狮虎的生物学特征及生活习性

狮虎均属于食肉目、猫科、豹属。性情凶猛，狮常集小群栖息在开阔的草原或疏林的边缘，一起围捕猎物，常抢夺其他的猎物，也吃动物尸体。

虎则在靠近水源的各种生境中，领域很大，昼伏夜出，在傍晚或黎明借助树木、竹林或芦苇的掩护来捕猎。喜独处，无固定居所。以有蹄动物为主要捕猎对象，不会爬树，但善游泳。东北虎为虎中最大者，体重可达 380kg，华南虎最小，体重 190kg 左右。

野生虎仅有数千只，成为濒临绝种的珍稀动物，我国已把虎列为国家一级保护动物。动物园中经常展出的种类有东北虎、华南虎、孟加拉虎、非洲狮等。虎共有以下八个亚种：

① 孟加拉虎，体长 158 ～ 211cm，雄性体重 180 ～ 260kg，雌性体重 100 ～ 160kg。身体上的条纹比较狭窄而且颜色较黑，体色呈红黄色，腹部白色面积较大。主要分布于中国云南西双版纳、西藏东南部、印度和孟加拉等国。

② 印支虎，体型较孟加拉虎小，雄性体重 145 ～ 200kg，雌性体重 80 ～ 120kg，体毛较华南虎短，身体颜色较华南虎浅，较孟加拉虎深，黑色条纹狭窄且黑。分布于东南亚大陆东部、越南、老挝、泰国、马来西亚、中国和缅甸等。

③ 华南虎，体型较东北虎小，体长约 145 ～ 180cm，雄性体重达 150 ～ 225kg，雌性体重 90 ～ 120kg。体毛较东北虎短，约 40 ～ 50mm，色橘黄略近赤，背部较深，全身具黑色纵纹，色深而宽且较密。主要分布于我国东南、西南、华南各省。华南虎十分濒危，是否还存在野外个体还有争议，但是近十年来已经没有发现过其野外踪迹。

④ 苏门答腊虎，虎中体型最小，雄性体重 100 ～ 150kg，雌性体重 75 ～ 100kg，脸部周围的颊毛较长，胡须也长，全身赭黄色，黑色条纹显著，狭窄且较密。只分布于印度尼西亚的苏门答腊岛。

⑤ 东北虎，虎中体型最大者。体长约 158 ～ 225cm，雄性体重达 180 ～ 306kg，雌性体重 100 ～ 167kg。体毛较长而密，体色较淡，身体上黑色斑纹较疏。腹部的白色延伸到身体两肋部。分布于俄罗斯西伯利亚、我国东北小兴安岭和长白山一带。

⑥巴厘虎，分布于印度尼西亚巴厘岛，于 1930 年代灭绝。

⑦爪哇虎，分布于印度尼西亚爪哇岛，于 1980 年代灭绝。

里海虎，分布于土耳其至亚洲中部以及西部，于 1970 年代灭绝。

2）饲养管理

①饲养设施

虎和狮饲养管理要求基本一致，饲养设施首要原则是坚固安全。兽舍基本要求：一只动物的兽舍 16 ～ 25m²，室外运动场 50 ～ 200m²，兽舍铁栏用直径 1.5cm，栏杆间距 8 ～ 10cm，兽舍之间的隔断及闸门加附铁网或铁板，防止动物互相咬伤。兽舍高度 3 ～ 3.5m，墙壁抹水泥，地面木板或水泥，坡度为 5% ～ 10%。室外运动场若无顶，围墙应高 6 ～ 7m，光滑。若用壕沟隔离，沟宽 6.5m，沟底至墙顶 6m，沟内若水深 1m，则可减去 1.5m。兽舍光照充足，通风良好。参观栏杆距兽舍 1.5m 以上，以确保游人安全。

非洲狮的兽舍应较虎更宽阔，非洲狮的运动场面积在 400 ～ 1000m² 左右。采用壕沟式隔离比峭壁式隔离为好，因为峭壁式隔离可能会给游客造成视觉盲区。运动场中应布置草坪、沙地、木桩、水池等。水池对于虎尤为重要。

②饲养要求

狮虎的饲料是肉类，适当添加维生素和矿物质。饲料应尽可能做到多样化，如牛、羊、骆驼、马、驴等家畜肉和肝、心、肾等内脏等搭配投喂，并定期喂活兔、活鸡等。饲料过分单一会发生营养缺乏。肉类应以带骨为好。如果动物无法晒太阳，应补充鱼肝油。

对饲料的质量要严格把关，尤其是在炎热的夏季，在投喂前要检查饲料质量，不得投喂变质或未解冻饲料。饲料量一般规律是高纬度地区高于低纬度地区，春季和秋季高于酷暑，亚成年动物高于老年个体；带骨肉定量高于纯肉定量；喂贮存肉的定量高于喂鲜肉的定量。虎、狮成年雄性个体日量为 4 ～ 9kg，雌性为 4 ～ 7kg。每周狮和虎可以停食 1d、喂活食一到二次，活食以鸡、兔为主。注意母兽在哺乳期内不应停食。哺乳母兽和幼兽每日可添加牛奶、鸡蛋等。

饲养管理过程中要重视兽舍丰容工作，如给动物提供玩具、时常对环境进行一些改变、将饲料藏起来等等。

（3）豹和雪豹的饲养管理

1）豹和雪豹的生物学特征及野外生活习性

豹动作敏捷，跳跃能力很强，跃距 10m 以上，善爬树和游泳，性凶残。栖于丛林、山林、丘陵或岩洞之中，它们昼伏夜出，傍晚和清晨最活跃。常隐伏在林间草丛袭击、捕杀中小型食草兽、猴等动物为食，有时也闯入村庄盗食家畜家禽。平日单独活动，发情期 2 ～ 3 只在一起求偶，雄豹之间争偶很厉害。

雪豹常年生活在海拔 2000 ～ 6000m 之间的高山峻岭，昼伏夜出，在悬崖峭壁的环境中捕食野山羊、岩羊及大型啮齿类动物，行动机敏，善于急速跳跃，十几米宽的山涧一跃即过。有较固定的岩洞巢穴，穴中垫有自身脱换的毛毡物。

2）饲养管理

①兽舍及设施：兽舍面积 4×4m²，运动场 5×6m²，高度为 3m 以上。兽舍和运动场均有顶，铁栏钢筋直径 1.2cm，间距 6.0cm，两舍之间的栏杆附一层 3×3cm² 方孔铁网，设木制栖架供磨爪、活动和休息用。兽舍有良好的通风和光照，室温不低于 10℃。参观

栏杆距兽舍栏杆 1.5m。

② 饲养要求：每日对兽舍、运动场地清扫冲刷，定期消毒。成年动物单独饲养，避免咬伤。

饲料以带骨羊肉、牛肉为主，每周喂一到两次活饲料。若喂去骨肉，则每日加钙粉 10g、浓鱼肝油 0.2ml。饲料量每日每只雄豹 2～4kg，雌豹 1.5～2.5kg，添加适量微量元素、维生素，每周绝食一次。

人工饲养幼豹应尽早加喂活食和补充鱼肝油，保证光照和运动。

夏季要保证供给充足饮水，要注意雪豹夏天的防暑降温与黑豹冬季的防寒保温。

（4）小型猫科动物的饲养管理

动物园中经常展出的小型猫科动物有金猫、豹猫、荒漠猫、兔狲等。

1）小型猫科动物的生物学特征：

金猫：身体灵活，善于爬树，栖息在 1000～3000m 高山密林中或多岩地区。夜行性，行动隐蔽，白天躲避起来休息，以啮齿类、鸟类、小型鹿等为食。

兔狲：栖息在高原的岩缝或啮齿类用过的巢穴中，夜行性，以啮齿动物和鸟类为食，性凶残而机警。

豹猫：栖息于山林或灌木丛中，北方亚种也栖于岩洞、树洞中。独居或成对生活，昼伏夜出，以啮齿类、鸟类和爬虫等为食，也吃少量野菜。

荒漠猫：荒漠猫在我国分布于西北、西南地区，在国外还见于蒙古等地。栖息在海拔 2800～4000m 的黄土丘陵、草原、荒漠、半荒漠、草原草甸、山地针叶林缘、高山灌丛和高山草甸地带。生活有规律，晨、黄昏以及夜间出来活动，白天休息。性情孤僻，除了繁殖期外，都营独居的生活。主要以鼠类、鸟类等为食。视觉、嗅觉、听觉发达。体形较家猫大，四肢略长，耳端生有一撮短毛，体长 61～68cm，尾长 29.5～31cm，体重 4～8kg，体背部棕灰或沙黄色，毛长而密，绒毛丰厚，1～2 月份间交配，5 月份产仔，每胎 2～4 只。

2）兽舍及设施：小型猫科动物兽舍面积 3.5×4m²，室外运动场 4×4m²，高 2.5～3m，均加顶，铁栏用 3cm×3cm 的点焊网。

兽舍和运动场架树杆或栖板，兽舍设木质巢箱。

兽舍和运动场应采光好、通风、干燥。夏季不宜暴晒，适当设置遮荫物。

3）饲养要求：金猫每日喂一次牛羊肉 600～1000g，兔狲、豹猫每日每只 200～400g。注意补充矿物质及维生素。提供鸡、兔、鼠等活食，每周 2 次。新救获的动物因恐惧，常常拒食或少食，若能饲以活食则效果好。在日常的饲料定量方面，应以供给定量下限为宜，避免因有剩料的污染而引起动物疾病，还可以增加动物的活动量，避免动物过度肥胖。同时应注意提供安静的饲养环境及坚持严格的卫生消毒制度。

（5）犬科动物的饲养管理

动物园中经常展出的犬科动物有狼、貉、银狐、蓝狐、赤狐、沙狐等。

1）犬科动物的生物学特征

① 狼栖于丘陵、山地、森林、草原和荒漠地区。夜行性，冬季常结群活动，以食草兽、杂食兽及野兔、旱獭等为猎食对象，有时盗食家畜、家禽等。

② 貉生活环境广泛，森林、山地、热带丛林气候温和地区较多。较耐寒耐热，性凶

猛，群居性，晨昏活动较多，常 5～10 只或更多集合一起，围攻其他动物为食。

③ 狐犬科中狐的体型最小。我国各省均有分布，栖于丘陵、森林、草原、半沙漠等地带，适应性强，能生活在不同气候、地形和植被的地方，以土穴、树洞、岩缝及獾、兔等的洞穴为窝。狐的听觉、嗅觉发达，行动敏捷，生性狡猾，夜间活动觅食，白天归巢休息，以啮齿类、小型鸟类、两栖爬行类等为食，也盗食家禽。

2）饲养管理

① 兽舍及设施：兽舍和运动场铁栏直径 1～1.2cm，间距 5cm，或直径 0.5cm、网孔 4cm×4cm 的点焊铁网。兽舍面积（一对成兽）5m×4m，运动场面积 6m×6m。兽舍地面抹水泥，墙壁水泥面围裙至 1.5m 高，运动场地面部分水泥、部分土地；水泥地面沿运动场围栏 0.4～0.6m 宽，围栏基部有 30cm 高的坎墙，地面以下 0.5m 深的围墙基础，防止动物挖洞逃笼。

冬季饲养温度最低零下 3℃，夏季最高 27℃，应有避风雪和防暑遮荫设施，种植落叶或常绿乔木更好。参观栏杆距兽舍 1.2m 以上。

② 饲养要求：犬科动物可喂带骨的牛羊肉，补充 VA 和 VD，不喂骨头时要补充钙。每只每日饲料量：狼 1.2～2.5kg，豺 1～1.5kg，狐 0.5～0.75kg。有的犬科动物有隐藏食物的习惯，饲养人员应注意，以防夏季动物隐藏的食物腐烂变质。

（6）熊科动物的饲养管理

1）熊科动物的生物学特征

熊的分布范围极为广泛，除眼镜熊产于南美洲外，其他都分布在北半球；除北极熊生活于冰天雪地的北冰洋地区外，大多栖息于温带和热带地区，只有非洲、马达加斯加、澳大利亚及一些海洋岛屿上没有熊的踪影。世界上现存的熊共有黑熊、棕熊、马来熊、眼镜熊、美洲熊、懒熊和北极熊等七种，其中黑熊、棕熊、马来熊及北极熊最为人们所熟知，前三种我国均有分布。从 19 世纪到 20 世纪，因为人类的过度猎杀使北非熊（1870 年灭绝）、墨西哥灰熊（1964 年灭绝）、堪察加棕熊（1920 年灭绝）灭绝了。

① 北极熊：耐风雪严寒，善于潜泳，脚掌有毛，在冰雪上行走能防滑。性凶猛，以捕猎海豹、海鸟、海中鱼类和植物等为食。除繁殖期外单独活动，不冬眠，以冰窟、岩礁洞穴为巢，寿命在 30y 左右。

② 棕熊：主要生活在山区森林中或植物丛生的沼泽地带，有随季节变化而垂直迁移的习性，高纬度生活的棕熊冬季有冬眠习性。听、视觉差，嗅觉发达，善于爬树和游泳，力大凶猛，平日单独活动，繁殖期间雄雌或母仔在一起。主要白天活动，食性较杂，以植物根、茎、坚果、种子等为食，也捕食鸟类和鱼类，有时盗食农作物。一般寿命 35y 左右。

③ 黑熊：视觉较差，俗称"黑瞎子"，但嗅觉和听觉较灵敏。栖居在山林地区，夏季往高山 3000～4000m 海拔迁移，冬季向下 1000m 左右地区迁移，善于爬树和游泳，北方的黑熊有冬眠习性，平日单独活动觅食，基本上是素食，偶尔捕食小动物充饥，捕猎能力比棕熊差，繁殖期成对或母仔生活在一起。

④ 马来熊：是熊类中体型最小的种类，体长 100cm 左右，体重约 50kg。体胖颈短，头部短圆，眼小，鼻、唇裸露无毛，耳小而颈部宽。全身毛短绒稀，乌黑光滑；鼻与唇周为棕黄色，眼圈灰褐；胸部有一棕黄色的马蹄形块斑。两肩有对称的毛旋，胸斑中央也有一个毛旋。尾约与耳等长；趾基部连有短蹼。栖息于热带、亚热带雨林、季雨林中，主

要分布在印度尼西亚、马来半岛、缅甸等地。1972 年在我国云南南部边境山地首次发现，数量极少。属于国家一级保护动物。

2）饲养管理

① 兽舍及设施：兽舍面积，每间 12m² 左右，主要用做饲喂、生产育幼使用。兽舍铁栏直径 1.2～1.5cm，间距 8cm，投食口 30cm×12cm，兽舍间过门高 120cm、宽 90cm，兽舍高 220cm，出入门高 150cm、宽 80cm，墙壁、地面、屋顶需要水泥面，防止扒坏。室外运动场不小于 10m×10m，围墙高 3.5m 以上，水泥墙体。场内地面用石块或水泥铺设不小于 5m×4m，水深 1.2m 的水池。

运动场内设遮荫棚或植乔木，遮荫棚面积 5m×6m，乔木需加 2.5m 高的树围。

② 饲养要求：北极熊以动物性饲料为主，杂粮和蔬菜为辅，牛肉、羊肉、海鱼日总量 4～7kg，窝头 2～4kg，胡萝卜、西红柿、黄瓜、白菜等 2～3kg，清鱼肝油 200ml。如新鲜海鱼供应充足，可不喂鱼肝油。分两次投喂，冬季食量减少，春季食量增加。

棕熊和黑熊每日喂一餐，每只饲料量为配方窝头 4～5kg、胡萝卜、白菜、黄瓜、西红柿等蔬菜 1.5～2kg、熟肉 1kg。

（7）大熊猫的饲养管理

1）大熊猫的生物学特征：大熊猫是我国特有的珍稀濒危动物，素有"国宝"之盛誉。野外通常单独活动在林深竹茂的山区，以竹为食，偶吃野果、鸟卵、竹鼠等。无固定栖息处所，有季节性的垂直迁移现象，听觉、视觉较迟钝，嗅觉灵敏。

2）饲养管理

① 兽舍及设施：兽舍面积 6m×5m，安装顶网。室外运动场 10m×10m，不加顶时，周边垂直墙高 3m，防止熊猫攀爬逃出。兽舍铁栏直径 1.5～2cm，栏间距 8～10cm。

兽舍内要通风良好，光照适中。室内水泥地面应光滑，坡度在 10% 以内。

室内外均可安装攀爬玩要设施，以木质为好。运动场适当种植树木，地面种植草坪或者让自然生长的草和小灌木覆盖地面。

饲养温度 5～25℃，湿度 65%～75% 为宜。

要单独设产房，室内稍暗而安静。

② 饲养要求：大熊猫的饲料以竹子为主，适当喂一些窝头、苹果、桃、胡萝卜、西瓜等。

饲料量，以 100kg 体重的成年个体为例，每日饲料量：窝头 2000g、苹果 1000g、胡萝卜 2000g，竹子不限量投喂，但要做到少喂勤加，避免浪费。适当添加矿物质和维生素。全天有清洁饮水。饲料量要根据季节、个体大小和所处的生理阶段适时调整。

成年雄性的饲料量比雌性高 20%～30%，繁殖期前 2～3M 增加高蛋白饲料。

发情期间的成年雌性的饲料要减少 20%～30%；怀孕中后期母兽的食欲增强，鲜竹供应要充足，增加蛋白质，矿物质和维生素。

母兽产后最初 3d 不喂饲料，第 4d 起先投喂竹子和清洁饮水，逐步增加精饲料量。两周后恢复原量，四周后高出原量的 10%～20%，竹子和胡萝卜高于原量的 20%～40%。

8.1.6 灵长目动物的饲养管理

（1）猕猴类的饲养管理

1）猕猴类的生物学特征

猕猴类动物是我国灵长类动物中数量最多，分布最广的一类。它们集成数十只至数百只的大群生活在热带、亚热带森林中。猕猴善攀爬、跳跃，会游泳。白天觅食、嬉戏，夜间休息，食性较杂，主要以植物的嫩枝、叶、果实、种籽为食。亦吃昆虫、小鸟、鸟卵等。

2）饲养管理

① 兽舍及设施：兽舍面积 3m×4m，笼子 6m×5m×3.5m，笼子用直径 0.4cm、网孔大小 3cm×3cm 的钢筋制作，笼顶要设遮荫设施，笼子、兽舍内要设置一些便于猕猴攀爬、跳跃的设施，笼舍出入口设两道门，以防动物逃笼。

露天大群饲养猕猴的设备要求：20～50 只猴的露天场地面积不小于 20m×15m，围墙净高 3m。场地中央距围墙 4m，设假山式兽舍供避风用，场内地面和围墙用水泥抹平，2m×1.5m×0.4m 水池，并放流水，供动物饮用和戏要。

兽舍丰容措施同上。

② 饲料要求

水果类：苹果、红果、梨、桃、杏、李子、香蕉、甜瓜、西瓜等。

蔬菜类：南瓜、黄瓜、西红柿、胡萝卜、水萝卜、白菜、油菜等。

粮食类：玉米、米饭、窝头、馒头、面包、饼干、花生等。

饲料定量和比例：每只每天成年猕猴类总量 300～600g、幼年猕猴类 150～300g，其中水果类占 40%、蔬菜类占 35%～40%、粮食类 20%～25%，花生、葵花籽等在秋冬季喂给。

③ 管理要点

对新引进的个体进行结核病检疫，感染结核的个体和可疑个体隔离治疗。

猴群应固定，避免放入新的个体。否则新加入的个体会因受到攻击而致残或致死。

饲料分上下午两次投喂，水果蔬菜喂前洗净。

冬季保持温度在 5～10℃，夏季防暑遮荫。

每天清扫，用水刷笼舍场地，每周用药物消毒一次，饮水每日更换二次。

出入笼舍时关门锁好，体重在 20kg 以上的雄猴要串笼操作。

要做好动物训练工作。

（2）猩猩科动物的饲养管理

1）猩猩科的生物学特征：猩猩科是仅次于人的高等动物，包括大猩猩、黑猩猩和猩猩。在野外它们集小群出没于热带森林中，黑猩猩和猩猩会利用树枝在树的高处营巢。白天觅食各种嫩芽、树叶和野果，喜食蚂蚁、鸟卵，夜中返回巢中休息，成年雄性健壮凶猛。

2）饲养管理

① 兽舍及设施：室内展舍 5m×4m×3.5m，展舍两端各有设 2m×2m 兽室。室外运动场 8m×5m×4.5m，运动场采用 4m 深的壕沟隔离。门窗必须坚固，展舍参观面用 4cm 厚的玻璃隔离，各个门需用 1.5cm 直径的圆钢筋，间距 5cm。室外运动场要有遮荫设施，并提供饮水。

冬季要保温，室内要求 18～25℃，地面有坚固的栖板，每只动物设一栖板。

兽舍一定要丰容，设栖架、秋千、绳索，地面铺稻草，运动场设活动器械，如横装铁杆、爬杆或爬绳、假树干，也可放置一些坚固的橡胶制品，安装栖杆、铁索、秋千等，运动场地面种草皮和灌木，环境的丰容要经常变化。

笼舍内设施要经常进行清理消毒。

② 饲养要求：饲料多样化，动物爱吃各种水果、蔬菜及粮食制品均可调换供给。应每天喂给杨树叶、柳树叶、桑树叶、苜蓿、秋白草、柞树叶等粗饲料。成年动物的饲料定量和配比如下：

猩猩日饲料总量 6 ～ 7kg，黑猩猩日饲料总量 5 ～ 6kg，大猩猩日饲料总量 7 ～ 8kg，其中水果蔬菜类占 55% ～ 65%，粗纤维饲料占 18% ～ 22%，奶、蛋、肉高营养类 15% ～ 20%，谷物制品 3% ～ 5%，并适当补充矿物质和维生素添加剂。

③ 管理要点：几种猩猩智力都很发达，喜模仿、易发怒，饲养员要耐心和蔼，防止它们学会投掷石块、粪便、吐口水等不良行为。

门随手关好锁好，成年猩猩不能直接接触。

水果、蔬菜洗净后再喂，食水具和餐具每天消毒，兽舍每周消毒一次。

不要把各类饲料集中在一起同时投喂。

要做好动物训练工作。

（3）金丝猴的饲养管理

1）金丝猴的生物学特征：川金丝猴、滇金丝猴和黔金丝猴均列为国家一级保护动物。野生的金丝猴营群居生活，一般以家族为单位结成数十只至数百只的大群，游荡在终年气温不高，湿度较大的针阔混交林中，喜欢在重山多沟的地区，有季节性的垂直迁移行为。金丝猴的食性较杂，食物有树枝叶、果实、苔藓、鸟卵、小动物等。它们性机警，行动迅速敏捷，活动范围很大，无固定栖息场所。

2）饲养管理

① 兽舍及设施：兽舍大小可根据饲养的只数及雌雄比例设计，通常每只的室内为 4m×3m×3m，运动场为 4m×3m×5m，若群养时可建大型的运动场，以改善展览效果，兽舍向阳面要有大面积采光玻璃（内加护网），运动场设置遮荫设施，兽舍和运动场可采用直径 0.5cm、网孔 4cm×4cm 的铁丝加工成点焊网。兽舍内设栖架若干，并接有 40cm×60cm 的栖板。运动场设 2 ～ 4m 高的栖架，并附有遮荫设施。

金丝猴耐寒怕热，在北京地区兽舍不需要加采暖设备。在夏季气温过高时要注意防暑降温。

要对兽舍进行丰容，可安装栖架、秋千、绳索，运动场还可以装横装铁杆、爬杆或爬绳、假树干，也可放置一些坚固的橡胶制品供其玩耍。地面种草皮和灌木，丰容设置要经常变换。

笼舍和设施要经常进行清理消毒。

② 饲养要求：金丝猴的饲料应以青粗料为主，精料为辅。同时应添加适量的维生素和微量元素。

树叶类：榆叶、桑叶、槐叶、杨叶、柞叶等。春夏季应给鲜叶，秋冬季给干叶。

水果蔬菜类：苹果、桃、梨、柑橘、番茄、西瓜、山楂、白菜、油菜、黄瓜、胡萝卜、萝卜、莴笋等。

粮食类：混合料制窝头、米饭、饼干等。

动物蛋白：熟鸡蛋、面包虫等。

饲料日量配比为：窝头 100g、米饭 100g、饼干 7.5g、水果 300g、蔬菜 200g、熟鸡蛋 1 个、鲜树叶 1500～2000g 或干树叶 500～800g。可根据不同个体酌情增减，每日量分 2 次投喂。

③管理要点

金丝猴属群居动物，饲养时可按一雄多雌一起。投喂时要将饲料分成几份，放到不同的位置，以防止雄性抢食导致雌性及幼仔吃不到饲料。

（4）长臂猿的饲养管理

1）长臂猿的生物学特征

长臂猿是一种高等灵长类动物。产在我国的有黑长臂猿、白眉长臂猿和白掌长臂猿，生活在热带和亚热带的密林中，以家族为单位集群活动，以果实、嫩叶、鸟卵、雏鸟为食，长臂猿行动迅速、敏捷，活动范围广，性机警、聪明，但体质娇弱，惧怕寒冷。

2）饲养管理

①兽舍及设施：长臂猿的兽舍面积可与金丝猴相仿，但是高度应适当增加。运动场须宽敞、高大，以给动物提供足够的活动空间。室内外均应设置栖架、荡绳、铁链或秋千，同时适当栽植一些遮荫树木或配置人工遮荫设施。

兽舍内应设有供暖设备，冬季室内最低温度不可低于 15℃，同时注意保持通风良好。

②饲养要求：饲料应以水果、树叶为主，精料为辅。水果类有香蕉、苹果、梨、柑橘、菠萝、西瓜等，精料类饲料有熟鸡蛋、窝头、饼干等，树叶可以喂桑叶、榆叶、槐叶、茶叶等。

每只饲料日量：鲜树叶 150～250g 或干树叶 50～100g，水果按季节供应，不超过 400g，其他精料（含熟鸡蛋）不超过 150g。还应注意补充适量的维生素和微量元素。注意控制数量，不可过多投喂。

管理要点：长臂猿属高等灵长类动物，易于同人接近，这一点有益于饲养管理工作，然而这也是它容易感染各种疾病的途径。很多国内动物园先后死亡的长臂猿多为肠道及呼吸道感染。为防止传染病，除饲养人员注意卫生并加强消毒外，与游人适当隔离是必要的。还要注意做好动物训练工作。

（5）低等猴类的饲养管理

1）生物学特征：低等猴主要是指懒猴科、鼠狐猴科、狐猴科、狨科、卷尾猴科等，大多数生活在非洲、南美洲及亚洲南部热带森林中，体型较小，低等猴类多结群生活，为昼伏夜出，以树枝、叶、花、果实、种籽及小鸟、鸟卵和小动物为食。

2）饲养管理

①兽舍及设施：由于低等猴类多为夜行性，故注意展箱和馆内游人参观走廊里的光线亮度的对比关系，让展箱里的亮度高于馆内的亮度，这样便于游客参观动物。展箱里的亮度也不宜太强，既要保证动物的正常生活，又要让游客能很好观赏。展箱的大小根据动物的体型不同设计，面向游客一侧采用大玻璃窗，箱内设人工栖架，加置产箱。

应在箱内安装紫外线灯，作定期照射，保持温度不低于 22℃，湿度 70% 左右，同时注意保障新鲜空气的输送。

兽舍丰容，设小的树枝，让动物攀爬，放小篮子供动物睡觉，也可以在小篮子中放饲料。

笼舍内设施要经常进行清理消毒。

② 饲养要求：饲料应以水果、瓜类为主，辅以少量精饲料，并注意添加适量维生素及微量元素。瓜果类的饲料有苹果、梨、柑橘、菠萝、香蕉、柿饼、葡萄、番茄、西瓜、哈密瓜、黄瓜、胡萝卜等，辅助饲料有果酱、蜂蜜、牛奶、面包虫、蝗虫、鸡蛋、生鸡肉、馒头、窝头等。

饲料日量可依动物种类确定，少数体型大的低等猴类应供给足量的树叶，切忌投喂过多精饲料，以免引起消化不良。

管理要点：低等猴类一般体型较小，体质娇弱，因而在日常管理中要注意严格按日量投喂，认真观察其进食、活动、粪便等情况。及时发现问题，尽早采取措施。展箱内的小气候环境应相对稳定。要做好动物训练工作。

8.2　动物卫生消毒

8.2.1　卫生

（1）饲料卫生

饲料不应来自污染区和疫区，应按《饲料卫生标准》GB 13078、《粮食卫生标准》GB 2715、《食品中污染物限量》GB 2762 执行。

饲料中的果蔬应定期进行农药残留检测，确保饲料的安全性。

饲料在投喂动物前应检查质量，过期变质的饲料不能投喂动物。

（2）饮用水卫生

饮用水应符合现行国家标准《生活饮用水卫生标准》GB 5749 的规定。

（3）环境卫生

笼舍及展区地面每日进行清扫，保证无食物残渣及粪尿污物等，具体要求遵照各单位的制度执行。

笼舍及展区墙壁、围栏、门等处无粪尿污物及蛛网等。

笼舍及展区的玻璃应该保持干净。

笼舍及展区要保持空气流通。

（4）设备器具卫生

饮食盆 / 槽应每日清洗，清洗后达到盆 / 槽表面无粪便泥水等，内壁无粘液、水华、苔藓等。

水池应定期清洗，保证池内无大量落叶等污物；水池内壁无水华、苔藓等。

下水口应放置水箅子；及时清除笼舍及展区冲刷后残余的废渣，保持下水通畅无阻。

（5）垫材卫生

垫草要保持干燥、无尘土、无粪尿污物。

垫砂要干燥、松软、无粪尿污物。

8.2.2　消毒

（1）消毒方法

消毒方法分为：物理消毒法、化学消毒法、生物消毒法。

物理消毒法包括使用高温、高压、干燥、焚烧、紫外线照射等。

化学消毒法包括使用化学试剂进行熏蒸、喷洒、浸泡、涂抹等。

生物消毒法包括填埋、堆放发酵等。

（2）动物环境及设施的消毒

1）预防性消毒

饲养和展出动物的笼舍和展厅，北方地区夏季每周进行一次消毒，冬季每两周进行一次消毒；南方地区全年每周进行一次消毒；有铺垫物时，应先清理铺垫物，再进行消毒。笼舍和展厅中的设备设施建议每日使用清水冲洗一次，消毒时间及次数同笼舍和展厅。

饲喂动物的水果、蔬菜在投喂前，用0.1%的高锰酸钾泡20min后，用清水洗净。

所有饲料制备器械，每日必须消毒一次。饲料制作场所，每周必须消毒一次。送料设备每日必须清洗，每周必须消毒一次。

每年春季和秋季对饲养和展出及周边场地各进行一次大规模消毒。

2）临时性消毒

每次动物进入新的笼舍或展区，都必须对笼舍和展区进行全面消毒后，方可进动物。

动物每次更换垫材时，都要对笼舍或展区进行全面消毒。

动物笼箱在使用前必须先消毒。

人工孵化的卵，进入孵化箱前应对其进行消毒。

在发生传染病时，必须对疫区进行全面消毒。并依据相关管理规定决定消毒的范围和频次。

患病动物在治疗期每天都应对其所处环境进行消毒，当治疗结束后进行全面消毒。

对于寄生虫感染动物进行驱虫后，其笼舍和展区必须全面消毒。

3）消毒注意事项

① 选择适当的方法：以安全高效为原则，根据具体情况选用不同的消毒方法。例如笼舍和展区可选用喷洒消毒药；饲料盆/槽、饮水盆/槽等可选用消毒药浸泡；室内兽舍可选用紫外线照射。可以密闭的大空间可选用熏蒸消毒。

② 消毒药的选择：科学选择消毒药。很多消毒药具有一定的特异性。因此在选用消毒药时，一定要考虑其特性，根据实际情况科学地选用消毒药。

③ 消毒药选用适当浓度：消毒药的消毒效果一般与其浓度有关。因此根据实际情况选用不同浓度的消毒药，已达到最为理想的消毒效果。

④ 外界因素的影响：首先有机物的影响。消毒过程中，需要消毒的环境或设备设施存在粪便、痰液、血液及其他排泄物等有机物，都将影响消毒的效果。此类情况就应先用清水将环境、设备设施等清洗干净，再进行消毒。对于不能消毒前清除有机物的情况，应选用受有机物影响比较小的消毒药。同时适当提高消毒药的用量，延长消毒时间，已达到预期效果。其次环境中的温湿度以及消毒时间均会影响消毒药的效果。许多消毒药在较高温度下消毒效果较好，温度升高能够增强消毒药的消毒效果，并能缩短消毒时间。湿度过低，也会造成消毒药消毒效果的下降。而在其他条件都一定的情况下，作用时间愈长，消毒效果愈好。最后，许多消毒药的消毒效果还受到消毒环境pH值的影响。

⑤ 注意动物及人员安全：在进行消毒时，应将动物转移出消毒区域。如动物不能进行转移，就要选择毒性刺激性小的消毒药，并尽量避免动物接触消毒药。很多消毒方法和消

毒药对人体有一定的损伤。例如高浓度 84 洗消液和紫外线会对皮肤和黏膜有损伤，过量臭氧会对呼吸道有损伤。因此在消毒操作过程中要注意人员安全。

⑥ 消毒操作：配置好的消毒液在使用前应摇动均匀，喷洒药液时必须全面，不可有漏喷的地方，果蔬消毒后，必须冲洗干净才能投喂动物。

8.3 动物的档案管理、谱系管理、遗传管理

8.3.1 动物的档案管理

（1）动物档案

动物档案是所有有关动物情况的记录，为管理提供了基础数据。内容包括：动物分类、保护级别、饲养数量、基本档案、日常护理、动物饲料、医疗病例、统计查询系统等。动物档案真实记录了动物成长历史，是动物饲养繁殖和种群建立的基础。建立动物档案数据库，通过共享数据库信息，进而可以最大限度地交叉使用各种数据信息，对于展出动物资源的保护，具有十分重要的意义。

● 建立动物档案首先要明确动物档案的收集范围。需要参考动物的保护级别，国家Ⅰ、Ⅱ级重点保护野生动物，国际动物交换需遵照执行《濒危野生动植物种国际贸易公约》附录Ⅰ、Ⅱ、Ⅲ的物种，将珍稀濒危动物纳入建档范围。

● 动物档案反映动物族群成员之间的亲缘关系以及动物个体有关情况的档案，动物档案内容涉及但不限于以下内容：

● 谱系档案：包括该种动物详细的数据信息，例如动物谱系号、中文名、英文名、编号或呼名、芯片号、出生日期、出生地、性别、死亡日期、父母情况、来源方式、转移、租借及饲养管理等等。

● 医疗档案：涉及动物病史、麻醉情况、体检、寄生虫检查、疫苗接种记录、患病治疗护理记录、尸检记录、会诊报告、病死报告等信息。

● 饲养记录：包括动物个体的饲养、繁殖、驯化、转移记录及日常行为观察的详细信息。

● 记录形式：文字、表格、图片、视频等。影像档案：声像档案的优势主要表现为真实、生动、形象，是其他类型档案无法取代的。特别是珍稀动物繁殖交配、育幼期间的影像资料具有非常大的科研价值。

（2）动物数据和管理软件

目前动物园与水族馆协会常用记录动物数据的软件有：SPARKS、ARKS、PopLink、TRACKS 软件程序等。在种群管理、合作繁育项目最常用的统计学和遗传学分析软件是 PM2000（Population Management2000），后来为 PMx 替代，PMx 能够导入来自 ZIMS、SPARKS、PopLink、Excel 和其他来源的数据，然后对种群的统计学和遗传学参数进行分析。

Species360（前身是国际物种信息系统 ISIS，The International Species Information System）是物种数据收集和管理软件，自 1973 年成立以来，该组织一直是追求野生动物保护目标的非政府组织，机构设在美国明尼苏达州。在世界范围内的动物园、水族馆和保护机构中广泛使用。ISIS 是会员制，它的会员可以使用 ISIS 收集编辑的基础生物学信息资

料（年龄，性别，出生，死亡和野外捕获等）用于本机构展出动物种群和遗传管理工作。动物园、水族馆和其他的保护机构都可以参加 ISIS，现在有 6 大洲 70 多个国家的 650 个机构是 ISIS 的成员，会员单位的档案管理人员可以便捷的查阅圈养动物基本情况。ISIS 开发的主要产品如下：

① SPARKS 软件 SPARKS（Single Population Analysis&Records Keeping System, 2004）为单个物种种群分析记录保持系统。该软件为动物谱系提供管理和种群分析支持，SPARKS 是 DOS 系统下的操作软件，在世界范围内有几百名谱系保存人在使用这种软件。国际物种谱系登录系统一般采用 SPARKS 软件进行登录编辑。

② ARKS 软件 ARKS（The Animal Records Keeping System, 2010）为动物记录保持系统。该软件是使用在各会员单位，用于每只动物档案记录。现在最新版本是 ARKS4。这个软件可以在个人电脑上使用，它可以自动生成许多数据分析报告，并且有多种语言系统。

③ EGGS 软件 EGGS 是一个 DOS 系统下的软件，适合于各单位鸟蛋孵化器的管理与记录。因为鸟蛋的收集和产卵数量等内容在 ARKS 中，单个物种信息记录是在 SPARKS 中。

④ MedARKS 软件 MedARKS（The Medical Animal Records Keeping System）是支持动物园兽医相关的记录和管理，它只提供给会员单位使用。

⑤ ZIMS 软件 2010 年，世界动物园与水族馆协会（WAZA）发布了动物园信息管理系统 ZIMS（Zoological Information Management System）软件，由国际物种信息系统应用并执行。该软件由 500 多名世界各地动物园的专家共同开发，它将取代现在 ISIS 软件，提供更加精确的、全面的数据系统。ZIMS 是第一个在线、及时、共享全球动物基础数据和管理的工具软件。

ZIMS 软件是一个网络应用系统，可以在世界各地的任何一台计算机上在线收集各种动物数据，为大家提供更好、更快的数据资料。截至 2016 年，该组织为全球 90 个国家的超过 1000 家动物园，水族馆和动物学协会提供服务。该软件整合了动物管理、动物健康和福利方面的信息，为动物研究提供了无限制的机遇，尤其是对物种种群管理方面有巨大的促进作用，截至 2017 年，ZIMS 数据库包含 21000 种动物，680 万只动物和 7500 万条病历的信息。了解有关 ZIMS 的更多信息请登录 http://www.isis.org。

8.3.2　动物的谱系管理

动物谱系是一个物种圈养种群历史数据的真实记录，包括所覆盖地区的该物种所有个体及其后代，显示了种群的遗传多样性状况与动态发展状况，为种群的遗传学与动态分析提供了科学依据，谱系数据是开展种群管理的基础。动物谱系分为地区谱系和国际谱系两种。

（1）对于种群中的每只个体，一个完整的谱系至少应该包括以下信息资料：个体 ID 号，它是唯一的（ID 号、挂牌号、刺纹号、埋标号等）；性别；父母 ID 号；出生死亡日期等。

（2）建立动物谱系最基本的目的是监控和管理动物园的物种种群。它为种群遗传学分析和动态分析提供了详细数据资料。可以决定繁殖建议，避免近亲繁殖，保持种群遗传多样性。使用谱系来进行日常管理是种群遗传管理的有效工具。

（3）谱系保存人将所负责物种的相关数据录入到谱系中，并监控谱系种群情况。具体工作包括：从各机构收集数据（现有的和历史上有的个体）、将数据输入 SPARKS、进行数据估计和调查、数据验证与调和、谱系出版和分发、更新谱系数据，以及提供配对建议等等。

（4）谱系管理是动物园信息管理系统中非常重要的一个环节。通过对动物档案所提供的数据进行整理分析、汇编成册，利用谱系簿对种群进行科学管理。通过对谱系簿的数据进行计算和分析，形成种群分析报告，该报告可以为动物配对繁殖、动物交换提出建议，并为遗传管理提供科学依据。

PMx 软件与 Sparks 软件联合使用，通过对谱系数据分析，支持血统清楚的动物种群进行遗传学和统计学分析，指导种群管理。

8.3.3　动物的遗传管理

（1）基础术语

1）遗传多样性：一个居群、物种或一系列物种间的遗传变异程度，如杂合度、等位基因多样性或遗传力。遗传多样性对维持物种的适应性进化潜力（长期性的）和生殖健康度（短期性的）具有重要作用，是保育遗传学的主要研究课题。

2）基因多样性：源种群基因多样性的比例是种群中随机抽取的相同位点的两个等位基因是不同的可能性，这两个等位基因是从一个共同祖先传承下来的。基因多样性可以从等位基因的频度上计算出来，是一个杂合度指标，假如种群是处于哈迪 – 温伯格平衡，它通过随机配对在后代中产生。

3）奠基者：一个从源种群（通常是野外）获得的个体，它和种群中的其他个体没有关系（除了它的后代）。

4）奠基者效应：由于来自一个小样本个体而引起居群遗传组成的改变。奠基者效应往往导致一个居群遗传多样性的丧失，等位基因的丢失，基因漂变以及近交系数的增加。

5）遗传漂变：在小居群内由随机抽样而导致的一个居群内遗传组成的变化，也称为随机遗传漂变。遗传漂变的结果导致遗传多样性的丧失、等位基因频率的随机变化和居群的分化。

6）近交：是有亲缘关系的个体间交配产生后代。近交包括自交、同胞兄妹、父女、母子及表兄妹等之间的交配。在濒危物种的小居群中，近交和遗传多样性的丧失不可避免。在短期内，它们可降低物种的生殖和生存能力；从长远看，它们将削弱居群应对环境变化的进化潜力。

7）近交系数 F：测量近交程度的最常用参数。指一个个体某位点的两个等位基因是同血缘的概率，其变化范围是 $0 \sim 1$。当 $F = 0$ 时，居群处于随机交配的状态；当 $F = 1$ 时，居群则为自交。

8）近交衰退：近交导致的生殖力、生存力及相关特征下降的现象。事实上，在实验动物、家养动物、远交动物、野生动物及人类中都发现近交衰退的存在。圈养管理的小居群会增加近交的比例。

9）亲缘关系：两个个体的亲缘关系是指两个等位基因同血缘的概率，与共祖先同义，其值等于杂交后代的近交系数。

10）平均亲缘关系：同一个居群中某个个体与其他个体（包括自己）的平均亲缘关系大小。

11）远交衰退：两个居群（种或亚种）间的杂交导致生殖健康度的下降。澄清分类地位就是为了避免远交衰退。来自生境差异很大的亚种间杂交导致远交衰退的现象不难理解，很明显，孟加拉虎和西伯利亚虎杂交不可能产生适应于亲本环境的子代。

12）最小可存活居群大小：居群长期存活所要求的最小数量。或者说 1000y 内只有 1% 灭绝概率或 100y 内有 10% 灭绝概率，居群存活所要求的最小数量。

13）有效居群大小（Ne）：在一个理想的居群中，与近交或遗传漂变有直接关系的个体，这些个体也是近交和遗传漂变的有效大小。为了避免近交衰退和保持短期内的健康度，要求 Ne 大于 50。对于濒危物种来说，要想保持其进化潜力，要求 Ne 在 500 ～ 5000 范围内。

（2）圈养种群遗传管理

遗传管理是指为了最大限度的保存有利于种群长期生存的遗传特性而采取的正确措施。遗传管理应该以谱系分析数据为依据，这样才能达到保持建群动物的遗传多样性，避免圈养动物种群灭绝的目的。

很多濒危物种都需要进行人工圈养繁育，但可利用的设施和资源总显得严重短缺。每个动物园只能维持一定数目的个体，这样的圈养种群很快就会变成近交和不育，因此必须对圈养种群进行遗传管理。

圈养种群遗传管理的目标是使其在圈养环境中尽可能地保存野生种群的遗传多样性。目前大多濒危物种圈养繁育遗传管理目标是 100y 内具有 90% 以上野生种群的遗传多样性。遗憾的是，因为动物太少或空间的限制，这样的目标在很多圈养种群中都达不到，而遗传的目标经常被放松，目标可能降低到 100y 内保持 80% 或 50 年内保持 90%，而这种妥协的代价是近交的增多和生殖健康度的降低。

濒危物种的圈养繁育管理中通过增加有效居群大小、最大化的避免近交、保持基因独特性、均衡奠基者贡献和亲缘关系最小化等一系列措施来使近交和遗传多样性丧失最小化。而研究发现，亲缘关系最小化是保持遗传多样性的最佳方法。亲缘关系最小化即在居群中选择血缘最少个体作为亲本，以减少奠基者贡献的不均等性。

濒危物种的近交和近交衰退在封闭的圈养种群中是不可避免的。圈养种群的有效繁殖个体通常很少，以至于在较短的时间内它们会遭受近交衰退和明显的遗传多样性丧失。例如单个动物园仅维持着两个繁殖对个体，近交会积累的很快，种群在五代之内灭绝的危险很大。为了尽量避免减少这类问题，濒危物种在一个区域的全部圈养种群通常作为一个管理单元来管理或建立全球管理计划，通过动物园之间的动物交换来使近交最小化。

8.4　动物的福利

8.4.1　动物福利的概念

1976 年休斯（Hughes）将饲养于农场的动物福利定义为"动物与它的环境协调一致的精神和生理完全健康的状态"。1988 年 Fraser 提出，动物福利的目的就是在极端的福利与极端的生产利益之间找到平衡点。

动物福利是保证动物康乐的外部条件。动物康乐就是动物自身感受状态，也就是"心理愉快"的感受状态，包括无任何疾病、无行为异常、无心理紧张、压抑和痛苦等。因此，动物福利反映了动物生活环境的客观条件，福利条件的好坏直接影响动物的康乐。

1990年，中国台湾学者夏良宙提出，就对待动物立场而言，动物福利可以简述为"善待活着的动物，减少死亡的痛苦"。美国动物福利专家称，动物应有转身自由、舔梳自由、站起自由、卧下自由、伸腿自由等五大自由。英国农场动物福利法规定有"五无"：无营养不良、无环境带来不适、无伤害和疾病、无拘束地表现正常行为、无惧怕和应激。我国学者在解释"动物福利"时指出：所谓动物福利，就是让动物在康乐的状态下生存，其标准包括动物无任何疾病、无行为异常、无心理紧张压抑和痛苦等。基本原则包括：让动物享有不受饥渴的自由、生活舒适的自由、不受痛苦伤害的自由、生活无恐惧感和悲伤感的自由、表达天性的自由，与国际上普遍认可的"五项基本福利"是相吻合的。"五项基本福利"是：为动物提供适当的清洁饮水和保持健康和精力所需要的食物，使动物不受饥渴之苦。为动物提供适当的馆舍或栖息场所，能够舒适地休息和睡眠，使动物不受困顿不适之苦。为动物做好防疫，预防疾病和给患病动物及时诊治，使动物不受疼痛、伤病之苦。保证动物拥有良好的条件和处置（包括宰杀过程），使动物不受恐惧和精神上的痛苦。为动物提供足够的空间、适当的设施以及与同类动物伙伴在一起，使动物能够自由表达正常的习性。

动物福利包括物质（身体）和精神两个方面。物质方面是指食物和饮水；精神方面包括适宜的生活环境，免受疼痛之苦，免受惊吓、不安和恐惧等精神上的刺激，当必须处死时，采用安乐死的措施等。

动物福利通俗的讲就是动物在饲养、运输、屠宰过程中要人道，尽可能的减少痛苦、不得虐待动物。这些提倡者们的目的就是要人类在合理利用动物的同时也要兼顾它们的福利。

动物福利所强调的不是我们不能利用动物，而是应该怎样合理、"人道"地利用动物，要尽量保证那些为人类做出贡献和牺牲的动物享有最基本的权利。动物福利实质上是以人为本位的，要求人们必须合理友善地使用和对待动物。从其定义出发可以发现动物福利是指在动物保护的基础上所提出的人们给予动物的动物保护措施使其康乐，而人类也可以从中更好地受益。

8.4.2　动物福利的意义

"动物福利"与"动物保护"、"动物保健"都有一些共同的内容和细微的不同之处，三者都体现了人类珍惜生命、关爱动物、保护动物，科学、合理、人道地使用动物的理念。但视角不同，各有侧重。"动物福利"的概念与"动物权利"、"动物解放"的概念是有本质区别的。"动物权利"和"动物解放"是世界上一些动物保护组织和个人在动物保护问题上提出的一种苛刻的观点，认为一切物种均为平等。他们提出"物种歧视"的概念，并把"物种歧视"与"种族歧视"、"性别歧视"相提并论。他们提出"动物解放"的概念，并把"动物解放"与"奴隶解放"和"妇女解放"相提并论。他们主张完全禁止用动物进行科学实验，禁用畜产品（皮革、裘皮、羊毛），禁止笼养鸡及工厂化养猪等。他们认为，人们不该吃鱼吃肉，甚至不该吃禽蛋、牛奶及其制品，不该使用（包括穿戴）动物皮毛制品。他们强烈反对进行动物实验。认为动物实验是非人道的做法，主张取消动物实验，只有这样才能达到保护动物的目的。国际爱护动物基金会（IFAW）中国执行代表张立曾经说过："我们主张的是动物福利，而不是动物权利。这是一个关键性的立场问题。动物权利主义者认为动物与人类是平等的，动物也有自己的权利，因此人不能利用、奴役和食用动物。但动物福利主义的立场要妥协得多。我们承认现实，认可人是可以利用动物的，但在此基础之上，我们希望它们在有生之年能过得好一点"。

　　动物福利这一概念已有三十多年的发展历史，目前已初步形成一门新的学科体系。早期的动物福利主要针对遭受残忍对待的动物个体，而近期的动物福利概念主要针对养殖动物的饲养体系及试验动物的试验规则。福利的定义可概括为动物个体在某个特定时间段或整个生命周期内生理和精神与所处环境的协调状况。它包括主观和客观两方面，主观内容是指人们对动物的态度（包括哲学、道德及宗教），客观内容是指福利学科的科学体系（包括动物生产、兽医防护和应用动物行为学）。福利的好坏可通过多种指标评价，如生理指标和行为观察，但目前福利的评价过多的依赖生理指标。免疫指标和行为学评价没有得到足够重视，且在实践中又经常忽视了疾病是福利恶化的最直接的体现。动物福利作为自然科学和人文科学的交叉，其精神福利还包括了如行为需求、心理需求等难以衡量的内容，因此研究的角度和评价判断标准很复杂，其评价值往往掺有主观成分。"动物福利"是一个需要多方探讨的动物福利性质的复杂的问题，它既涉及动物保护，又涉及国际贸易，还与社会自身的发展有关。在生产动物制品过程中缺乏人道，会碰到贸易壁垒，引起贸易纠纷，而忽视历史差距，一味迎合发达国家口味，则会大量增加我们的生产成本，加剧竞争的不平等；而过分强调动物的感受和情感，又与我们的国情相矛盾。这么一个复杂问题，需要环保、外经贸以及社会学、伦理学等许多领域的专家共同探讨。

8.4.3　动物福利的内涵

　　众所周知，动物有野生动物和人工繁养动物之分，而人工繁养动物又有农场动物、实验动物、伴侣动物、工作动物、娱乐动物之别。他们虽然同属于动物，同样应该享有上述"五项基本福利"。但是，由于人类利用他们的目的和方式不同，他们的处境也就各不相同，而且差异悬殊。这决定了他们的福利侧重点各有所别。

　　就实验动物而言，研究人员为了追求实验的真实性、准确性和可靠性，对实验动物的遗传学质量、微生物学质量、寄生虫学质量等要求很高。为了获得高质量的实验动物，人们为实验动物提供了极其优越的生活条件和生活环境。客观上早已满足了实验动物在这方面的福利的要求。然而，实验动物是为实验而生、为实验而长、为实验而死，除非作为种子被较长时间地供养，否则，经过实验之用，几乎无一幸免于各种形式的实验给动物带来不同程度的疼痛和痛苦，如果说实验或外科手术可以用麻醉、安乐死等方法减轻或者避免动物的疼痛和痛苦，那么诸如毒性实验、人类疾病实验动物模型等给动物带来的痛苦又用什么方法避免呢？这无疑是实验动物福利中带有根本性的问题。为了从根本上解决这类问题，英国的动物学家 W. M. S. Russell 和微生物学家 R. L. Burch 通过大量的调查研究，提出了科学、合理、人道地使用实验动物的理论。该理论的核心便是大家所熟悉的"3R"原则。3R 是指减少（Reduction）、优化（Refinement）和替代（Replacement）。具体而言，"减少"就是尽可能地减少实验中所用动物的数量，提高实验动物的利用率和实验的精确度；"优化"即是减少动物的精神紧张和痛苦，比如采用麻醉或其他适当的实验方法；"替代"就是不再利用活体动物进行实验，而是以单细胞生物、微生物或细胞、组织、器官甚至电脑模拟来加以替代。随着科学技术的快速发展，实验动物的使用量也在不断攀升，某发达国家一年的使用量就达几千万只。据保守的估计，全世界每年的实验动物使用量可能达到上亿只。为此，寻求代替实验方法、减少活体动物实验、避免漫无科学目的或者反复盲目进行动物实验，将实验动物的使用量降到最低程度，将实验动物的痛苦减少到最低程度都是实验动物福利研究的重要课题。

如果把动物的"五项基本福利"、"五不"、"五大自由"等比做战术方案的话，那么"3R"原则就是实验动物福利的战略方案。从这个意义上讲，实验动物的福利就不仅仅是"五项基本福利"、"五不"、"五大自由"，更重要的是"3R"原则。事实上"3R"原则不但受到科技界的公认，而且已经做了大量的、卓有成效的探索工作。相信在不久的将来，在世界各国科学家的共同努力下，这些探索将获得突破性的进展，实验动物的福利将从根本上得到保证和改善。作为实验动物工作者，我们应该树立科学的动物福利理念，积极倡导"3R"原则，遵循"3R"原则，在善待实验动物的同时，科学、合理、人道地使用实验动物。关于"动物福利"，国内外有种种解释。虽然文字表达不同，但其实质是相同或是相近的。其基本出发点都是让动物在康乐的状态下生存，在无痛苦的状态下死亡。

8.4.4　展出动物福利评估体系

（1）目的、意义和必要性

动物福利评价标准体系是我国动物福利中的一个重大欠缺，只有建立起一个科学合理的评价指标体系，才能确保动物园很好的提高野生动物福利。动物福利评估体系组织框架由三大块组成：承诺和政策、评估指标、评估和改进。动物福利评估用于保障动物园和水族馆成员单位饲养的所有动物个体的最大福利。

（2）动物园野生动物福利评价体系的构建原则

1）系统性原则。动物园野生动物福利评价指标体系是一个系统，其评价指标也应有系统性。设计的指标体系中各个指标之间应具有很强的逻辑关系，而不应是各种指标的堆积。

2）科学性原则。指标体系的设计必须建立在科学的基础上，评价指标的选择要围绕动物福利的本质，指标的定义、内涵要明确，计算方法要简便，同时结合必要的专项调查和考证，定性与定量相结合，力求全面客观地反映和描述动物福利状况，形成对动物福利的直观结果。

3）可比性原则。所选取的指标在各动物园间有完全一致的定义和内涵，数据的统计口径和来源同出一处，保证同一指标在不同动物园间的可比性。

4）可操作性原则。动物福利评价指标体系的可操作和指标的可度量性是建立评价指标体系的一个基本原则，数据要有较强的可获得性。对于采集难度较大的指标，在结合问卷调查、实地调研、专家评议等方法的同时，尽量将指标具体化，以便于计算和对比。

5）权威性原则。由行业机构专家与动物保护、管理专家、动物福利研究专家提供指导共同制定指标体系，经专家评议、调整、完善后形成评价指标体系。

6）可行性原则。在设计动物园野生动物福利评价指标体系时，应尽可能选择有代表性的主要指标，在考虑相对的系统性和完整性的同时，可行性尤为重要，既要防止面面俱到，指标过于繁杂，又要防止过于简单，难以反映动物园中野生动物福利的全貌。

7）定性与定量相结合原则。动物园野生动物福利评价是一项十分复杂的工作，如果对指标均逐一量化，缺乏科学依据，因此在实际操作中必须充分结合定性分析。但最终评价应形成一个明确的量化结果，以排除定性分析中主观因素或其他不确定因素的影响。

（3）构建动物园野生动物福利评价体系的指导思想

动物福利评估体系的核心指导思想是：保障动物园内动物从生理、心理、社群及情感都得到全面发展，而不仅仅是活下来。动物园传统的动物福利仅关注改善动物护理，尽管这一点很重要，但是良好的动物护理不足以保障好的福利。动物福利手段必须配合有事实依据的动物福利方法，可通过系统性的考查动物的行为和精神状态来全面了解它们的康乐。

1）坚持可持续发展原则。动物是构成生态平衡的一个重要环节，由于人类过度开发利用自然资源，破坏了动物赖以生存的家园，许多动物灭绝或濒临灭绝，长此以往就会威胁到人类的生存。因此，在动物保护的各个环节，都要格外重视对动物福利的保护，坚持走可持续发展的道路。我们在欣赏动物所带来的快乐和享受的同时，也要考虑到子孙后代的利益。

2）最低限度保护动物。所谓最低限度保护动物，是指在经济或其他条件难以满足动物福利标准时，先保证动物处于不受虐待的状态。在我国，对动物福利进行保护，要在很多方面进行妥协，但是也必须坚持一个最低限度保护动物原则，否则动物福利就失去了意义。不虐待动物是动物福利的最低底线，因为虐待动物与否和经济发展水平无关。

3）专业人员与公众共同参与。对动物园内野生动物的福利，不仅涉及专业的饲养人员对动物关心、爱护，同时也要求广大公众增强保护动物的意识，积极参与到保护动物的行动中来，可以成立各种形式的动物保护民间组织。

（4）动物园野生动物福利评价模型框架

1）评价模型结构。建立科学合理的评价指标是进行动物园野生动物福利研究的关键，关系到动物园野生动物福利评价结果的正确性与否。因此，在对具体评价指标筛选中应遵循动物福利综合性特点的基础上，既要全面考虑构建动物园野生动物福利的诸项原则，又要考虑到各项预案中的特殊性，以及目前研究中认识上的差异，根据具体情况确定各项原则的衡量精度及研究方法，力求依据各项原则，准确而又全面真实的描述和计量动物园中野生动物福利的状况。通过科学合理的归纳和总结，采用三角模糊数层次分析方法构建动物福利评价指标体系。动物园野生动物福利评价模型框架由三个层次构成：

第一层次为目标层，它是动物园野生动物福利的预定目标或理想结果；

第二层次为准则层，包括要实现动物园野生动物福利目标所涉及的中间环节中需要考虑的准则，即目标层所涉及的具体表达因素；

第三层次为指标层，即评价动物园野生动物福利准则层每个因素的具体指标。

机构承诺能保证每个动物个体都能得到全面发展，而不仅仅是活下来，这个是最基本要素。满足承诺要求的能力建设，需要成功的项目发展和执行作为基础。动物福利的责任必须根据机构的所有层面来制定。包括承诺指导原则的核心内容，确保园内动物生理、心理、社群及情绪的全面发展，也包括员工的维护、资源发展，执行和评估，全面了解这些因素对动物康乐的影响。

机构责任要求意识到自身的职责，即为每一只动物从出生到死亡，为它们每一天每一个小时，都提供高品质的生活体验。这也要求认识到良好的护理不等于良好的福利。透明、公开、责任制并一贯的执行和评估方式，是非常有必要的。能力建设责任包括保持领导小组对动物福利及动物福利科学的监督。这些领导职位与现有的执行基础配合，共同保障从展区设计、种群计划以及动物护理和管理工作都能考量并解决动物福利需求。

机构必须有人员配置，以及（或者）助理或咨询职位，以满足更强大的科学背景保障项目发展、执行和评估能稳步进行。

机构必须要承诺落实动物福利，为所有员工提供动物福利培训和再教育，包括强制性基础教育，以及高阶教育，并对直接从事动物福利相关的员工进行强制高阶教育。

每个动物的康乐（动物福利），每个物种的康乐（保育）都与动物园的首要职责密不可分，同时又涵盖了多方面的内容。动物园对每个他们所照料的动物康乐相关，承诺给予有效的保育，并成为动物福利、保护以及实地感性教育的独一无二的纽带，一个意识、弱化并最小化对每个保育项目动物伤害的新兴模式。

2）项目结构（主要内容）

① 员工训练。动物福利与园内每个员工息息相关，因此非常有必要给所有员工进行动物福利培训。全员的基础培训模式，必须包括动物福利定义以及术语，解释动物福利的主要内容、良好的福利该是如何、帮助员工理解每只动物都有自己独一无二的个性和需求，福利是每个动物的体验（因此也是通过每个动物的体验来衡量），它从恶劣到优质连续不间断地得到体现。理解园内动物福利的问题，汇报工作进程，是非常有必要的。

对直接从事动物福利相关的员工进行高阶培训非常有必要，这其中包括感官生态学（从动物的角度了解它们周边的世界）、圈养的影响（圈养设置对动物的限制）、对物种和个体在积极或消极的福利指标、个体能有选择和控制权力对它们的重要、补偿策略（丰容）、配合全面的饲养管理培训以及如何评估动物福利。

② 动物福利问题汇报流程。这个流程可以让员工、志愿者、游客交流对园内动物的问题或者忧虑，接受反馈或回应，对于保持动物康乐的透明度，员工、志愿者和游客的参与度，发展对动物福利问题更广泛的了解都非常的重要。一般来讲，员工、志愿者或者游客对问题或忧虑的沟通，需要通过合适的指挥链沟通渠道，并会收到该问题的书面调查回馈。

③ 全面途经。为解决圈养生命的各种问题，与其全部依赖如环境丰容这类效果平平的补偿策略，不如务必采取一种手段，它具有前瞻性且全面确保适合该物种复杂度的生理及项目计划。传统的丰容和行为训练项目也是这种手段的一部分，但是必须要考虑到动物 24h 的生活，而不仅仅是饲养员上班的那段时间，或者动物处于公众展出的时间（如果动物每天展出 8h，那么它剩下那些时间又是怎样的生活体验呢？）。为每个物种，每只动物个体进行展馆设计和种群计划，在计划引入新物种或者新展馆之前，就应对于这个全面办法的核心要点初步成型。

展区设计和建设，必须首先考虑动物的活动，而不仅仅是对外部活动的反应。展区设计必须基于对感官生态学、物种应对环境和社群的自然史，使动物展出符合物种特性的行为，体验物种合适的环境及梯度环境条件（光照、温度、噪声、气味以及垫料）。类似的标准对于过渡区、后台、一天 24h 进入适宜环境（生理、社群）的计划都是非常必要的。

动物有机会对生活中有意义的部分做出相关选择，或者进行控制，对它们来讲至关重要。每个动物都应该尽可能多的机会来决定，自己在展区内的位置、展出自己行为模式的时间（比如说，可控范围内的吃食和移动）、它们什么时间和同伴或者人类互动、它们同伴间的距离、还包括对公众的距离。

饲养员是动物生活环境的重要构成部分，动物和饲养员的关系直接影响到动物的福利。了解不同关系对个体康乐非常重要，给受到关系影响的个体给以谨慎的考虑也非常的重要。

优秀的福利保证源自种群计划。选择的物种能全面发展，而不仅仅是活下来，这一点非常重要。这个必须考虑到气候和兽舍的空间（大小及复杂程度）。强调每个动物生活体验的质量，而不是数量。种群计划包括为动物从出生到死亡，每天 24h 提供照顾的制度。机构必须形成一个商业模式来采纳计划和制度的成本。更改机构策略计划，不能让不在计划中的动物的福利蒙受损失。过渡区的质量必须考虑没有生活在外场内的动物，或者繁殖项目的动物，考虑正过渡到"退休"年纪的个体。负责任的计划必须涵盖繁殖和避孕决策等。机构和合作繁殖物种管理项目，必须紧密合作，来平衡种群需求对某些个体福利的影响，包括转运、合群、繁殖及避孕决策等。

3）执行和评估

① 动物管理政策和实践，必须对每只动物的个体体验要敏感。稳健有活力的护理实践"结果"评估对于理解福利很有必要。执行包括应用回馈环节所学的内容，来影响护理实践。

评估机构不单单监督动物护理和其他决策的影响，还促进从展区设计选择、社群改变到饲养管理实践修正等方面，进行系统性决策回顾，作为一种即时的反馈和改进。动物福利评估应当在不同层次执行，需要包含积极和消极的动物福利指标。在一个持续的基础上进行评估，能对此框架的所有因素进行检查，并做必要的调整。

② 评价指标的选取。构建科学的指标评价体系，其关键在于评价各要素的合理性。因此，指标的选取应当科学、合理，慎之又慎。

③ 权重值的确定。采用的权重计算方法是基于层次分析法修正提出的三角模糊数层次分析法，层次分析法（The Analytie Hierarehy Prieess，简称 AHP）。AHP 在决策问题的许多领域得到应用，同时 AHP 的理论也得到不断深入和发展，目前每年都有不少 AHP 的相关论文发表，以 AHP 为基本方法的决策分析系统、专家选择系统软件也早已推向市场，并日益成熟。

第9章　展出动物日常饲料的配制技术

9.1　展出动物常用饲料及其加工利用

9.1.1　动物性饲料及其加工利用

（1）肉类

所有家畜、家禽及野生动物的肉，只要是品质新鲜，均可作为饲养肉食杂食性动物的动物性蛋白饲料。鲜肉蛋白质含17%～21%，氨基酸齐全，必需氨基酸比例平衡，生物效价高，鲜肉的消化率可达90%以上，熟制后消化率降低。

失鲜的肉应煮熟消毒灭菌后才能使用。禁止从疫区购买病畜及尸体。鲜生肉在熟制加工过程中要损失部分营养物质，故使用熟肉（折算成生肉量）比用生肉的量应增加5%～8%，才能满足其营养需要。

（2）动物内脏及动物副产品

肝脏是优质全价动物性饲料，它含蛋白质19.4%，脂肪5.0%及丰富的维生素和微量元素。

心脏和肾脏含丰富的蛋白质和维生素，是全价蛋白质饲料，新鲜心、肾生喂，营养价值和消化率均高，适口性强。

胃和肠可作为肉食性野生动物的动物性饲料，但注意除去洗净内容物，煮熟消毒后配合于其他饲料中。

脑中含丰富的磷脂和必需氨基酸，营养价值高，易消化吸收，而且能促进性器官的发育，常用作肉食性毛皮兽准备配种后期的催情饲料。

动物的血富含蛋氨酸、胱氨酸等含硫氨基酸和维生素、矿物元素，营养价值高，易于消化。血因含无机盐，有轻泻性，喂量过高易导致腹泻。血易变质，故通常把鲜血加热煮成血豆腐或制成血粉使用较为安全。

（3）鱼类

各种海产、淡水杂鱼是野生动物养殖业中一类重要的动物性饲料资源。通常鱼类含蛋白质10%～17%左右，还含有矿物质元素和维生素，营养丰富。但有些鱼（尤其是淡水鱼）的鳃和内脏中含有一种能破坏维生素 B_1 的硫胺素酶。大约有50种鱼含这种酶，如泥鳅、鲤科鱼类、鲶鱼、狗鱼、弹涂鱼、虾虎鱼等含量较多，如果生喂，常导致动物患维生素 B_1 缺乏症。硫胺素酶对热不稳定，故淡水鱼加热制熟，则可使硫胺素酶失活，从而使维生素 B_1 得到保护，以满足动物的需要。

泥鳅含硫胺素酶较多，而且体表有不易消化的黏蛋白，以泥鳅饲喂，要先把泥鳅放入清水中，暂养3～4d，让其排尽消化道中污物，再用含2.5%盐温水浸洗，除去体表黏蛋白，最后加热制熟，拌于混合饲料中投喂。

鲜海杂鱼，可生喂，轻度变质鱼，须蒸煮消毒处理后才能在非繁殖期利用，严重变质腐败的鱼类不能利用来喂野生动物。鱼类机体中含有大量不饱和脂肪酸，如果运输保存不当，即可氧化变为饱和脂肪酸，变质鱼机体中会产生组胺，这是机体蛋白质分解产物，组胺积累，可使动物中毒。

（4）乳蛋类

蛋类是动物优质全价饲料，适口性高，组成蛋白质的各种氨基酸比例恰当，故生物学价值可高达99%以上，其消化率可达95%。蛋黄中还含有卵磷脂及中性脂肪及VA、VD、VE、VB$_1$，是已知最优良的蛋白质饲料。但因蛋类价格高，不宜常年使用，只能在繁殖季节适量加喂。蛋清中含卵白素和抗胰蛋白酶，影响饲料蛋白的消化吸收和使维生素H失去活性，加热可消除这些不利影响。因此，用蛋类喂野生动物应加工成蛋糕熟喂为宜，否则，毛皮兽往往发生皮肤炎，毛绒脱落等病症。

乳品包括各种动物的奶以及加工而成的酸奶、脱脂乳及奶粉等。鲜奶中必需氨基酸齐全，营养价值高，脂肪含必需脂肪酸和磷脂类，易消化吸收。日粮中加适量乳品，可提高适口性和消化率，增加泌乳量，并能促进胎儿和仔兽的生长发育。乳是细菌微生物繁殖的场所，且容易氧化变质，故鲜奶不能久存，用前应加热70～80℃，消毒灭菌15min就可灭普通致病菌。

9.1.2 植物性饲料及其加工利用

（1）籽实类

玉米、高粱、大豆、燕麦、荞麦等农作物籽实都是野生动物饲料原料，是动物所需要的碳水化合物和能量主要来源，也含一定量脂肪，蛋白质和某些维生素。人工饲养下的野生动物，不论是肉食性（部分）、杂食性、草食性动物，其日粮都需要玉米等籽实类饲料。

玉米、高粱等籽实必须磨碎成粉并熟制，才能提高其消化率，如果经糊化或膨化处理，消化吸收效果更好。例如，生玉米粉的消化率只有54%，熟化后消化率可提高到80%以上。

豆类含有较多的蛋白质，约为20%～40%，脂肪含量多少不等，大豆含脂率达18%，含蛋白质36%以上。但大豆蛋白不全价，必需氨基酸含量不平衡，缺乏蛋氨酸，故在日粮中大豆不宜过多，只能作为部分蛋白质来源。生豆类含有抗胰蛋白酶、皂素、血凝集素等物质，这些物质影响适口性、消化率和动物的一些生理机能，加热熟制则可消除这些不利的影响。

（2）籽实加工副产品

目前利用油料籽实加工制油的方法有压榨和浸提二种，采购野生动物饲料时，以压榨法加工的油饼为宜，因压榨法是将籽实经高温高压处理，可破坏有些酶的活性，减少有毒物质生成。

花生饼含脂肪较高，易氧化，也容易霉变，黄曲霉毒素对幼兽危害最大，禁止使用发霉变质的花生饼。

（3）果蔬类

常用作饲养野生动物的果蔬饲料有：萝卜、胡萝卜、西红柿、白菜、甘蓝、各种瓜类及梨、苹果等应季鲜果为主。水果蔬菜中含有丰富的 VC、VE、VK，在毛皮兽的鲜混合饲料中加水果蔬菜，主要作用是补充维生素。加工方法是：将水果或蔬菜洗净，摘去黄叶和烂叶，不能长时间放水中浸泡，更不能放锅中蒸煮，以防营养流失和破坏维生素。

9.2　展出动物常用饲料的质量鉴定和检测

9.2.1　展出动物常用饲料质量鉴定方法

由于收获、运输、贮存或加工等不当操作及农药、化肥、激素类药物的施用，造成饲料不同程度的污染和营养成分的损失，致使不符合饲料质量标准和卫生要求，严重时会造成动物中毒甚至死亡，所以应对各种饲料进行质量鉴定。

（1）感官判断

饲料质量好坏，可初步用感觉器官来判断，再进一步通过各种仪器检测手段进行认证鉴定。所谓感觉器官是指视觉（眼睛）、嗅觉（鼻）、味觉（舌）、触觉（手、皮肤）判别饲料质量。这是最简单易行的方法。感觉器官是综合性的判别，是第一印象，经验很重要。所有饲料加工人员，饲养员必须会用感觉器官判断质量好坏。

1）肉类：展出动物的肉类饲料，主要是牛、羊的胴体肉，一般为冻肉。解冻后肉的表面色泽近似鲜红，用刀切开表里肉质一样，有牛、羊肉膻味，无异味，手感不软不硬有弹性，质地合格。如果肉的表面发蓝黑色、切面发暗、手摸发黏、有腐臭味或"哈拉油"味，鉴定为质变肉，不能喂。目前，大部分肉按部位分割包装，保鲜效果较好、易解冻、质量好一些。但要注意肉内是否有灌注水。冬季由于温度低，自然解冻效果差，大块肉往往未完全解冻开，表面已软，中间仍冻结。喂冻肉块，动物易得肠胃炎。

2）鱼类：用作饲料的海水鱼有冷冻带鱼、黄花鱼、胡瓜鱼等；淡水鱼有小白鲦、鲫鱼、鲤鱼、鲢鱼等。鱼解冻后查看鳞片、鳍、鳃是否新鲜，有无异味。嘴、体、鳃或腹内是否有残留鱼钩等异物。摸不软有坚实感、无腐臭味为合格。发现异物即时处理（冬季捕捞带鱼常有鱼钩附带）。

3）粮食类：玉米原粒颜色、种脐部不发黑，干散有清脆声，牙咬有坚实感为合格。如脐部发黑，可能已发霉，应进一步检测。大麦有种皮包裹一般不易变质。麦麸，新鲜的麦麸手感轻松，有麦味香、无臭味为质量好。如果手捏成团不松散、有霉味、甚至有黑、白、淡蓝色霉菌孢子、已变质，不能饲用。豆饼、豆粕、花生饼等油饼类，最容易产生黄曲霉菌，主要看有无霉变。有饼香味，质量好，有"哈拉油"味，表示存放时间过长或受潮。是否能用，要经过黄曲霉菌及毒素检测后决定。

窝头（熟食），新鲜窝头，表面颜色纯正、有粮食香味，无黑、白、黄色斑点、掰开后不见拉丝、无酸味为好。否则不能喂动物。

颗粒料，质量好的颗粒料，其颜色鲜艳，触摸时颗粒较硬，不轻易被压碎，粉末较少，有粮食香味，牙咬有香甜味。相反，颗粒轻压就松散或本身就松散，有霉变味、甚至见其表面有白色"毛毛"时，此颗粒料可能开始或已变质了，必须经过严格检测决定用或废。其他粮食类饲料的感官鉴别，可仿照之。

4）蔬菜、瓜果类：质量好，其颜色鲜艳纯正，蔬菜青绿，无多黄叶、霉烂、虫蚀、无农药味等。有霉烂变质的瓜果、蔬菜要拣除去，有农药味的必须经检测后，决定取废。

5）干草、干树叶：质量好、颜色青绿或近黄绿色、不见霉变、发黑现象，嗅有干草、干树叶的特有清香味，触之有油性、光滑感与弹性等。相反，干草、干树叶不鲜艳、有霉变、发黑、有霉气味，则为发霉变质，不能喂动物。

（2）时间性极限指标

1）粮食饲料：质量好、与保存环境条件和保存时间有关，一般粮食部门保存较好。粮食质量与保存时间成反比。动物园购买粮食饲料不要过多，以一个月左右时间内用完为好。特别是经过初加工的饲料（如麸皮等）。在饲料室里不要存放时间过长，冬季可放3个月，夏季最长放1个月左右就得用完。

加工的颗粒料，冬季可存放15d，夏季仅能存放3～4d，否则霉变。窝头，夏季当天加工，当天用完为限。冬季36h内用完为限，否则变质不能喂动物。

2）鱼、肉饲料：有包装（盒或塑料袋）的，在零下12℃冷库内可冷藏一年零六个月，超过此期限，需作细菌、霉菌、营养成分检测后，决定弃取。鱼、肉的自然解冻时间不得超过24h，超此会出现质量问题。

3）青干草和干树叶：以不超两年为保存期限，超此期后虽然无霉败变质，但营养成分大为损耗、营养价值大为降低。

4）鲜果类：最好当天采购当天用完，尤其夏季很容易腐烂变质，香蕉最明显。

（3）饲料含水量指标

饲料含水量是一项重要指标，新鲜饲料含水量涉及保鲜程度，干物质饲料含水量关系到保存期和质量。很难用感观来确定，主要通过检测手段来进行。新鲜的蔬菜、水果、青绿饲料，保持着很多水分，当水分蒸发后，蔬菜萎缩发蔫，水果出现皱纹、青草枯萎发黄、影响质量和采食效果。粮食饲料含水量一般在13%以下，14%以上则影响保存时间和质量，易发霉变质。

（4）卫生检疫

卫生检疫的主要饲料是饲草和肉类。

1）饲草：主要是调查或检疫干草（羊草）产区是否有疫情，有疫情地区的草坚决不采购。主要由饲料采购员通过省级和当地畜牧兽医防疫（站或局）部门进行（了解或实地调查）。青草（青绿饲料）主要了解种植地或收购地区疫情情况，还可抽样进行寄生虫卵的检查等。

2）肉类：采购的牛、羊肉应有卫生检验合格证明，有（或怀疑）疫情地区的牛、羊肉坚决不要。园内冷藏，每年至少进行两次抽样检查，以确保饲料肉的质量要求。

9.2.2 展出动物常用饲料检测方法

为确保配合饲料（含颗粒料）的安全、符合动物饲料配方的营养成分和卫生标准，应定期按规定检测项目指标进行检测。检测内容有细菌、霉菌的培养、寄生虫卵检查、水分、粗蛋白质、粗脂肪、粗纤维、维生素、矿物质等测定。

① 每进一批粮食饲料应抽样检测一次。

② 配合料成品每季每种应检测一次。

③ 羊草每半年检测一次水分和霉菌。

④ 牛、羊肉每半年检测一次冻肉的霉菌和细菌。

⑤ 每次检测应有详细文字记载。

9.3　展出动物日粮拟定与配制技术要点

9.3.1　展出动物日粮拟定

展出动物的日粮拟定是根据展出动物的不同生理时期的营养需要，采用多种原料混合配制而成。一只动物一昼夜采食的饲料量就叫日粮。表示日粮中各种原料组成及数量的具体方案，就是日粮表或称饲料表。

（1）拟定日粮依据

在展出动物拟定日粮时，依据有以下几方面：

1）根据展出动物的食性和生理结构特点拟定。展出动物分肉食性动物、杂食性动物和草食性动物。由于各类展出动物的食性不同，它们的消化器官构造和生理特点也各不相同。因此在拟定日粮时，就要根据动物的食性和消化道特点，决定哪些饲料做某种动物的主食，哪些饲料可做补充（或称副食），并要做到满足动物体对各种营养物质的需要。

2）根据当地的饲料条件和现有的饲料种类拟定。在当地保证终年供应的饲料中，选用质优价廉的种类，既可以节约开支，又能满足动物体对各种营养物质的需要。同时能减少运输过程中的污染和营养物质的损失。如肉食性动物在牧区和内陆饲养时，以畜禽的肉和其副产品为主，在沿江沿海地区饲养时，以鱼类及其副产为主。草食性动物，牧区以青、干草为主。在林区，则以嫩树枝、树叶为主。其他地方应以水、陆生草兼用或兼用树叶。

3）要根据展出动物的不同生长阶段和生理时期对营养物质需要的特点拟定。动物在不同生理阶段对营养物质的需要是不相同的。如生长期，对蛋白质和矿物质营养需要较高。配种期一般食欲下降，尤其是雄性，配制饲料要少而精。妊娠期和泌乳期，除必要供给雌性动物足量的蛋白质、维生素和矿物质外，草食动物还必须多供给青绿多汁饲料，以保证胚胎发育和仔兽的生长需要。

4）要注意多种饲料之间的理化性质，防止营养物质之间的破坏作用。如骨粉属碱性，不应同时与酵母、维生素 B1 和 VC 混喂。否则，后者将受到破坏，而起不到它应有的营养效果。

5）要注意饲料的适口性。有的饲料所含营养物质很丰富，但它有特殊的异味，动物不爱吃或拒食。因此，利用率不高。如单一菜籽饼，适口性较差，若与豆饼混用，可大大提高适口性，获得很好的营养效果。

6）配合日粮时，对饲料的选择应考虑到能使整个日粮被接纳。日粮中干物质含量和体积应适合动物的消化道容量以及对营养物质的消化和吸收能力。当日粮体积小，胃肠达不到充实，动物总有饥饿感，容易造成动物舔食异物"充饥"，于健康极为不利。体积大时消化道过分充满或有剩食，不仅容易造成动物消化机能紊乱，而且营养不能满足（剩食营养未被利用），同样具有危害性。

7）要考虑动物的种类，个体营养状况、年龄、性别等。

（2）制定日粮步骤

日粮的配制分四步：

1）查表：给动物配制日粮，先要根据它的食性、性别、年龄、体重及生产性能，再在饲养标准中查出各种应给予饲料的成分表，标出一昼夜应给各种营养物质的量。

2）试配：把现有的或准备采用的饲料，在饲料营养价值表中，查出它们的营养价值。试定出每头动物的给予各种食物的量，注意各种食物的比例要得当。

3）调整：增减各种饲料的供给量，矫正营养物质的合计数，直至完全符合要求为止。

4）补充：把试配的日粮所含无机成分与饲养标准对照，所差的数量用矿物质饲料添加剂给予补充，以使日粮配制得更加完善。

（3）制定日粮的注意事项

制定日粮过程中应注意的问题较多，需注意以下几方面：

1）饲料卫生

饲料卫生是动物卫生的一个重要组成部分，也是展出动物合理饲养的一个重要环节。在良好的饲料卫生和环境卫生条件下，饲养动物才能收到良好的效果。如果不注意饲料卫生容易造成病从口入。采用低劣品质的饲料会导致动物健康受损害，生长受阻，体重及生产性能下降，发生疾病，甚至死亡。

2）饲料中毒

如果饲料使用不慎或配制不当而发生饲源性疾病和饲料配制源性疾病，也就是所谓饲料中毒，同样造成动物健康受损。

3）饲料污染

饲料在生产、收获、运输、贮藏、加工等生产过程中，均有被污染的可能：一是饲料自己化学成分发生改变（变质、酸败等）；二是化肥、农药和工业"三废"的污染；三是受传染病污染。若动物采食这些饲料也会造成饲料中毒、影响健康，危及生命。

4）饲料加工

一些有明显变质、污染或夹带有害物质的饲料，不宜加工作饲料用。饲料的加工、调制要严格按照制定的操作规程进行，决不能违反，特别是青饲料加工，如调制不当，则可发生青饲料急性中毒。

5）添加剂

饲料的添加剂用量非常小，因此在饲料调制中必须做到数量准确；必须采用干粉状；必须采用预混和载体分级充分搅拌均匀。此外，在饲料配方变更时，应注意逐步过度，变量由少到多，时间应长一些较好，给动物充分适应的过程。

9.3.2　展出动物饲料配制技术要点

野生动物的饲料配制及其定量的确定，多参考已有成功经验的畜牧业来制定。也有少部分是根据已掌握的理论知识和动物所处的生态环境考虑，从饲养实践中摸索总结出来的，以后随着生产实践，逐步加以改进和完善，才有今天各动物园的动物日粮。野生动物在人工的环境下饲养，总体上来说是种类多，只数少。它们来自地球的不同地区，因此很难像畜牧业那样进行大规模的工厂式的生产饲料，只能根据具体情况来确定某种动物或某只动物的饲养管理方法。故野生动物的饲料给量，多为定量要求，而不是饲养标准。

各动物园有自己的各种野生动物的日粮标准。以下介绍的野生动物的饲料种类和定量，均以曾用过的资料为主，参考其他有关资料为辅。

（1）圈养肉食动物饲料配制技术要点

肉食动物的饲料主要是肉类，适当添加维生素和矿物质。饲料应尽可能做到多样化，如牛、羊、骆驼、马、驴等家畜肉和肝、心、肾等内脏搭配投喂，并定期喂活兔、活鸡等。饲料过分单一会发生某些氨基酸和维生素的缺乏。肉类应以带骨为好。如果动物无法晒太阳，应补充鱼肝油。

对饲料的质量要严格把关，尤其是在炎热的夏季，在投喂前要检查饲料质量，不得投喂变质或冰冻饲料。饲料量一般规律是高纬度地区高于低纬度地区，春季和秋季高于酷暑和严冬季节，亚成年动物高于老年个体；喂骆驼肉、马肉的定量要高于喂牛、羊肉的定量，带骨肉定量高于纯肉定量；喂贮存肉的定量高于喂鲜肉的定量。虎、狮成年雄性个体日量为 4 ～ 9kg，雌性为 4 ～ 7kg。狮和虎每周可以停食一天，每周应喂活食一到二次，以鸡、兔为主。注意母兽在哺乳期内不应停食。哺乳母兽和幼兽每日可添喂牛奶、鸡蛋等。

（2）圈养反刍动物饲料配制技术要点

反刍兽胃内具有大量纤毛原虫和细菌，能分解植物性蛋白，为其吸收利用。同时，能自身合成部分维生素和活化物，以满足生命活动之需。反刍动物的日粮应以青干草、树叶为主，辅以配合的精饲料。干草，主要以东北羊草为主，以前曾用过当地产的秋千草。树叶是干柞树叶。精饲料即自制的颗粒料，日用量，每天均分两次给。夏季供应青绿饲料有紫花苜蓿、鲜苇或其他青杂草，有鲜桑叶。冬季补充瓜果蔬菜，以胡萝卜为主，适当供应熟黑豆。指定量供应外，应适当添加盐砖、钙片钙粉、食盐等。另外，动物是活体，随时在变动，饲料的种类和来源也在不断的变动。因此，任何饲料表都不是一成不变的，要定期进行适当地修改和完善。牛科动物是动物园内常见的反刍类动物。

1）粗饲料：一年四季都应供给充足的粗饲料和清洁饮用水，冬季要除冰，夏季勤换清水。青绿饲料在夏秋季应充足供应，冬季饲喂干草，应补充胡萝卜或其他水果。

2）精饲料：饲喂颗粒饲料日量 0.5 ～ 1kg。

3）添加剂：为补充微量元素的不足，场内可放加食盐的红黏土，动物自由取食。

（3）圈养单胃草食动物饲料配制技术要点

单胃草食性动物盲肠较为发达，对粗纤维的消化利用，仅次于反刍动物。以各种植物为食，辅以颗粒料。

1）象

①粗饲料：象以草及树枝叶为食，每日都应充分供应，并保证质量。象在冬季主要喂干草等；夏季多喂青绿饲料，如鲜苇、青草、苏丹草。粗饲料的供给量，以 5t 重成年雄性亚洲象为例，干草日采食量为 90 ～ 100kg，如青饲料则需 400kg；成年雌性亚洲象，干草日采食量为 50 ～ 55kg，如青饲料则 200 ～ 250kg。

②精饲料：分上下午两次喂，日粮因性别、年龄、体重大小而有差异，一般 5t 重的雄性成年亚洲象其精饲料日量 7 ～ 8kg，可补充钙粉和食盐；3t 重的雌性成年亚洲象则为 6 ～ 7kg，适当补充钙粉和食盐。南方和北方地区稍有差别。

冬季要喂较多的胡萝卜，以补充维生素，且价格比较便宜；象喜食水果，蔬菜等多汁饲料，果菜每日 20 ～ 30kg/只。瓜类饲料要剖切检查，以防中毒，并在喂前要洗净和消毒。

2）马科动物

每天应供给各种优质青、干草等饲草，包括各种山草，栽培牧草及作物秸秆。夏季尽可能供应青绿饲料。供应量为冬季：10～15kg/日·只，夏季：30kg/日·只。

精饲料日粮标准为 1.5～2kg，冬季可供给胡萝卜，切片投喂。

饲喂前应先检查饲料，清除其内杂物（铁钉、铁丝等），并辨认饲料有无发霉变质，及时清除吃剩的草、料。

每日应足量给以清洁饮水，夏季注意及时清洗水槽并按时消毒，冬季水槽要每日除去坚冰，以防动物因结冰而喝不到水。

3）貘

① 精饲料：日量约 1～1.5kg，分两次投喂。

② 粗饲料：青草、树叶、蔬菜、水果等。日量冬季为苜蓿粉 3～5kg/只，夏季为鲜苜蓿 15～20kg/只。

4）长颈鹿

① 青粗饲料：柞树叶、桑叶、榆叶、苜蓿等，要足量供给。喂前检查饲料质量，是否使用过农药。

② 蔬菜水果类：苹果、梨、菠萝、柑橘、黄瓜、卷心菜、胡萝卜等，每日量 1～2kg。

③ 精饲料：日量 1.5～2kg，分两次投喂。

饲喂前要检查是否有铁丝、铁钉等异物及饲料质量。要保证充足清洁饮水的供应。

（4）圈养杂食类动物饲料配制技术要点

1）灵长类动物

灵长类动物，以各种植物性饲料为食、兼食动物性食物，为杂食性动物。

① 水果类：苹果、红果、梨、桃、杏、李子、香蕉、甜瓜、西瓜等。

② 蔬菜类：南瓜、黄瓜、西红柿、胡萝卜、水萝卜、白菜、油菜等。

③ 粮食类：玉米、米饭、窝头、馒头、面包、饼干、花生等，各地有不同。

④ 饲料定量和比例：成年猕猴类：每只每天总量 300～600g，幼年猕猴类：每只每天总量 150～300g，总量中，水果类占 40%，蔬菜类占 35%～40%，粮类 20%～25%，花生、葵花籽等在秋冬季喂给。

2）大熊猫

大熊猫的饲料以竹子为主，适当喂一些精饲料。精饲料的种类有窝头、牛奶、鸡蛋、肉等。还应该饲喂一些果蔬类饲料，如苹果、桃、胡萝卜、西瓜等。以 100kg 体重的成年个体为例，每日饲料量：窝头 2000g，苹果 1000g，胡萝卜 2000g。

竹子不限量投喂。但要做到少喂勤加。为处于发情配种、产仔育幼及气温较高时食欲下降的大熊猫供应竹笋，可有效改善竹类采食量低，出现腹泻、拉稀、排粘频繁等不良反应。竹笋含钙低，含磷量高，与生理需要矛盾，因此饲喂竹笋同时应提供竹类（尤其以采食竹叶为主的竹类），让大熊猫有自由采食的机会。

第10章　展出动物个体识别技术

展出动物个体识别是饲养管理中的基础工作，是动物种群管理工作中一项重要的环节。

10.1　依靠实际经验识别个体

10.1.1　根据动物体型区分

（1）观察动物体型大小进行区分。

优点：个体差异较大一目了然。

缺点：随着动物年龄、营养、疾病都可能引起体型发生变化。适用于成体与亚成体共同饲养或雌雄异形，如公母狮、雉鸡等。

（2）根据动物身体特征区分。

优点：这种动物个体与生俱来的标志伴随动物时间较长，有的可能会伴随动物一生，一旦认出就再也不会混淆。

缺点：只适用于身体有标志的动物，需要有饲养经验和细致的观察。

（3）根据面相区分个体，动物的面相其实是不同的，仔细观察有的也能够发现区别。基本上饲养过猩猩一定时间的饲养员都能区分它们的个体。

优点：区分个体准确，方便。

缺点：需要深厚的饲养观察经验。

10.1.2　根据动物肢体完整性区分

有些动物有一些身体残缺，可以利用这些缺陷准确识别动物个体。

优点：辨识准确、方便，身体残缺一旦形成就不可逆转，终身不变。

缺点：使用范围小，不能为了辨识个体人为制造残缺。

10.1.3　根据动物毛色区分

（1）根据被毛完整度、光亮度区分个体，被毛完好、光亮、体态漂亮，当毛色差异较大时，可以直观区分个体。

优点：远距离直观。

缺点：毛色随年龄、季节、健康程度等因素可能发生改变。

（2）根据身体花纹区分个体，身体有花纹的动物，如东北虎、斑马等，它们身上的花纹几乎能等同于它们的身份证。

优点：在没有其他任何人为标记的情况下，可以区分的个体数量大于其他几种方法。

缺点：需要有长期的饲养观察经验。

10.1.4　根据动物叫声区分

许多动物具有不同的叫声，如声音大小、音节、长短等，有报道显示雄性东方白鹳的叫声通常要比其他成员的叫声延续 50% 或更长时间，而且以嘹亮的语调结束，而"下级"是特有的单音的口哨声。

10.1.5　根据动物性别区分

很多动物的雌雄体型存在着显著的差别，只要看外貌即能分出性别。

优点：容易掌握，区分准确，一般不会出错。

缺点：即使成年动物的雌雄间差异很大，它们的幼体可能都一样，只有到性特征显现时此方法才好用。如亚洲象、多种鹿科动物、阿拉伯狒狒、非洲狮等。

10.1.6　根据动物的行为区分

动物的性别、性格不同而表现出的行为习性也会有差异，比如有的动物胆大不怕人，人接近时会主动向人靠近，有的动物胆小怕人，看见人接近会提前远离。

优点：动物的这种行为习性短时间内是不会改变的。

缺点：需要深入了解动物。

10.1.7　根据动物饲养场馆区分

每个笼舍饲养一只个体，只要对应笼舍做好记录便可区分个体。此种方法只适用同种动物单独饲养或不同物种单只混养。

10.2　利用标识技术识别个体

大部分动物仅仅依靠经验和眼睛不能满足个体识别需要，要做到长期、有效的个体识别，必须借助于科学的个体标识方法，不同物种适用的标识方法不一样。通常用环标、牌标，结合芯片标记达到个体识别。

10.2.1　环标识

将带有一组特殊数字的环形物佩戴在动物体表某个部位，以便于观察和识别动物个体，适用于禽类动物的标识，不同的物种标示部位不同。环标可以用不同的颜色搭配、数字、安装在身体左右部位区别。制作标识环的材料有金属材料和塑料。

（1）腿环标识法

用带有一组特殊数字的环形物，佩戴于禽类腿部，以标识个体。腿环标识是最常用的标识方法，制作腿环的材料有金属材料和塑料。

1）金属环：最常用不锈钢、铝和莫涅耳合金（一种比铝使用寿命长的合金）。铝环和莫涅耳合金环可用于各种类型的鸟，不锈钢环只用于鹦鹉。

2）塑料环：有 3 种基本类型，简单圆环、双片塑料圆环和自锁塑料带环。

简单圆环最适于短期使用，广泛用于幼雏，并且环必须随幼雏腿部的生长而更换。但时间一长，这种环会变得脆硬，不易上下滑动，因此会导致腿伤。

双片塑料环适用于大型鸟类，特别是鹤类和火烈鸟，将环放在胫骨上，即使鸟站在草丛中也能看到环。热塑料环曾进行过预热处理，用时先展开，然后再卷在腿上，可装上发报机进行无线电跟踪研究。

自锁塑料环，使用寿命较长，它同样也会随时间而变脆，但它们易于脱落，而不是变紧。系环时应确保适当的松紧度，需要滴一滴"补胶"（一种氰基丙烯酸化合物）将其封死，多余的塑料带用指甲钳剪除。

安装工具可从生产厂家购买。安装环时确保环可在腿上自由滑动，并且不卡在关节上。对刚装环的鸟应经常检查，以确保装环部位不发生感染或肿胀。

雉类必须将环装在距的上面，由于鼠鸟（鼠鸟目）具有倒挂的特殊习性，因而使用脚环时很可能会将自己挂在笼子的铁丝上。

（2）颈环标识法

用带有一组特殊数字的环形物，套于禽类颈部，以标识个体。

该法主要用于标记天鹅，但也广泛用于其他鸟，如鹤。颈环一般不适于潜水的鸭类，因为下喙常会楔入颈环中。有人发现，野生鸟类会因颈环卡住喙部被淹死。但是这种方法的优点是，即使动物在水中或草丛中也很容易识别。

（3）鼻环标识法

用一根塑料或不锈钢栓穿过环及鼻孔，系于禽类的嘴上，以标识个体。

一般用于标记潜游水禽。但是这种标识方法会影响动物的展出效果，同时在鼻孔内穿环的地方很容易集结水蛭，天冷环上容易结冰，鸭嘴组织由于感染渐渐软化；并且鼻环易被围栏挂住而使鸟受伤，等等，因而并非是理想的标识方法。

（4）翅环标识法

用带有一组特殊数字的环形物，固定于禽类翅部，以标识个体。

1）翅圈环。主要用于企鹅。"鳍状肢环"是一种特制的环绕在胫节上的环。为了使环形与鳍状肢一致，向外的环端是最宽的。系环前，为了确定合适的形状并保持牢固，并且避免每年换羽时翅膀会肿胀，必须进行实验。如果环太紧，就会永久性的伤害翅膀。要仔细观察鸟在第一次换羽时的情况，如有必要及时进行调整。

2）翅－蹼环。用一种铝制环，佩戴在翅膜或蹼膜上，穿过翅或蹼膜后压一下就可以将其锁住。主要用于可见度要求较低的情况下。通常两个翅膀都装环以防止环失落。另一种类型是蹼膜环，是使用一些可见度很高的塑料牌，主要用于鹤、水禽、鹦鹉、秃鹫之类的野鸟。有人注意到，一些长距离飞行的候鸟，如半蹼白翅鹬、丘鹬，用此法标记后死亡率增加，这是由于增加了飞行负担而造成的。

10.2.2　牌标识

将带有一组特殊数字的标识牌借助绳链等手段佩戴在动物体表某个部位，以便于观察和识别动物个体，适用于部分灵长类动物和部分草食性动物的标识，不同的物种标示部位不同。可以选择佩戴于颈部或四肢。

优点是对动物伤害最小，便于观察。

缺点是佩戴时不宜过松也不宜过紧，尺寸掌握不当容易造成牌标脱落或对动物造成伤害。

10.2.3　缺刻标识法

在身体突出部位，通过技术手段造成缺失，形成标记。这种方法可用于许多类动物，最常见的是用于耳朵较大的哺乳动物、两栖爬行类，如鹿和羚羊的耳朵缺刻、蛇的腹鳞修剪。龟类在其背壳上锉一个缺刻可形成永久性标志。剪趾通常用于标记蜥蜴、两栖类和小型哺乳类，如鼠。

缺刻标记的优点是可以标记许多方法不能标记的动物（如蛇）。此外，该方法简单，标记持久。

10.2.4　刺纹标识法

刺纹是一种很好的标记方法，通常用于哺乳动物，特别是灵长类。纹身位置因动物种类而异，通常位于大腿内侧、胸部、唇（灵长类和肉食类）或耳朵内侧（耳朵大而厚的动物）。刺纹的主要工具有两种：一种是耳号钳，钳上有针组成的号码，号码可以更换。另一种是电纹器，可以直接在动物皮肤上刺上鉴别号。在使用这两种工具刺纹前均应剃去或拔除动物的毛发。

刺纹的优点是永久性，但常要抓住动物后才能知道号码。一般刺纹不用于鸟类，因为鸟类皮肤薄，不易固定住标记墨水，因而号码会很快消失。

10.2.5　烙印标识法

烙印就是损伤皮肤产生永久性标志。火烙时会烧伤皮肤并破坏毛囊。一般这种方法在动物园并不常用，因为它会给动物带来痛苦。然而在羚羊角基部火烙十分有效，且只引起动物轻微的不适。酸烙法与之相似，常用在象的标记上。另一种冷烙似乎对组织伤害较大，用液氮快速冷冻会破坏黑色素细胞而导致有色的毛发变白。此法只在小型哺乳动物上使用。显然冷冻致使毛发变白所需要的时间因动物种类而异。用烙印法所做的永久性标记，远距离即可迅速鉴别，缺点是皮肤烙印破坏了美观。在有蹄类动物的角及海龟、乌龟的壳上做标记的最好方法是火烙。

10.2.6　染料标识法

染料标记法大多用于哺乳动物和鸟类的短期鉴别。这类标记十分醒目，用于进行观察性研究。此方法用于展出动物十分有益，因为研究结束时不用再抓住动物就可以去掉颜料或染料。染色法也可用于笼养鸟类。还可以将染料于孵化前注入蛋内，这样可以确定蛋和孵出的雏鸟的父母，这也是用来鉴别同一窝中不同雏鸟最好的方法。

在世界上不同的地区有着各种不同的商品染料。Nyanzd 染料在美国特别著名，因为它能使动物毛皮产生黑色标记，并保持到换毛或脱毛。

10.2.7　微电子芯片标记

皮下掩埋法是一种电子标记革新，该方法是将一块外包玻璃的脉冲转发计算机芯片用注射器射入动物体内。它很容易插入，且不易察觉，因此对鉴别被偷的动物很有用。由于该芯片一直处于潜伏状态，只有用脉冲转发器的阅读装置或扫描装置才能激发，因此估计其使用寿命很长。即使动物死亡腐烂，仍可准确鉴别，特别适合野外个体的标识。这个系统的缺点是：很昂贵，而且无法远距离识别动物。但随着电子学的发展，这一缺点将被克服。

10.2.8　其他方法

随着科技手段不断提高更新，很多新的技术也可以逐渐引入到动物个体识别技术中，例如：指纹识别、面部识别、角膜识别、卫星拍照识别等，但这些新的技术目前在展出动物个体识别实际应用中还有很多技术问题需要突破，还需要大量的科研数据予以支持。

当然，在饲养管理中如何做好个体识别和档案管理是一项需要长期坚持的工作，没有一种个体识别方法是万能的，无论是多么先进的个体识别方法都需要配套的管理办法和良好的监督机制，此外一线职工的责任心也是至关重要的，除了日常工作中需要细心观察还要在个体识别工作中第一时间将发现的问题与技术人员、兽医和上级进行汇报，以便及时进行完善，这样才能有效的将每只动物个体情况真实的记录。

第11章　展出动物笼舍设计要点

11.1　动物场馆设计基本要点

动物园环境与设施设计是动物管理的基础。大至展区空间规划、运动场面积、隔障高度、形状、外观风格，小到丰容器械连接节点的预理、串门开口的大小、位置，甚至开门的方向，都会影响日常操作的运行。景观的作用也不应只是"美观"，更需要营造与展出物种相符的生境、生态的氛围。动物园设计对建筑、环境的理解有别于"民用"，在功能上必须保障行为管理各项组件的有效实施。《世界动物园和水族馆动物福利策略》对所有动物园提出的展出设计总体希望包括：

（1）了解促进动物保持积极福利状态的特殊环境需要，并将其纳入设计和展区更新的基本标准之内；确保与展出物种相符的环境要素建立在最新的、基于科学的建议之上；

（2）努力确保动物生理和行为需求得到满足；提供鼓励动物好奇心和参与互动的环境刺激，并为动物创造接触自然环境因素的机会，例如季节变换等；满足单独的动物个体或整个动物群体在不同时间、不同生长和生理阶段的不同需求；

（3）确保在展区中按照行为管理的要求，为动物个体提供隔离和独处的空间，例如与群体其他成员的隔离空间和非展出笼舍；

（4）确保工作人员能安全便捷的进入展区，进行设施维护、照顾动物和行为训练等管理操作；在这一过程中，动物和工作人员都无需承受强加的压力或对安全的担忧，以便让饲养员全心全意地为动物筹划丰富而充实的生活；

（5）从全园各方面对展区设计进行监测和质量评估，找出最有创意的解决方案并与其他机构分享；

（6）在展区中讲解动物福利，介绍动物园为提高动物福利做出的各项努力，为游客提供提高动物福利的贡献机会或途径；

（7）根据物种的特殊需要，持续为动物提供环境因素的选择和控制机会。

（8）符合动物友好设计要求的展区指能够使用各种灵活机制运行丰容项目，实现动物生活环境的日常变化，使动物置身于具有丰富的选择和控制机会的生活区域。该区域也应包括行为管理所必需的设施设备，例如体重秤、通道系统、串笼或挤压笼，以便让所有动物在经过正强化行为训练后，都能学会接受非损伤性的医疗护理。

11.2　空间及利用

11.2.1　场地空间利用

（1）动物园应该把尽可能多的土地资源留给动物。许多传统动物园把大片土地用来拓宽参观道、营造园林景观，花费巨资建造与保护信息无关的游乐设施和"文化广场"，在动物场馆面积上反而斤斤计较。动物园的最重要的用户是动物，只有在展区面积足够大的前提下，才有可能加入更多的符合野外栖息地的自然元素和环境丰容基础设置，从而保证展出环境的复杂和丰富。

（2）复杂的展出环境，有助于动物表达丰富行为，并保持积极的福利状态。动物展区的面积应保证野生动物免受游客参观带来的压力。同时，非凶猛动物展区规模也应该保证在饲养员或其他保育人员与动物同处于展区内时，动物不会感到窘迫或威胁。

（3）在设计之初，就应该考虑展区内动物个体数量，过少的动物数量尽管会使游客难以发现动物，但总好于过度拥挤的展区。展区内动物数量过多，是国内动物园中常见的严重有损动物福利的现象。

（4）展区功能构件的自然化处理，例如人工岩石、水池驳岸或隔离壕沟也应适度，不能因为景观效果的考虑而削弱动物对场地的占用率。

11.2.2　躲避空间

（1）展区中，需要为动物提供足够的庇护所，使动物有机会免于其他个体的攻击，并有机会躲藏并获得安全感。

（2）庇护所的形式均应依据源于野生动物自然史信息和野外栖息地特点，可以是一块巨大的人工岩石，也可能是远离游客的内舍，或者是一片密集的树丛；对于那些树栖或半树栖的物种，庇护所可能是抬升的通道、栖架或平台。各种风格和建造方法构筑的"本杰士堆"，不仅具有景观作用，更发挥着庇护所的作用，受到庇护的不仅是展出动物，还有多种本土小型动物和植物。

（3）以社群形式展出的动物，充足、有效的庇护，可以减少群体内部为繁殖造成的雄性之间的攻击行为，减少因生育幼子造成的雌性个体之间的争斗。犬科动物和鼬科动物中，雌性个体间多有争斗，如非洲野狗、细尾獴或水獭群体中雌性个体相互攻击，甚至造成动物伤亡的情况发生。同时，庇护所还通过创造形成"亚群体"的机会，来维持整个群体的动态平稳。

（4）环境越复杂、干扰越少，动物感受的压力就会越小，越容易出现在游客视线当中；反之，越是空旷的场地，动物越会寻求躲藏，那种生怕游客看不到动物而将"杂物"剔除、灌木修清的运动场，强迫动物暴露于游客视线之下，是置动物福利于不顾的原始、粗暴的管理手段。

11.2.3　"轮牧"

"轮牧"是一种放牧方式。近些年，现代动物园也出现了一种类似"轮牧"的展出方式：将几个独立展区组成一个展出群组，每个单独展区都通过精心设计并实现对不同展出物种多方面的适应，通过分配通道调整展区间与动物容置空间，可以使动物在不同的时间段造访不同的展区，为动物提供了更多的选择、更多变化的环境和更具挑战的环境刺激。同时，这种设计方式通过对空间的重新整合成为提高动物园原有展出资源利用率的新途径。美国亚特兰大动物园的福特非洲雨林展区，将四座室外展区通过室内的夜间笼舍互联，展区内的一群大猩猩每天都能使用一个不同的室外展区，每四天进行一次轮换。美国费城动物园将整个动物园的资源进行整合，建成了"全景动物园"，带来了令人惊叹甚至感动的展出效果。

11.2.4　混养动物保障

在一个区域内，同时展出不同种的野生动物称为混养展出，可提高动物园的资源利用率包括土地资源、人力资源。选择自然分布于同一地理区系或同一生态类型中的物种混养，并且物种间不能存在严重的、不可调和的攻击行为，达到保护教育的需求。

（1）混养前，首先要了解相关物种自然史信息，以设计适用的展区。其次要照顾到强势物种和弱势物种的福利要求，降低非期望行为发生的概率，使游客获得更丰富的参观体验。

（2）混养展出有助于增加动物行为的复杂性，游客有机会看到同种动物个体之间、不同种动物之间的互动行为，符合野外关联物种之间的关系，也是一种重要的社群丰容。

（3）混养展出最常出现的问题是过度的攻击行为。攻击行为是一种自然行为，但有些状况会导致攻击行为失控，如同一物种个体间存在过度的资源竞争，导致攻击行为的频发；不同物种的动物由于不熟悉其他物种的行为意义，例如警告、威慑，丧失了攻击行为发生前的"缓冲机会"而导致攻击的发生。

（4）混养展出也存在分类接近的物种间杂交、疾病的种间传播等风险。

（5）"捕食－被捕食"关系的物种，不能采用真实混养的方式。但是，可以考虑通过精心设计的隐蔽隔障，将不同的物种隔离开，但在游客看来，这些物种仍处于同一环境中，也就是"视觉混养"。例如非洲草原展出主题中，将非洲狮和斑马、羚羊放置在同一个游客视野中。

11.3　园区环境利用

11.3.1　园区植被

丰富的植物种类不仅具有景观价值，还是动物的丰容物，甚至是具有治疗作用的"草药"。

在展区中，严禁种植或存在有毒植物，还应该注意植物表面不应长有尖刺。

在自然风格的展区中，会有更多种类的植物开始生长，特别是本土植被，应在植物专家的帮助下及时发现并去除有害植物。

展区内植物的维护修剪也很重要，过度生长的植物或乔木折损的枝杈，都有可能为动物攀爬逃逸创造机会。在选择展区植被时，应遵循的原则：

- 选择在当地可以存活的特定植被种类，用于模拟野生动物的自然生态植被景观；
- 在展区内，通过精确的树木修剪和植被组合，塑造展区的生态景观特征；
- 采取有效措施，减少动物对植被造成的负面影响；
- 通过多种植物，特别是本土植物的组合应用形成自然的生态演替；
- 将死去的树木应用于展区中，与活生生的植被融为一体。

11.3.2　环境资源多样化

（1）所有室外展区，都必须为动物提供饮用水和遮荫。饮用水的供应设施和方式必须符合动物饮水的行为特点。例如，有些爬行动物只通过舔舐植物或岩石表面的露水或流动水，而对饮水盘中的静水视而不见。

（2）动物饮水的池塘或溪流应符合自然风格，同时必须注重水深、水池侧壁坡度和水池构造，不会给动物和操作人员带来危险。对水池底部和侧壁表面进行刮擦处理，可以降低动物或饲养员滑倒的风险。

（3）在北方地区，室外展区的朝向应保持东南方向，可以使展区最长时间的获得阳光照射，在寒冷的冬季减少从西北方向吹来的冷风直吹。

（4）作为展区背景的人造岩石墙、密集树木可以起到防风作用，在北方动物园展区设计中至关重要。

（5）在展区设计之初考虑丰容的融入方式，丰容设施可以作为展区内的固定设施，比如水池、人造岩石、木屑池等；临时性项目在展区内实施、运行，能更加丰富展出环境。

（6）丰容项目的位置选择也应符合游客的参观需求，将丰容设施或项目安置在游客视线范围之内，动物和丰容项目之间的互动，是最精彩的展出内容，也是动物园开展现场讲解、保护教育的最佳平台。

（7）保持动物的动态和活力，为动物提供尽可能多的选择机会、发现更多的兴趣点，并通过与环境刺激之间的互动实现对环境因素的操控。动物实现对环境因素的控制，是一种自我强化过程。充分、及时的正强化必然会塑造出充满活力的行为展示。

11.4　保障设施

11.4.1　分配通道

分配通道是在动物场馆之间、圈舍之间相互连通、封闭式或半封闭式通道，调整、训练动物，是动物安全保障基础设施。

通过训练，饲养员可以引导或指示动物朝期望的方向运动，如向接近饲养员的方向移动，或与饲养员保持相同方向并行移动。

分配通道要位于接近饲养员的位置，以确保饲养员可以根据动物的行为表现对动物进行及时强化训练。

长距离的分配通道，需要在分配通道侧面设置饲养员操作路径，以便在动物行进过程中饲养员能够持续对动物的行进给予强化训练。

分配通道与饲养员之间的隔障，应该允许饲养员方便地将适当的食物奖励交给动物。一旦动物掌握了分配通道的使用方法，则不再需要持续的强化也能够在分配通道内行进，到达指定区域，并最终学会享受这种复杂多变的环境资源。

11.4.2　保护性接触训练设施

（1）管理野生动物是一项危险的工作，尤其是大型凶猛动物，饲养员与动物直接接触都具有潜在危险。在饲养管理中，禁止饲养员与凶猛动物直接接触，如肉食动物、大型草食动物、大型类人猿等。但是，圈养条件下，为了保证动物的健康，需要采取多种人为干预措施，其中多项措施必须要与动物身体接触才能够完成，例如常规医学检查、体表修饰、个体标识等，如果每次操作都要强制保定或麻醉，会对动物福利造成更大损害，其风险也是任何动物园都难以承担的。

（2）开展行为训练必须建立在安全和便于操作的设施基础之上。戴斯芒（Desmond）和劳尔（Laule）在1991年提出了"保护性接触训练"概念，就是设计保护性设施，操作时把动物与人员隔离开。例如大象训练墙、大熊猫和黑猩猩采血架等等。通过训练让动物学会将待处理的身体部位暴露于隔离防护设施之外，以便饲养员或兽医进行检查或处理。这些设施的正确应用使原本在非麻醉状态下难以完成的管护措施可以安全、便捷地实现。

（3）保护性接触训练操作设施，需要保证在训练操作过程中饲养员和动物都有通透的视野，并能够随时了解对方的位置和动作。

（4）现代动物行为训练作为行为管理的一个组件，行为训练工作的开展、动物饲养管理模式的改进与展区设计，特别是设施设备设计之间存在互相制约、互相促进的关系，硬件设施的改进和饲养员训练水平的提高两方面互为支撑、缺一不可。

11.4.3　温度、湿度和通风控制

为动物展出场馆内提供合适的温度和湿度是动物福利与展出效果的基本保障。通过自然条件、设备设施，适时调整场馆通风是调整温湿度有效方法。

（1）参照物种自然史信息，确定每种动物适宜的展示温度湿度。

（2）每种动物耐受的环境温度范围称为热平衡区域。在热平衡区域范围中，动物不需要增加代谢产热或者激活蒸发热损失机制来保持体温。当环境温度在临界低温时，动物会通过增加进食、增加活动量、抱成一团或者从环境中寻找保暖材料，如披裹毛毯、选择木屑垫材等生理或行为的方式保持温度。

（3）大多数动物都需要一定范围内的温度梯度，如幼鸟和所有变温动物。采用"分离原理"进行大空间和小空间的分离设计，通过保证大空间的基础温度和在小空间内保持更高的温度的方式保证动物对环境温度的需要。

（4）多数哺乳动物没有严格的湿度要求，30%～70%之间的相对湿度范围能被大多数动物接受。雨林物种、热带爬行动物和两栖动物需要较高的环境湿度。过低的环境湿度有可能造成哺乳动物皮肤干燥、爬行动物蜕皮困难、半水生两栖物种的干燥应激等等。通风条件差的室内高温环境中，湿度过高会加剧动物的热应激，会造成两栖动物的死亡。对南方地区在特殊季节遇到的环境湿度过高的情况，只能依靠主动通风和除湿设备的协同应用来降低封闭空间内的湿度。

（5）新生动物往往需要更高的环境温度，由于幼年动物在生理机能调节和行为能力等方面发育不成熟，不能完全依靠自主调节适应。

（6）室内空气中的刺激性气味会干扰动物的嗅觉，影响游客参观效果。在设计时，必须预先考虑保温、通风和空调系统，预先安置，并预留维护、检修工作空间。

（7）室内动物展出笼舍必须考虑人工强制通风设计，设计之初应考虑送风机和排气口的类型和位置，计算展出环境、通风量、空气流通路径与温度、湿度之间的对应关系。

（8）好的设计是将大环境温度设置于动物热平衡区域温度范围的低限，或略低于适宜温度，并在展区局部设置高温加热点，形成动物生活环境中的温度梯度。同时，为动物准备充足的资源，如保温材料、地面铺垫物、能够接近高温位点的栖架等等，在避免动物出现热应激时，给动物足够的选择机会，使动物有可能通过自主行为应对环境挑战。

（9）饲养管理方式和建筑格局会影响环境的温度和湿度，如建筑材料和结构、栖架、地表铺垫物、筑巢材料、饲养展出群体数量、动物年龄构成、通风方式、日常清理打扫方式和频率等。

（10）在动物生活的区域，快速的局部气流会迅速降低动物体表的温度，这就是人们常说的"贼风"，对幼年动物来说，贼风往往是致命的。主要通过空间围护的设计和建造工艺避免贼风。对于大多数卧地休息的动物，要在围护结构底部设置隔板，避免"扫地风"，同时也要给动物提供充足的地表铺垫物，保证动物的睡眠质量。

（11）一般情况下，要求室内环境的空气交换量为 10 ～ 15 次 /h，可依据空间大小、动物种类、体型、群体数量、地表垫材类型、打扫清理方式和频率等进行调整。

11.4.4　光照控制

（1）光照对维持动物正常的生理发育、形态和行为都有重要意义。不适当的光周期、光照强度和光谱组成都可能成为应激因子。许多因素也可以影响动物对光照的需求，特别是在室内饲养展出的物种，必须结合物种自然史信息和生理代谢特征提供适应的光照。

（2）光照周期对于多种动物的繁殖行为起到关键调节作用。冬季北方日照时间短，长期在室内的热带物种如果没有人工照明干预，可能会导致繁殖障碍。

（3）多数爬行动物需要光照中含有足量的 UVB 波段的紫外线，以保证正常的代谢和生长需要，促进爬行动物取食。这一点也适用于室内展出的鸟类。

（4）在不同物种的动物饲养展出空间，需要考虑光源的类型、照度和照射时间，多数情况下光照可以与局部加温点结合应用，以形成温度梯度；局部的低照度环境也可以为有些物种创造隐蔽空间。

（5）应尽量采用允许紫外线透过的透明材料建造天井，在保证室内空间的基础光照强度时，满足动物对紫外线的需求。这种来自太阳光的紫外线相比人工提供的紫外线光源对动物和饲养操作人员都更安全。

11.4.5　噪声控制

各种设施设备的运转、动物发出的声响和日常操作中产生的各种声音，以及游客喧哗、拍打围护设施产生的噪声和振动，都会对动物福利造成消极影响。动物对声音的敏感程度往往数倍于人类，85 分贝以上的噪声，可以导致动物嗜酸性粒细胞减少、肾上腺素分泌增加和繁育能力下降，灵长类动物血压升高。因此，采取措施减少噪声，提高动物福利是动物园管理工作任务之一。

（1）展区内使用的构件材料、设备结构和工艺，都会影响噪声水平。金属串门的制造工艺和操作方式都需要进行降噪处理；保证所有设备的平滑运转也是有效降低噪声水平的措施。

（2）把必须进行特殊维护保障的动物展区，如需要大强度通风、水循环过滤等设备，保障区应远离动物生活区，以减少噪声对动物的影响。

（3）在有可能出现游客干扰的展区，应设计"振动阻断"，以减少游客拍打玻璃幕墙产生的噪声和振动直接传递到动物展箱。

（4）饲养员的日常操作应尽量减少不必要的噪声，轻拿轻放打扫工具、食盘水盘、温柔的开门关门、在接近动物时提前给予声音信号、绝不大声呵斥动物等，都是保证动物福利水平的良好工作习惯。

（5）圣地亚哥动物园在大型灵长类动物的室内，采用轻声播放舒缓的轻音乐的方式来"中和"饲养员操作和设备运转产生的噪声。目前仅从动物的行为观察结果看来，这种措施是有效的。相反，有些动物园常在园区用高音喇叭循环播放背景音乐，试图增加"游园气氛"，这不仅会使游客欣赏野生动物时无法感受沉浸氛围，对动物来说也是一种噪声。长时间被迫收听强节奏音乐，会加重动物应激。

11.4.6　隔离障碍

（1）动物园中常见的隔障类型包括：围网、墙体、壕沟、钢琴线、玻璃幕墙、栏杆、电网等。

（2）具体选择哪种形式，由展区内的动物和预期的展出风格决定。即使是同一种动物，也有多种选择。

（3）动物展出区的围护设施选材和施工工艺，必须考虑动物身体特征、行为方式和力量等因素，避免夹住动物身体或身体的一部分，特别是头、四肢和尾部。材料边缘保持光滑、无毛刺，避免对动物和操作人员造成损伤。

（4）在非展出区域内使用的墙体围护，需要保证表面光洁、便于清理、不透水，减少凸棱、折角或缝隙，避免形成清洁死角或有害生物的容身之所。

隔障要牢固坚实，日常加强检视和维护，破损不仅有可能造成动物逃逸，也可能给有害生物进入展区提供机会。

11.5　非展出笼舍设计要求

非展出笼舍，即"后台"或"后台容置空间"，游客看不到，是完成管理措施的必要保障，是展区设计的必要组成部分。非展出笼舍多用于动物的夜间或非展出时段的容置，及特殊状况下为动物提供免于打扰的空间，虽然会占用部分场地，但其功能保障和所带来的效果不可替代。

（1）生活在北方动物园中的分布于热带或亚热带的野生动物，在冬季需要有保温条件，动物病患、个体间争斗而必须单独饲养，后台容置空间成必须，由于其操作的便捷性和环境的一体性，使该个体重新融入群体。另外，引入其他动物个体时，饲养员可以实现更到位、更有效的操作。

（2）非展出笼舍是饲养员开展行为管理操作的区域，可以按照日常饲养管理和训练操作要求设置操作位点，开展正强化行为训练、近距离检视、培养与动物之间信任关系、动物脱敏等，根据饲养管理操作要求不断进行功能上的完善。

（3）非展出笼舍应配套安置保定笼。保定笼可以极大地提高动物行为管理工作水平和深度，可以减少动物因为治疗、注射或麻醉所承受的压力和风险。

（4）保定笼的设计，必须符合物种体型、行为方式、力量特点等，同时要结合行为管理目标，如日常称重、超声波检查、五官检视、体表触摸等需要。

（5）保定笼的位置一定是在动物展区和后台容置空间之间，或不同的功能空间之间，作为动物的必经通道。让动物对保定笼脱敏是一项基础的、重要的行为管理目标，在这一过程中不要应用惩罚或负强化的手段，否则会对动物造成长期的负面影响。

（6）设计用于引见功能的非展出笼舍，要具有便于操控的串门，可以有效的将动物合笼或分开，从而避免动物之间造成严重的伤害。

第 12 章　展出动物保定方法

动物保定是通过物理、化学、训练的方法，使动物被制动并保持一定的姿势，以完成身体检查、疾病治疗、串笼运输、辅助繁殖等操作过程，是展出动物饲养管理的重要工作内容之一。工作中，我们要根据动物的种类、个体、保定目的，选择采用适用的保定方法。一般来说，小体型动物、短时间操作、化学保定风险大的动物多采用物理保定方法，中等体型以上的动物、需要较长时间操作、手术等工作需要用化学保定方法，物理保定方法和化学保定方法经常配合使用，特殊工作需要时可以通过训练保定方法来完成。

12.1　动物保定前的准备工作

12.1.1　在进行捕捉保定前，应当对以下问题进行评估

（1）依据保定的目的，选用何种保定方法更具优势。

（2）选定的保定方法是否会出现意外、如何避免、出现意外时的对策。

（3）被保定动物周围环境（笼舍、道路、动物群体、游客）的利弊分析。

（4）是否具备合适的人员、工具、设备，何时进行捕捉保定。

12.1.2　保定前基本准备工作

（1）准备动物。确定好需要保定的动物，明确保定的目的。

（2）准备工具。选定适用的保定方法和工具。

（3）准备场地。了解被保定动物的周围环境，包括笼舍、道路、动物群体及游客。

（4）准备人员。根据需要保定动物的种类、大小、使用的工具等，安排合适的人员。

（5）准备方案。重要动物的保定要有工作方案，包括保定的动物、操作时间、地点、方法，所需要的人员等。

（6）应急准备。保定过程中，动物、人员出现意外时的处置。

12.1.3　保定中的注意事项

（1）保障人员安全。在保障工作人员安全的前提下进行操作。直接参与保定操作人员，各司其职，胆大果敢细心。特别忌讳出现危险时畏缩退却。进行捕捉时，要保持安静，勿大喊大叫，统一指挥，动作要迅速准确。以免造成人员伤害。

（2）保障动物安全。保定过程中动物会出现跑动、冲撞、挣扎，容易出现外伤。所以，要提前清理环境中的不利物品，制定好防护措施，消除隐患，防止动物出现意外。同时，保定过程中，用力要适当，不能出现扭伤，要保障动物的呼吸通畅。

（3）人员分工要明确。需要多人进行捕捉时，明确主要和次要人员。进行捕捉时，以

主要操作人员为中心，其他人员做好配合，适时介入，避免因操作不当引起人员伤害。

（4）人员站位要正确。捕捉和保定过程中，人员的位置非常重要，要了解动物攻击特性和范围，处于攻击范围以外，如大象的鼻子不能触着、野马的后蹄不能踢到、鹤嘴不能啄到等。

（5）要借助环境条件。动物倒地后需要用绳索捆绑固定，固定大型动物时单靠人员的力量不够，需要借助栏杆等固定物，保障绳索的稳固。

（6）选择合适的时间。避免在动物发情期、怀孕期、哺乳期、天气炎热等特殊时期捕捉。

（7）装笼运输，应事先准备好笼箱，检查大小，牢固程度、通风情况、箱内有无异物等。

（8）保定结束后，动物解除保定后，应至少用半天时间关注其释放后的精神、食欲及活动情况，特别是化学保定的动物。

12.2　物理保定

物理保定指通过人工或 / 和工具暂时限制动物的自由活动，并使动物保持一定的姿势，完成操作目的的过程，是常用的动物保定方法之一。进行物理保定时，需要兽医协助饲养员完成保定工作，并做好应急准备。

12.2.1　鸟类物理保定

（1）鸟类保定工具

1）长把扫帚用于走禽、游禽、涉禽、猛禽等捕捉。

2）"Y"形木棍用于走禽的捕捉。

3）抄网常用于游禽、涉禽、猛禽、攀禽的捕捉。网一般用尼龙线或多股棉线织成。长度、尺寸依动物而定。

4）拉网、撒网常用于游禽的捕捉。

5）长把尼龙绸布袋、尼龙网常用于鸣禽的捕捉，口径 30cm，口深 40 ～ 50cm，网眼径 1 ～ 2m。

6）长把布口袋用于走禽的捕捉。口径 30cm，口深 50cm。

（2）鸟类物理保定方法

1）走禽

对比较温顺的鸸鹋、美洲鸵可不使用工具。2 ～ 3 人将动物挤到一个角落，抓住翅的基部，使其卧下或推入笼箱；对比较凶的鹤鸵和雄美洲鸵则需使用工具，采取挤、赶等手段，待其到笼箱门时挤入；对非洲鸵鸟可用口袋套住头后，再进行检查操作或装笼。

2）游禽

在露天放养且水面较大的情况下，用船将动物挤、赶到水面较窄处用拉网堵截，圈入小范围后，用抄网捕捉；冬季结冰后，水面较小，先把游禽赶出水面，挤赶到较窄处用拉网堵截，再用抄网或徒手捕捉；在室内捕捉时，一般是用抄网或徒手直接捕捉。对大型种类，如鹈鹕等，可先用长把扫帚挤住它的长嘴后捉住；对天鹅等，可先挤住其头、颈或手抓住一侧翅尖后捉住。

捉拿的方法：小型鸭类可手握其颈部；较大型的雁、天鹅可攥住其两翅基部或使其头向后，用胳膊夹住躯干部并握住跗蹠部后抱住；对嘴能伤人的食鱼游禽如鹈鹕、鸬鹚、海鸥等，需先攥住其嘴或头的下部再抱起。

3）涉禽

对较温顺的涉禽可直接用手捉。先抓住一侧翅膀或两翅基部，而后背向其头颈，使两翅合拢，用胳膊夹住其躯干和翅膀，同时两手攥住跗蹠下部抱起；捕捉较凶涉禽时，用长把扫帚将其挤赶到一个角落，再依上述方法捕捉。对小型种类可用抄网扣。

4）猛禽

大型猛禽需 2 人共同捕捉，要带防护手套。一人先用抄网扣住头或用长把扫帚挤住头，另一人抓住两翅合于背部按其卧下，再用手抓住跗蹠部，前一个人抓住头，共同放入笼内。

中小型猛禽，先用抄网扣住，再把翅、尾、跗蹠部攥住，并随时防备其嘴、爪伤人。

5）雉鸡类

雉鸡类一般不主动攻击人，对较大的种类，尤其尾长的，应尽量采用手捉的方法。对小型种类，可先用抄网扣住，然后攥住跗蹠部提起或抱起。用手抓跗蹠部时，要特别注意防止被雄雉距刺伤或刮伤。

6）攀禽

对较凶的攀禽，如犀鸟、鹦鹉、巨嘴鸟、伯劳等，用抄网抄住后，一手从后方按住头，并用手指掐住嘴角，另一只手抓住跗蹠部，防止嘴、爪伤人。捕捉犀鸟、巨嘴鸟，可先捉住大嘴，而后抱住翅膀和躯干即可。

7）鸣禽

捕捉时，可先用长把抄网扣住，动作要轻、稳、准，从背部轻轻掐住颈部提起，而后仰面夹于两指间，握住时手用力不要过紧。

12.2.2　草食动物物理保定

（1）草食动物保定工具

1）绳、麻绳、棉绳或尼龙绳，用于捆绑或套被捕捉动物。

2）竹竿与绳套合用。

3）长把扫帚，用于防护保定者也可用于驱赶动物。

4）抄网，适合小型动物捕捉，由铁圈、网兜和木把构成。网兜口径 40 ～ 50cm，网长 80 ～ 100cm，网眼直径 5cm。

5）捕网，坚固、耐磨，长 3 ～ 5m，宽 1.2 ～ 1.5m，网眼直径 5cm。可以人工撒网，也可用枪械发射捕网。

（2）草食动物保定方法

1）特大型草食动物

①象：未训练的象不能保定。对已训练、听从指挥的象，可在饲养员的协助下以食物和口令的引导下装笼，或用铁链固定象腿，进行检查和治疗。注意：链子固定的腿应前后交替，一般为左前腿 – 右后腿，这样可允许它自由卧下。后腿的链长一般 1.2 ～ 1.5m，前

腿链长 1.8m。也可按实际情况而定，铁链应设旋转轴。

② 犀牛：犀牛的物理保定依赖于动物是否配合。多数个体都比较温顺，可以进行各种操作。从安全第一的角度出发，所有的操作都应隔栏进行。犀牛一般难以物理保定。

③ 河马：在幼年时可接受治疗处理，体形稍一变大即会猛冲猛咬。因此可通过食物逗引入小圈，再引诱装箱入笼。经训练，河马可服从饲养员大部分操作。

④ 长颈鹿：身高腿长，饲养人员无法直接接触。治疗时一般采用关入小圈打针。运输装箱可采用将运输笼对准兽舍通道门，采用食物引诱的办法将动物引入笼箱。

2）小型草食动物

多采用抄网扣捕，扣住后，再固定头部、躯干和四肢。在进行治疗检查或装笼时，操作人员应相互配合，要始终保持动物处于侧卧或正卧，但不能仰卧。操作人员不能站在动物的腹部方向，而应在动物的背侧，以防被动物蹬伤。当动物侧卧倒地后，用绳索将两前、后肢捆绑在一起，并前后肢固定在一起，以防蹬腿时伤人或导致动物骨折。

3）中型草食动物

随着麻醉技术的完善，现多用药物镇静或麻醉来达到保定的目的。麻醉动物倒地前，保定操作人员应辅助动物平缓倒下，倒地后将动物头部垫上草袋，防止胃内容返流误吸。用绳子套住四肢，防止蹬腿伤及操作者。

① 骆驼科：本科动物因会将胃内容物喷射，所以在操作时应准备一布袋，先罩住它的头部，以防止喷吐物污染操作人，倒地后操作同上。

② 有角的草食动物：一般体重在 100kg 左右。用套绳套住动物双角基部后，将动物安全拉入笼箱，再迅速解开绳套。另一种方法是使用捕网，把捕网装在通道或闸门处，把动物从一个方向赶出，并使它跑向张开的捕网处。动物冲撞到捕网时，2 名操作人员迅速拉紧捕网，动物会缠结在网内，使动物滚倒在地。在抓捕时，最好是有经验的饲养员进行操作。

12.2.3　肉食动物物理保定

（1）肉食动物保定工具

绳索：以棉绳为佳；串笼：挤压笼；捕网/袋；捕兽棒；"Y"形木棒；手套（皮手套、帆布手套）。

（2）肉食动物保定方法

1）大型猫科动物：大型猫科动物多用串笼方法。在相邻的兽舍过门外放一个适宜的铁笼，固定好后，拉开过门，进行串笼。如果串笼时间充裕，可以进行适应性训练，在铁笼内放肉或活体动物实施引诱。如果时间紧，可以采用驱赶方法，使动物进笼。驱赶时间不宜过长，避免由于动物长时间精神极度紧张而造成伤害。动物进入笼子后，用绳套套住腕、跗关节以上腿部，4 个人同时拉动拴在动物四肢上的绳子使其倒地，其余的人迅速用大绳从动物的肩部、后躯横贯，绳子游离端捆绑在笼箱底部。动物稳定后，可以进行各种检查操作了。

用绳索套捕。对于体质较差或动作迟缓，不宜麻醉的可用竹竿挑着活扣绳套，套入动物颈部并同时前肢进入套索之内后，拉紧绳索，但动作要稳，避免在拉绳时搓伤动物，进笼后及时解开绳套。

2）小型猫科动物：小型猫科动物多采用抄网扣捕，扣住后，再固定头部和四肢。如不能在网内或装笼来完成检查，必须拿出。最好使用工具，可用叉子（木制即可）、钳子（金属）卡住颈部，但大小要适宜，操作时要注意戴手套。金属制的叉必须用橡胶管罩住，避免伤其牙齿。抓颈和上脊背可提起。

"Y"形捕兽棒适用于捕捉攻击性不强的动物，首先用扫帚吸引动物的注意力，同时有助于使动物抬起前肢而套入套索之内。动物被套住后，即把"Y"形捕兽棒的末端推向前，把一只或两只后腿捉住，拉直兽身；或者抓住一只后腿，将尾后端握在另一手手中，另一只腿由助手抓住，如需要也可用布袋、扫帚等协助保定。

3）犬科动物：狼是很机警的动物，用串笼捕捉，不管是短时间食物引诱或是驱赶，一般成功率都很低。除非长时间在串笼内喂食让其感觉安全时，方可关闭笼箱。一般体形较小的大都采用抄网扣捕，捕捉时饲养人员动作要稳、准、快。首先由动物奔跑方向迎面扣住头部方位，全身入网后迅速压紧网沿，将笼箱放在其前对准网口，动物可直接进入笼箱。如动物需要由网内拿出，首先抓颈部，助手抓住后肢，将网卷起逐步暴露动物身体部位，最后换手抓住颈部取出动物。

大型犬科动物用抄网捕捉有一定的危险性，尤其是群体的，使用镇静剂或麻醉方式比较安全。但用药时应保持安静，由主管饲养员配合兽医完成。动物惊慌是常有的，但追赶的时间不宜过长，在麻醉后迅速按计划进行操作。操作完成后及时注射解药。

小型犬科（狐、貉）也可用捕兽棒（捕兽环）完成，其处理方法与小型猫科处理方法相同。但对极为兴奋的狐用抄网捕捉为宜，可减少动物应激。

4）熊：成年的熊在没有完成训练过程前不能直接接近，饲养员接近或检查、接触时必须先麻醉。串笼捕捉的方法与大型猫科动物方法基本相同。但由于熊的破坏力强，尤其是成年棕熊，笼箱一定要坚固。

未成年幼熊可以徒手捕捉，抓住它的颈部皮肤，如母熊捉小熊一样，另一手可放在近尾部分以支撑其体重；会咬的小熊可抓住其后脚而旋转。不宜用捕兽棒，因前脚会抓住绳套，操作起来比较困难。

5）小型食肉类：主要包括灵猫科，如大灵猫、小灵猫、花面狸、熊狸、獴；鼬科，如貉、獾、水獭；浣熊科，如浣熊、小熊猫、蜜熊。

用抄网捕捉本科动物是最理想的方式，方法同犬科动物。但特别要注意的是，虽然它们体形小，但如果麻痹大意，同样会伤及操作者。从抄网中取出动物时，如果不能用一只手固定住动物的颈部，如水獭、獾等，因其皮肤松弛，它们就能转身咬饲养人员，为此须戴厚皮手套。獾的颈部宽大，若用套索捕捉，应同时抓住尾部或后腿并使其头部朝下。

上述小型动物最好先用抄网扣捕，再用手抓牢。一手直接环握住颈部而另一手环握其腹部，身体拉直而头向后弯，使它的背脊向内凹入，这样动物不会乱动。另外动物如放入笼箱，应注意像貉类动物一定要封好网与箱口，若有隙则极易逃脱。

12.2.4　杂食动物物理保定

（1）杂食动物保定工具

串笼，挤压笼；扣网／袋；手套（皮工作手套、帆布手套）。

（2）杂食动物保定方法

1）啮齿类动物

这类动物种类繁多，体形大小不一，但共同的特点是都具有尖锐的门齿和犬齿，捕捉时极易被咬伤。

小型啮齿类动物（如松鼠、各种鼠类）可用扣网捕捉抓牢。先从网外捉住后，再用手直接捉其身。第一步是牢牢抓住其颈部，不论该动物是在网内网外捉，必须预料到可能会咬穿皮手套。所以，抓此类动物需掌握技能，对松鼠不可捉其尾巴，否则容易使尾巴毛皮脱落。

豪猪由于身体有长而尖的刺，接近时应备一块木板以保护自己，扫帚很容易被刺穿。转移时可用一个暗箱直接放入兽舍，因其有夜行的习惯，不久会自己进入箱内。为了检查治疗也可用铁网笼，进行轰赶或推笼挤靠使其进笼。其中有个别动物的刺有倒钩（如加拿大豪猪），刺入皮肤会更疼痛，易感染。徒手捕捉豪猪时用一根木棒将尾向下压，同时抓住其尾巴尖端的毛，当饲养人员坚持向后拖而豪猪向前时，这样的竖起的刺就不会刺到饲养人员的手。提起尾巴接触无刺的地方，抓紧后，倒摩尾的尖端，使刺顺倒排列。捕捉扫尾豪猪可用与捕捉刺猬相同方法处理，但避免被咬伤。另外大体形的可使用抄网和捕兽圈。

2）翼手目

蝙蝠的牙齿锐利如针，捕捉时要戴手套，动作要轻，用力过大会伤及动物。捕捉须用布袋网，首先捉住颈和脚，另一位饲养员可协助折起拍打的翅膀。

3）有袋目

大型袋鼠，特别是雄性红大袋鼠，强有力的踢蹬容易使人受伤，不可面对面、直接捕捉。在捕捉时应从其侧后方抓住它的尾部，然后将其压住，至少要有 2 名饲养员共同完成。头及前肢必须控制好以免咬或抓伤捕捉人员，如果抓尾时该袋鼠回头攻击，可向后拖或将尾巴抬起。当平放在地面时，可放松尾巴但要牢固地把住后腿，捕捉要放在空旷的地域，避免蹬踢墙或围网等障碍物，伤其后腿。小型袋鼠也可用抄网或徒手捕捉，但动作要轻、准，决不宜长时间追赶，易伤及动物或造成不必要的损失。

4）灵长目

大型灵长类一般都用串笼方式。用食物引诱或轰赶，如同捕捉大型肉食动物所描述的那样。因此类动物聪明，短时间的食物引诱都不易奏效，轰赶对动物精神伤害较大，所以最好进行训练，让动物感觉到饲养人员是友好的、进笼是没有危险的，这样操作起来就容易得多。特殊情况可使用麻醉方法捕捉，也安全快捷。

中、小型猴类用抄网直接扣捕，最好是在地面操作，因用抄网罩住动物从高处向下拉时，动物易逃脱，用力过猛控制不好还很可能将网住的动物摔在地上。将动物（猴）从网内取出时，先将其局限在网末端，然后用手卡住其颈部，将网向外翻出使动物外露，另一个人抓住动物的两前肢，并交叉背于身后，将卡颈的手松开，撑住猴子的下肢就可进行各种操作检查了。如为了装箱转移，扣往后可使笼箱口对准扣网口直接入笼箱。

狐猴、蜂猴、狨等小型灵长类动物可用抄网或徒手捕捉。狐猴动作灵活敏捷，群养时最好分开后再捕捉，以免群体攻击或乱撞。如由网取出采用与中等体形猴类相同的方法。小型猴抓住后，首先用拇指和食指捏住其颈和上脊背，避免其转头咬伤捕捉保定人员。也可把食指和中指加上拇指以环住动物颈部，在下巴之下把头部紧握可防动物咬伤，另一只手则牢牢地握住其腹部。如动物挣扎，可紧压使其背脊内陷，此法最易控制。

12.2.5　两栖爬行动物保定工具

（1）大号抄网。用于捕捉扬子鳄、鼋、鳖、大鲵等动物。

制作方法：用直径 0.8cm 钢条弯成直径 45cm 左右的圆圈，配上直径 3.5cm，长约 140cm 的木制手柄。网兜使用普通、结实的编织袋。使用尼龙窗纱或细绳编织的网子，网兜部分可以浅一些。

（2）小号抄网。用于捕捉蝾螈等动物。

制作方法：用 8 号或再细一点的铁丝弯成直径 20cm 的带有手柄的圆圈，网兜使用略粗一点的尼龙窗纱或编织的网子，深度约 6～7cm。

（3）"Y"形钩子。用于捕捉大部分毒蛇，无毒蛇和一些中小型蜥蜴等动物。按压住动物的颈部和挑起动物都比较方便。

制作方法：用直径 0.6cm 的钢条，将前端制成钝锥形并弄成 "Y" 形，安装一根轻质、长度约 135cm（除捕捉毒蛇外，其他的长度可以略短一些），直径 2.2cm 的手柄。

（4）钳式夹子。用于捕捉中小型毒蛇，使用比较安全。

这种工具自己制作有一定困难，有些地方偶尔能见到。大体长度约有 70～80cm，头部套上软质的橡胶管，单手便于操作。

（5）大号医用镊子。用于捕捉小型蛇和蜥蜴，安全灵活。使用前将镊子的前端套上软质橡胶管，对被捕捉的动物起到一定的保护作用。

（6）索钩。用于捕捉眼镜王蛇。

制作方法：用轻型材质做成手柄，长度为 100cm 以上，前端用金属板弯成月牙形固定在手柄的前端，弯的两端制成使 1.5cm 宽的带子穿出灵活的长方孔，将带子的一头固定在弯形一端的孔内，另一头与手柄能平行活动就可以了。

（7）手套。用于捕捉中小型无毒蛇或小型蜥蜴等动物。普通线手套、皮手套、棉手套能使手指灵活就可以了。

（8）扫帚。用于捕捉中大型蟒蛇和巨蜥。日常用于清扫的长把扫帚就可以了。安全方便，不易伤动物。

（9）刷子。用于捕捉一些小型蜥蜴（蛤蚧）。普通的油漆刷子或家用扫床的扫帚就可以了。方便不易伤动物。

（10）叉子。用于捕捉在陆地上的扬子鳄。

制作方法：利用现有树杈制成长度为 150cm 的叉子或利用轻质的金属材料管（长度为 150cm，直径在 3～3.5cm 左右）做为手柄，前端固定一个弧度长为 20cm 的月牙形金属板（板厚度为 0.3cm，宽为 4cm），月牙两端反方向弄成与两端成一条直线就可以了。

（11）透明管。用塑料管或玻璃管制作，用与捕捉粗细相近的蛇，引导蛇爬行进入管子内，抓住蛇的尾部就可以对蛇进行检查了。

12.2.6　爬行动物保定方法

（1）扬子鳄

要明确捕捉目的，配备好捕捉的工具（网子和叉子），由 3 名（A、B、C）工作人员做好明确分工。检查操作空间是否安全后才能开始操作。

如果扬子鳄在水池中，A 者可用网子迎着扬子鳄头部兜住，拉到岸边，待水基本控干后，提到岸上；B 者用脚隔网踩住扬子鳄的头部（力量适当），同时弯下身子将扬子鳄的嘴隔网掐住，C 者此时抓住扬子鳄的尾部，A 者迅速取下网兜，将四肢抓住使其肢翻肘向上（至少两个后肢）。

如果是在岸上，捕捉方法 :A 者执叉子，从扬子鳄的身后将颈部叉压住（力量适当），B 者掐住嘴，C 者抓住尾部；A 者放下叉子，将四肢抓住，使其肢翻肘向上（至少两后肢）。

单人捕捉小型扬子鳄方法: 在有关人员配合下将扬子鳄的嘴掐住，一手将右后肢抓住，如果移动时将扬子鳄提起，腹部向外侧，稍低头，尾部就不易伤到人了。

（2）大鲵

在捕捉前准备捕捉工具（抄网）和安全操作的空间（一般是浅一些的容器）。大鲵在展箱内时，用抄子先将它捞起，待控干水后，将大鲵倒在准备好的容器内，工作人员将双手在水中浸湿后（这样不易损伤动物表皮黏膜）。双手掐住大鲵的颈部，将双手的食指和中指同时叉住大鲵两侧前肢避免滑脱。

（3）毒蛇

捕捉前，工作人员的准备工作十分重要。2 人同时进行操作，明确分工，一人实施捕捉，一人负责监护。要具备胆大心细、精力集中、动作稳妥、眼灵，手快而准等素质。操作空间必须保证安全，操作工具完整无损，捕捉目的明确。

1）压蛇的颈部捕捉者用捕蛇钩将蛇从容器挑出放在平坦的台子或地面上，使其头部尽量要面对操作者，避免喷毒液伤人。用蛇钩子的顶部压住蛇的颈部，另一只手从蛇的背面向前掐住蛇的头颈部两侧或用食指压住蛇的头顶，拇指和中指掐住头颈部两侧后放下蛇钩，再轻轻握住蛇的中后部位，将蛇抓起。

在捕捉大型尖吻蝮蛇时，由 2 名操作人员协同比较安全。一名操作者将蛇挑到安全的平台或地面上，用蛇钩子压住蛇的头颈部，待另一名操作者持蛇钩压住蛇身体时，压颈部者掐住蛇头颈部两侧，拇指和中指不宜伸出过长，以免毒牙从下颌部刺出伤到手指，待压身者握住蛇身体后，共同把蛇抓起。

2）夹蛇的颈部对于小型的毒蛇种类可用镊子、蛇钳等工具直接夹住蛇的颈部，取出后，再用手指掐住蛇颈。

3）索蛇的颈部对捕捉眼镜王蛇来讲，目前用此方法比较安全。眼镜王蛇攻击目标时，前部躯体可竖起 0.7 ～ 1m 高，不易捕捉。捕捉时用索钩套住蛇的颈部，另一只手拉住皮带套的带子使之不能滑脱，将蛇拉出来摁在地面上，另一名操作者将蛇颈部掐住，执钩者放下索钩抓住蛇躯体将蛇控制住。另外，如果与眼镜王蛇躯体不直接接触的话，最好使用串笼方法，既安全，又不易损伤到眼镜王蛇的颈部。

4）笼口捕捉方法是对在蛇笼内较大凶猛的毒蛇所采用的一种方法。首先用蛇钩将蛇从笼内挑出躯体的一部分，一只手轻轻抓住蛇的尾部拉出，放下蛇钩后另一只手靠近笼口外，缓慢、稳妥地抓住蛇躯体，使蛇躯体背部紧靠笼口，将蛇慢慢倒出，抓住颈部。此种方法较危险，易伤人，最好不用。

此外，被捕捉到的毒蛇不论是哪种，在放它们的时候，决不能麻痹大意，不能因放蛇而被蛇咬伤。总之，不论哪种捕捉方法都不能粗心大意，不能伤到自己和他人。捕捉蛇的力量要适宜，既不能使蛇逃脱，还要使蛇感到没有受到威胁，才能使捕捉成功。

（4）蟒蛇

操作者选择好操作的空间和工具，明确捕捉目的，三人同时操作，做好明确分工后才可以实施。首先由一人从蟒蛇头后用扫帚挡住蟒蛇头部，另一只手迅速掐住蟒蛇的颈部，将头部不要向着自己和他人，另外两人中的一人搂起蟒蛇的躯干，另一人同时将尾部抓住，泄殖腔孔向外，避免排出的粪便喷向他人。三人将蟒蛇抓起。

（5）鼋

中型的鼋用浅一些的抄网捕捉比较安全，先用抄网将水池内的鼋抄住，待水控干后，将鼋抄到一个安全的空间放下，操作者将抄网放下，从鼋的后边用双手抓住鼋的中部靠后，使鼋回头咬不到。

（6）巨蜥

捕捉时一定要选择好操作的空间和工具，用脚踩住尾部远端，力度适宜。同时用扫帚挡住巨蜥头部，另一只手迅速掐住巨蜥颈部，使巨蜥不能挣脱开，将扫帚放下后，抓住尾部的同时抓住右后肢。

（7）蛤蚧

操作者先用小扫帚或刷子将蛤蚧头部按住，同时另一只手迅速掐住蛤蚧的颈部，力量以不能逃脱为好，待蛤蚧稍稳定后，将其抓起，另一只手绝对不能碰它的尾巴，以避免折断。如果戴手套捕捉蛤蚧也可不用其他工具，直接用手捂住蛤蚧，然后用拇指和食指掐住颈部抓起就可以了。

12.3　化学保定

化学保定是通过化学药物产生的中枢神经和（或）周围神经系统的可逆性功能抑制作用，使动物的感觉特别是痛觉丧失、活动受到限制，达到制动动物，是常用的动物保定方法之一。化学保定展出动物是以兽医为主的工作之一，饲养员要密切配合兽医的工作，大部分的动物化学保定需要与物理保定联合完成。麻醉分全身麻醉和局部麻醉，全身麻醉是一系列复杂的用药过程，包括使用镇静、催眠、镇痛等药物，使被麻醉者的意识暂时消失，在麻醉前要进行全面体检，避免麻醉中的风险。动物化学保定与麻醉有不同之处，动物的化学保定过程只是麻醉过程的一部分，主要是使动物镇静达到制动，有时不能完全达到麻醉。

（1）化学保定前的准备工作

1）动物准备

确定好要进行化学保定的动物，有条件时，群养动物须事先把要化学保定的动物单独饲养；实施化学保定前，有的动物需要进行绝食、绝水；根据保定的目的和动物的特点，绝水 12～24h、绝食 6～12h。反刍动物、灵长类动物的绝水时间要适当延长。绝水时间长短要了解环境气温，天气热时要适当缩短绝水时间，防止动物出现脱水。

化学保定前要对动物进行健康评估，除非是进行疾病治疗或健康检查，否则对健康有问题的动物不宜进行化学保定。

2）药品准备

化学保定药根据动物种类选择适用的药品，根据动物个体（性别、年龄、体质、体重、化学保定目的等）确定药品剂量和计算用量。

如果使用的化学保定药有特定的拮抗药，必须足量配备。

急救药品根据环境和保定目的，预计保定中可能出现的意外，准备止血药、减少分泌药品、防止呕吐药品、输液用的药品和输液器等。

3）人员准备

化学保定工作以兽医为主，主管兽医指导整个保定过程及意外事件的处置。

兽医实行化学保定时，一般要求双人操作，即两名兽医人员，其中一人主操作，另一人协助。协助物理保定人员，根据需要保定动物的种类、体型、保定目的确定需要的人员数量。一般中型草食动物的头部、四肢、胸腹部各需要一人。

4）器械准备

要根据化学保定的目的、动物准备所用的器械，一般需要绳索、棍棒、枕头等，如要运输，则要准备好运输工具。对于倒地和起立时有风险的动物，特别是大型草食动物，如大象、犀牛等，要事先准备起吊设备，协助动物倒地，如滑轮、支架等，以及氧气等急救设备。麻醉用注射器具，根据动物及用药的实际情况，可选择直接注射、吹管注射、麻醉枪注射。使用麻醉枪注射时要符合枪支使用条件，特别是在注射方向的射程内不得有任何人，不能用枪指向人（不论是否装麻醉弹）。进行吸入麻醉时，要准备使用的麻醉机、气管插管等。

5）场地准备

动物在化学保定的诱导期和苏醒期处于无意识的活动状态，所以实行保定的场地内不能有障碍物、尖锐或突出物，地面要平坦、松软适度，场地的大小至少要满足动物顺利卧倒，并且人员有能操作的空余地，如大象等大型动物场地的边长至少要大象身高的 2 倍以上，要考虑动物在诱导期或苏醒期的安全，放干净水池 / 盆中的水。

6）化学保定记录

在保定过程中要记录动物的反应和用药过程，受保定动物的呼名或编号，使用药物，注射时间、剂量，诱导期、化学保定时间、苏醒期，同时须监测心率、呼吸，并作好记录。

（2）几种给药方式

化学保定的给药方法有多种，如口服、肌内注射等，根据实际情况选择。

1）口服给药。动物逃逸、凶猛不可接近、不适合注射给药时，可采用口服药物的方式。

2）肌内注射给药。是最常用的给药方式，可用手直接注射、吹管注射、麻醉枪注射。根据需要麻醉动物的种类、环境条件选择适用的方式。

3）静脉注射给药。在基础保定的基础上，通过静脉给药，起效速度快、用量小。大部分是在治疗过程中，需要动物较长时间处于保定状态，不需要特殊的设备。

4）吸入药物。在达到基础保定后，通过麻醉呼吸机进行吸入式给药，安全、稳定、持续时间长，可随时解除。但是需要专门的设备和熟练的操作技术。

（3）常用的化学保定药物介绍

化学保定药物是具有镇痛、镇静、催眠等作用的系列药物，一类是通过抑制中枢神经系统而产生制动，如镇痛作用为主的阿片类药物，分离麻醉药环己胺类，镇静作用为主的吩噻嗪类、苯二氮卓类、丁酰苯类等。另一类为神经肌肉阻断剂，主要作用于骨骼肌的神经肌肉接头，通过使动物神经肌肉兴奋传导阻滞。

1）镇痛类。以镇痛作用为主的药物，如阿片类、α_2-肾上腺素能激动剂。阿片类药物有良好的止痛效果，但肌松作用有限，安全范围宽，快速起效，并可通过注射拮抗剂来复苏。目前使用的主要是盐酸埃托啡。常单独或与某些镇静剂联合应用，广泛用于许多动物尤其是有蹄类动物的化学保定。但在猫科、犬科、猪科可导致不同程度的兴奋，不做首选药，诱导期长不易进入保定期，剂量不足会引起动物兴奋、奔跑，剧烈活动导致动物机体过热、衰竭，甚可致动物死亡。如不使用拮抗剂，制动时间可能长达几个小时。拮抗剂的使用能有效地控制化学保定的时间，使被化学保定的动物能在几分钟内苏醒。

2）分离麻醉类。这类药物与经典的全麻药不同，它能阻断痛觉冲动向丘脑和新皮层的传导，使其产生抑制，而不是直接引起中枢神经系统的抑制，同时又能兴奋脑干和边缘系统，引起感觉与意识分离，这种双重效应称为"分离麻醉"。这类药物代谢较快，麻醉期短，动物很快会苏醒，无拮抗药，可单独用于某些动物的制动，尤其适用于肉食类、灵长类和鸟类动物。该药可导致肌肉的僵硬和痉挛，大剂量应用可能出现肌肉强直性痉挛甚至惊厥。如氯胺酮、舒泰、复方氯胺酮等。

3）镇静类。这类药物属于短效镇静剂，多与化学保定剂、分离化学保定剂、化学保定性镇痛剂、吸入化学保定剂复合应用，以减少用药剂量，增强化学保定效果，减少毒副作用，扩大安全范围。主要有吩噻嗪类、苯二氮卓类、丁酰苯类等。

（4）麻醉药物及使用剂量选择

每种动物对麻醉药的敏感性不同，所以使用的剂量、诱导期等不同，可根据具体情况选用。

（5）注意事项

1）准确给药。根据确定的动物和选择的药物，计算好用量；采用适用的给药方式，把药物注射进动物体内，并确保注入的药量准确。要做到准确给药，要准确对每类动物进行体重估测，尤其对草食动物很容易产生大的误差，导致给药不准，麻醉效果不良。

2）及时记录。自药物注射进体内，开始计时，详细观察动物的反应，特别是诱导期、苏醒期的反应。

3）仔细观察。自动物出现麻醉反应开始，直到完全倒地、被制动所用的时间，要记录诱导期内动物出现的反应及出现的时间。

4）人员辅助。诱导期后期，在保障人员安全的前提下，操作人员可以提前接近动物，防止动物在诱导期倒地时受伤；麻醉期，动物倒地后，饲养人员要立即接近动物，调整动物的位置，满足进一步操作需要；摆正头部，保障呼吸通畅；垫高头部并使嘴部向下，防止口腔分泌物引起误吸；覆盖眼睛，减少外界对动物的刺激；捆绑四肢，防止不自主的活动；监测心律、呼吸、口腔分泌物等，防止发生意外。

5）及时苏醒。操作完成后，清理不再使用的物品，并立即注射拮抗剂，使动物主动苏醒，氯胺酮等没有拮抗剂要根据药品的保定时间和动物的反应估计动物的苏醒时间，在动物苏醒前撤离所有的用品。苏醒期要观察并记录动物的各种反应，直到动物完全恢复；有些药物会出现二次麻醉反应，要注意观察和记录，并定时到现场观察动物，做好应急处置准备。

6）清理现场。麻醉结束后，要及时清理、补充消耗的物品和药品，清理现场遗留的各种物品。

7）食物和水的供应。动物完全恢复后，再逐渐给予适量的水和食物，不能一次给足量，防止出现意外。

（6）意外的抢救

在化学保定过程中，动物可能出现意外，若出现意外，要立即进行抢救，抢救措施如下：

1）建立并保持静脉通路。当保定的时间长或需要手术时，在保定过程中要首先建立静脉通路，给予液体和营养补充，必要时进行抢救使用。

2）保持呼吸通畅。呼吸抑制时兽医第一反应应考虑是药理作用所致，还是胃内容物反流引起。做出判断后立即实施相应措施，包括立即静脉注射呼吸兴奋剂、拮抗剂，并进行人工辅助呼吸，输氧，停止一切妨碍呼吸恢复的操作。如果是机械性阻塞，要及时清理口腔、气管内异物，保证呼吸畅通，同时注意检查各种反射，直到恢复自然呼吸为止。

3）止血。出血为一般性出血，可进行局部止血。遇有大出血时，要保持动物安静，除进行必要的局部处理外，根据出血量的多少、动物的精神状态、黏膜颜色以及血色素的指标等决定是否进行输液等抢救措施，有条件时可进行输血治疗。

4）减少分泌物。有些药物可引起分泌物增加，在保定前给予抑制分泌物的药物。在保定过程中出现过量分泌物时，要保持动物口腔的位置向下，严重时要用吸器吸取口腔内的分泌物。

5）提前苏醒。即计划的工作没有完成，动物出现苏醒的迹象，要根据工作完成的情况确定，是否追加药量。同时要注意操作人员的安全。

6）作好记录。各种意外情况的抢救过程，要作好记录。

12.4　训练保定

训练保定是根据工作需要，经过饲养员训练动物，使动物保持一定的姿势，并保持一定的时间，以达到完成检查、治疗的目的，是一种新的动物保定方法，减少动物对工作人员的应激反应。

第 13 章　展出动物的繁殖与育幼技术

野生动物异地保护的内容之一是动物繁殖管理。由于圈养种群小，会导致动物对性行为、母性行为等行为的缺失。动物繁殖需要求偶争斗、营养、环境光照、温度，分娩时需要安静的环境。在圈养条件下有些因素不能满足，所以人工繁育十分必要。

13.1　动物的发情判断、合笼配种

13.1.1　鸟类的发情判断与合笼配种

鸟类的繁殖行为包括占区、配对、营巢、求偶、孵卵、育雏。

鸟类在繁殖期间抢占地盘的现象，叫做"占区"，所占的地盘称为"领域"。鸟类的"占区"有着重要的生物学意义，获胜者，容易在很短时间内找到配偶。因此，在发情期的鸟类偶有攻击人的行为，保育员需要佩戴相关的防护用具，保护自身安全。

求偶、婚配行为，鸟类的求偶、婚配行为表现形式多样。许多鸟类在繁殖季节都有"婚装"现象。雄鸟在该处作短距离的飞舞表演，一面鸣叫，一面展出其华丽的羽毛。以雄鸡为例，雄鸡雄鸟会以雌鸟为中心，侧身展出自己的羽毛，以得到雌鸟的欢心。因此，在笼舍内应提供雌鸟躲避的遮挡物，防止雌鸟被雄鸟啄打造成的伤亡，也能避免动物惊慌逃跑导致的撞伤甚至撞死。

雌雄选择合适后，交配产卵。

13.1.2　草食动物的发情与合笼交配

（1）发情

动物生长到一定年龄会表现初情行为，这时期身体发育还不成熟，应避免过早配种，在其达到适配年龄再做种用。动物有不同的发情行为，有些动物发情时容易争斗受伤，对饲养人员也有攻击行为，饲养操作时应注意安全。

发情开始时，雌性动物兴奋不安，对外界环境变化特别敏感，表现为食欲减退、鸣叫、喜接近雄兽，或弓腰、频繁排尿、摩擦外阴、到处走动，甚至爬跨其他雌性动物或障碍物。动物多为季节性发情，不同动物因其生长环境不同，有不同的发情周期，可以根据兽舍、季节、动物情况做适当安排。在进入发情期前应认真观察记录动物的行为变化，提前预测发情配种时间，以避免错过配种时机。一般产于热带的动物发情期不固定，可常年发情，如长颈鹿、河马等。

圈养环境下，光照、温度、营养等条件明显不同于野生环境，在这些因素的影响下，有些展出动物的繁殖季节会略有不同。

（2）合笼交配

草食动物大部分成群饲养，发情交配时没有大的变化。大型草食动物，常常单独饲

养，发情期合笼交配。合笼后，发情个体常有追逐、嗅闻、爬跨行为。要观察雄兽爬跨姿势，判断是否射精。连续数日合笼，雌雄动物有时每日交配数次，要适当将雌雄个体分开，保持体力。交配成功受精后，多数雌兽会拒绝雄兽继续交配。

13.1.3　肉食动物发情判断与合笼交配

（1）发情

猫科动物在一年内都有发情，但是有周期性，如华南虎的发情周期一般在 26d 左右，以春秋发情表现最明显，性欲最旺，发情持续期为 7d 左右（夏季短时为 2～3d）。东北虎为 15～30d，在 11 月份至翌年 6 月份发情，以 12 月份至 2 月份发情最为显著，1～2月份最为旺盛，每次发情持续 5～7d。非洲狮全年都有发情表现，但以早春和初秋最为明显，发情周期为 21～23d 左右，发情持续期为 5～7d。

犬科动物豺和狼一般于 12 月份至翌年 3 月份发情交配。母兽发情表现明显，一般都表现为兴奋，好活动，食欲减退；喜欢打滚、仰卧、外阴部略肿胀且湿润；时时发出求偶的叫声，有主动接近雄兽的行为。

（2）合笼配种

食肉动物大部分是单独饲养，特别是大型动物，只有在发情时期才合笼，配种后又分开饲养。

虎、狮发情高潮期合笼，合笼最好在早晨进行，每日合笼交配 3～5 次，每次间隔10～20min，连续进行 4～5d 即可。交配完毕迅速将雌雄分开，避免发生争斗。配种后下个发情期，如果雌兽不再发情，基本是受孕。

豹的发情合笼，发情第 3d 雌雄合笼交配效果较好，在清晨进行，每日交配 5～6 次，连续 5～7d 即可。交配完毕迅速将雌雄分开，避免发生争斗。

熊科动物的合笼，2～4 月份交配；棕熊、黑熊 4～6 月份交配。

小型猫科动物，每年春季发情交配，孕期 65～75d。

犬科动物一般冬末春初交配。鼬科动物多为每年春季发情交配，一般无求偶争斗现象。

灵猫动物多为春季发情，求偶时会发出叫声，一般在夜间进行交配。

13.1.4　灵长目动物的发情判断与合笼交配

灵长类动物是群养动物，平常雌雄在一起，有时一雄多雌。

叶猴 4～5y 性成熟，全年无固定发情季节，雌性有月经，持续 1～2d，量很少，往往不易发现。雌兽发情时主动接近雄兽并翘尾，交配多在早晨或傍晚进行，连续 3～4d，北方饲养的金丝猴多在 2～5 月份交配。

猩猩科动物性成熟年龄：猩猩 6～7y，黑猩猩 5～6y，大猩猩 7～8y 达到性成熟，雌性有月经，持续 2～3d，性周期 22～28d，黑猩猩外阴红肿是发情的一种表现。

金丝猴性成熟年龄，雌性约为 3.5y，雄性约 4y。成熟雌性在每年 8～12 月份可见到月经，其周期为 23～32d，多为 25～28d，每次约 2～3d。雌性金丝猴在月经后 2w 合笼交配受孕率高，在利用早期妊娠检测手段确定受孕后，最好将孕猴单独饲养，以免造成流产。

低等猴类：其原产地终年气候变化不大，因此其发情期不固定，妊娠期因种类不同而异。性成熟亦由 10M ～ 5y 不等。

长臂猿，在人工饲养下，长臂猿可终年繁殖，没有季节之分。雌性月经周期明显，约 25 ～ 28d 一次，来潮 2 ～ 3d。此间雌性外阴红肿，易于同人接近。

非洲猴科动物：一般 4 ～ 6y 性成熟。在圈养条件下终年可发情交配，1 雄与 2 ～ 3 只雌性合养。雌性发情周期约 28 ～ 32d，典型特征是发情高潮时性皮肿，此时交配最易受孕，在离群环境中长大的个体有不会交配的现象，因此最好到接近性成熟时再把它们分开。

13.2　人工授精

人工授精是指以人为的方法采集动物精液，然后将精液注入发情的雌性动物生殖道的特定部位，达到配种的目的。可以输新鲜精液、冷藏、冷冻的精液。人工授精对家畜家禽的品种改良和优良品种的推广起了很大的作用。近些年，人们把这项技术引入到了展出野生动物繁殖工作中，对珍稀物种的繁殖及种质保存发挥着越来越大的作用。

13.2.1　哺乳动物的人工授精

（1）采精

1）采精器具

电刺激采精器，可以产生 30 ～ 50Hz 的脉冲信号，将采精器输出的电脉冲通过直肠探棒用 3 ～ 20V 电压导入直肠，引起动物阴茎勃起和射精。大多数展出动物都是采用电刺激的方法。

集精杯，用于手接动物射出的精液，一般采用双层玻璃结构，上层之间可以装热水保温。如果动物经过训练，能够接受按摩采精，可以设计相应的集精用具。国外对某些动物的采精就是训练后采用按摩的方法。

2）采精的频率

采精的频率决定于若干因素，如雄兽的年龄、健康状况和对精液的需要量等。采精不宜过于频繁，否则一方面会精液质量下降，另一方面会影响动物的健康和缩短可利用年限。大熊猫多为 3 ～ 5d 采一次，精液的质量较好。

3）电刺激采精方法，在麻醉状态下，将 30 ～ 50Hz、3 ～ 20V 电压导入一支直肠探棒，刺激动物直肠，致使阴茎勃起、射精。首先将动物麻醉，仰卧保定；再用温软皂水灌肠，将直肠内的粪便清理干净；将包皮周围清理干净，必要时剪取周边毛发，以免污染精液。准备好之后可以插入刺激棒进行采精操作，刺激人员与精液收集人员密切配合。

（2）精液品质的评定

精液受精力的高低取决于精液量和品质，所以采集到的精液需要测量数量和评定其品质。评定精液品质的主要指标有精子密度、精子活力、顶体完好率、畸形精子比例等。

精液密度是指单位体积内精子的数量。不同物种间精子密度有很大差别，一般用估测法分为"密、中、稀"三级；还可用血细胞计数法和光电比色测定法较准确评定精子密度。

精子活力是指直线运动精子所占比例，根据比例将精液的品质分上等、中等、下等三级。直线前进运动的精子比例达到 85% 以上时被定为上等，75% ～ 85% 被定为中等，75% 以下者被定为下等。准备保存的原精的精子活力要在 65% 以上，否则经处理后或储存后，因活力明显降低而无使用价值。比例在 30% 以下为劣质，通常弃掉不用。精子活力也与受精率密切相关，是鉴定稀释液和精液处理效果的一种方法。

精子畸形率是指畸形精子所占比例。精子形态正常与否对受精率影响大，精液中如果含有大量畸形精子或顶体异常精子，受胎率就会降低。在正常精液中，有些畸形精子出现，一般不应超过 20%。

顶体完好率是指顶体完整的精子所占比例。

通常在采精后、精液处理前、精液处理后、解冻后准备输精之前都要检查精液品质。

（3）精液的保存

保存精液前需要将精液稀释，一方面可以增加精液的量，另一方面稀释后还可以对精液进行冷冻或冷藏保存，在需要的时候再进行人工授精，提高精子的利用率。

1）精液的稀释

精液稀释液含有稀释剂、营养剂、保护剂和其他添加剂，分现用稀释液、常温保存稀释液、低温保存稀释液和冷冻保存稀释液几种配方。

大熊猫精液稀释液：

短期冷藏（0～5℃）稀释液配方：蒸馏水 100ml、柠檬酸钠 1.6g、柠檬酸钾 0.11g、磷酸氢二钠 0.15g、葡萄糖 0.97g、磺胺 0.10g、新鲜卵黄 20.0ml、青霉素 5 万单位、链霉素 5 万单位。精液冷冻颗粒稀释液：

配方一：蔗糖、甘油、卵黄稀释液：12% 蔗糖溶液 75.3ml、甘油 4.7ml、卵黄 20ml；

配方二：乳糖、甘油、卵黄稀释液：12% 乳糖 73ml、甘油 7ml、卵黄 20.0ml。

上述各液每毫升内加青霉素、链霉素各 500 万～ 700 万单位。

稀释方法是根据准备采用的保存方法选用稀释液，并根据精子的密度、活力、所授精的物种一次输精时所需的最低精子数确定稀释倍数。例如：密度为 15 亿个 /ml 直线前进运动精子占 90% 的大熊猫原精液，在作短期低温保存时，可稀释到原来的 5 倍，每 1ml 原精液加 4ml 稀释液，稀释后每 1ml 精子数为 3 亿，1ml 原精液稀释后，可供 5 ～ 10 次输精用。每一次输入 0.5 ～ 1.0ml 的精液中，可有 1.35 亿～ 2.7 亿直线前进运动的精子，即使保存数日（3 ～ 6d）后每次输入直线前进运动的精子也可达到 0.6 亿～ 1.35 亿，以确保大熊猫受孕。上述原精液样品在做长期超低温（－196℃液氮）保存时，稀释倍数以 4 倍为宜，即每 1ml 含有 3.8 亿精子，经冷冻处理后要死亡一些精子，复苏率在 30% ～ 45%。

2）精液的保存

采集到精液除少部分供即时输精用外，大部分需要作短期或长期保存，以备用。保存方法有常温保存、低温保存和冷冻保存。

低温短期保存：低温短期保存时将稀释后的精液（36.5℃）渐渐降温。经 30 ～ 40min 左右降到 6 ～ 8℃，每分钟降 1℃左右。然后将样品置于 0 ～ 5℃冰箱中备用。主要是供短期（3 ～ 6d）内输精用的样品，保存到 6d 时精子活力仍保持在 40% 以上。

超低温保存：将稀释后精液的温度经 30 ～ 40min 由 36.5℃逐渐降到 5℃左右，然后将样品置入 0 ～ 5℃冰箱内平衡 4 ～ 6h，之后进行冷冻。冷冻时，第一步将 0 ～ 5℃的精液骤然以－115℃～ 120℃冷激成固体样；第二步，将－115℃～ 120℃的固态样品置入

-196℃的液体氮中；第三步，取出冷冻的样品解冻，然后镜检精子的复苏率。若直线前进运动的精子（37℃）在 30% 以上，作长期超低温（-196℃）保存，当此指数低于 30% 时废弃，因为精子活力如此低的精液不能确保人工授精成功。

（4）输精

输精是人工授精的最后一个技术环节。适时而准确地把一定量的精液输送到发情雌兽生殖道内适当部位是保证受胎的关键。

1）输精器具

输精需要以下器具：开腔器、输精器、阴道窥测镜、液氮罐、保温瓶等。保温瓶用于解冻精液。

2）输精时机选择

实际上是准确判定动物排卵期，并在此时输精。动物的排卵是在发情期内，但是发情期往往持续数天。所以需要判断人工授精的最佳时机：

① 激素水平，当雌激素由峰值开始下降而促黄体生成素 LH 处在峰值时动物发生排卵。

② 阴道生殖上皮细胞角化，某些动物的阴道生殖上皮细胞在发情期有角化现象，当角化的上皮细胞达到一定百分比时就排卵。

③ 阴门黏膜充血或水肿到最大限度，并有分泌物时，往往出现排卵。

④ 动物行为，当雌兽出现求偶行为并接受雄兽交配时，也往往伴随排卵发生等。

在上述现象出现时是输精最佳时机，受孕的机会较高。但是，为了增加受孕的机会，可进行 3 次输精：在最佳时机之前 1 ~ 2d 输精一次，最佳时机当天输一次，其后 1d 再做一次授精。这样不仅在最佳日期而且也在可能排卵或卵保持活力的日期内都有精子在受精场所等待卵的到来，肯定会大大增加受精的机会。

由于输精需要对雌兽进行化学保定，而某些化学保定药物，如氯胺酮，会延迟雌兽排卵。在确定输精时机时，还要考虑到这些因素。

3）输精前的准备

① 动物绝食绝水。输精一般都需要对动物实施化学保定，所以要提前绝食绝水，防止雌兽胃内容物反流造成误吸而发生危险。

② 输精器材洗涤、消毒。

③ 输精准备。新采集的精液须进行精液品质评定；用冷冻的精液时，要提前一天将便携式的小液氮罐充满液氮，前往输精地点前取出冷冻精子，放入便携式的小液氮罐。精子的解冻在现场进行。

④ 输精人员的准备，安排足够的人员，并做好分工。

4）输精方法

先清洗雌性阴门及其周围，以温皂水清洗外阴及其周围，再以温清水洗净皂液，并用温湿纱布或毛巾拭去残留的水。然后用开腔器撑开前庭和阴道，用窥测镜或借助照明器具观察，直接用肉眼看往往看不到某些动物的子宫颈口，当确定子宫颈口后，将输精器插入，然后徐徐注入精液。必须指出，在将精液吸入吸精器前，一定要检查精液质量，合格后方可用于授精，不合格者弃去不用。

5）影响人工受精受孕率的因素

精液品质、输精时机、输精人员的技术水平对受孕率影响很大。目前，用人工授精技术繁殖展出动物并不普遍，多用于珍稀濒危物种。操作时要确保安全，往往以不对动物构成伤痛为原则。所以不能直接观察到卵泡发育的状态，不利于判定排卵的时间，这是影响受孕率的首要因素。其次，展出动物的习性是"野"，在圈养环境中做人工授精必须保定，剧烈的保定措施常常导致它们的应激反应，从而影响了正常排卵。其三，授精专用器械少，多为代用品，不利于受精操作，影响输精效果。精液的质量不够理想也是影响受孕率的主要因素之一，人工授精所用精液的质量都必须是较理想的，才能确保较高的受孕率。

13.2.2　鸟类的人工授精

人工授精适用于无法自然交配的情况，如由于受伤、身体畸形、雌雄个体差异悬殊或行为障碍等原因使自然交配难以成功，或者雌雄个体由于行为不协调，一方受到攻击而分开饲养等。有时为提高某些种公鸟的利用率，也需要采取人工授精方法。

（1）鸟类人工采精

鸟类的人工采精方法有以下几种：

① 按摩法：按摩法是最常用的方法。用手刺激雄鸟的性敏感部位，引起雄鸟的射精反射。通常按摩腹部、背部和腹背部，腹背部按摩最常用。体型不同的鸟类，具体操作亦有很大差异。中小型鸟类，可利用特制的保定台，由一人独立完成，也可以一人保定，一人操作。采精操作时用左手的拇指和食指按摩尾综骨周围，右手的拇指和食指轻轻挤压泄殖腔周围，当交配器露出时，左手稍用力挤压泄殖腔，右手持集精杯或细管收集精液，整个过程需要 10s 左右。对于鹤类等大型鸟类，一般需要 3 人操作，一人抓住雄鸟颈部，倒跨在背上，双手按摩其背部及股部外侧，经过数次按摩后，鹤尾羽向上翘，同时发出低沉的"咕、咕"声，泄殖腔外翻。第二人适时按摩泄殖腔孔周围及腹部至精液排出。第三人即刻用集精杯收集排出的精液。利用按摩法采精，常需要对雄鸟进行一定的训练，使之建立条件反射。

② 电刺激法：电刺激法是利用低压交流电在雄鸟泄殖腔及其周围进行间歇性刺激，从而使雄鸟排出精液。

③ 假阴道法：假阴道法是借助台鸟诱使雄鸟发情，利用特制的假阴道采集鸟类精液。

④ 顺应法：常在猛禽的人工采精过程中应用。这种方法通过对雄鸟从小的训练，使其对训练者建立条件反射，把人体的一部分（例如手臂）当成配偶，从而将精液产在训练者手中的器皿中。

采精过程中应本着尽量降低对动物的伤害为原则，根据不同鸟类的繁殖生理、形态学特征、行为特性灵活应用，以提高采精效果。

（2）精液品质鉴定

在采精后 1 ～ 2min 内完成精液品质鉴定。

① 直观检查：观察精液的色泽及清洁度，质量好的精液呈半透明、灰白色、黏稠状。每次采精量为 0.01 ～ 0.03ml。

② 密度和活力检查：取少量精液，用生理盐水按 2 ～ 10 倍稀释，用 200 倍显微镜检查精子密度和活力，将精子分为 5 个等级。

A 级：精子密集，80% 以上精子活泼运动无杂质。

　　B 级：精子间隙有空隙，70% 以上精子活泼运动，偶见畸形精子及杂质。

　　C 级：精子空隙稍大，50% 以上精子活泼运动，有少量畸形精子及少量粪尿。

　　D 级：精子量少，精子运动迟缓，畸形精子及杂质多。

　　E 级：偶见精子，杂质较多。

　　A、B、C 级可做输精用，D、E 级不可用。

　　③输精：采精后 30min 之内要完成输精，用生理盐水稀释至 0.025ml，够一份用量。

　　用手按摩处于发情期雌鸟泄殖腔周围，刺激泄殖腔外翻，将精液用输精枪或注射器输入其左侧输卵管口。将精液输入输卵管可以得到较高的受精率。输精时不要太用力，输精枪或注射器也不要插入太深，以免损伤雌鸟泄殖腔。也可以直接将精液注入泄殖腔内，这一方法会对受精率有一定影响，但操作简便、快捷，且不会伤害雌鸟输卵管。

　　④精液冷冻和解冻下面以鹤为例予以介绍。

　　采精：利用按摩法采集精液，用作冷冻的精液必须是无粪、尿污染，精子活力在 50% 以上，精液量不能少于 0.02ml，方可做冷冻精液使用。

　　精液稀释液国际鹤类基金会应用的稀释液配方如下：5.0gD- 果糖（分子量 = 180.16）、0.34g 氯化镁（分子量 = 203.32）、0.65g 磷酸氢二钾（分子量 = 136.1）、12.7g 磷酸二氢钾（分子量 = 228.2）、0.64g 柠檬酸（分子量 = 306.4）、1.95g 牛磺酸（分子量 = 229.25）、8.67g L- 谷氨酸（无水，分子量 = 169.1）、4.26g 醋酸钠（分子量 = 136.085），以上试剂溶于 1000ml 蒸馏水中，然后用氢氧化钠调 pH 至 7.8，用蒸馏水将渗透压调至 310meq/L。

　　冷冻程序：将采集到的精液放入小试管内，以 1：1 的比例加入精液稀释液，立即进行精液质量检查。将混合好的精液放入 5℃ 的冰箱内备用。在 5℃ 环境下，将保护剂 DMSO 以 1：2 的比例加入稀释的精液中，混匀后放入冰箱平衡 15min，期间再进行一次精子活力的检查。用 0.2ml 的塑料细管分装精液、封口。在盛有 1/4 高度液氮广口瓶上悬挂自制的圆形铜网圆盘，将分装好的细管放在圆盘上面，用液氮蒸汽将其冷冻。先以每分钟下降 1℃ 的速度从 5℃ 降到 −20℃，再以每分钟下降 50℃ 的速率从 −20℃ 降至 −80℃，达到 −80℃ 时将塑料细管缓慢放入液氮罐中（−196℃），最后将冷冻好的精液细管移入液氮罐内保存。

　　解冻：输精之前从液氮罐中取出装精液的细管，立即放入 0～5℃ 的冰水中解冻，约 3～5min 后即可解冻。取一滴精液检查精子的活力，精子活率在 20% 以上可立即输精。在冷冻过程中精子的损失在 50%～60%，所以输入解冻精液时，可以输入 2～4 份原精液，每次授精至少要输入 15 万～20 万个精子，以保障效果。

13.3　动物繁殖的产前准备、助产、产后护理

13.3.1　两栖纲动物的繁殖

（1）蝾螈目动物繁殖

　　分陆栖、水栖，大多数为水陆两栖，栖息在水中或岸边的洞穴中。陆栖的栖息在潮湿地带石块或侧木下面，一般离水域较近。水栖的栖息在池塘、湖泊、水荡、江岸或山溪中，有的种类经常或终生不离水，终年在地下水洞内生活的，眼多退化或无眼睑，多数有

侧线器官。蝾螈目动物为食肉性动物，一般能借嗅觉捕食不动或少动的食物。主要食物：昆虫、甲壳类、蠕虫、鱼类、蛙、蝌蚪等。

蝾螈目动物均无交接器，体外受精者是水内直接完成受精过程（大鲵）；体内受精者是雄性先排出精包，雌性泄殖腔壁将精包纳入泄殖腔，暂时植入泄殖腔内，排出时精包释放精子，在输卵管内受精（蝾螈）卵，个别种类卵胎生。幼体一般都生活于水中，有外鳃，先出前肢，再出后肢，无明显变态，多于春季繁殖。

（2）蛙目动物繁殖

幼体时期有尾和鳃，先出后肢，后出前肢，尾是变态前的营养来源。

蛙目大部分为水陆两栖，陆栖（树栖、穴栖），极少数有水栖。一般栖息在潮湿的地方或水域附近，隐藏在林草丛中，水陆两栖的后肢则长而健壮，蹼多发达，陆栖性强的可离水域，黎明和黄昏时或阴雨天的白昼活动。由于指、趾末端多成吸盘状可吸附在平滑的物体如树叶或树干上等栖息，善于掘土，蹠突出发达或有坚固的头部为穴栖。它们在春夏之交的繁殖季节才真正意义上地进入水域或其附近去。成体以各种昆虫、蠕虫、蜘蛛、螺类、多足类、甲壳、小鱼、小蛙、小蛇等为食，幼体时以植物性食物为主。

蛙目动物均无交接器，体外受精，卵生（仅个别种例外），卵的大小、数目、色素深浅随种类而异。产卵数多者上万，少者一枚，受精卵经过 7~14d 孵出蝌蚪。一般在初春，冬眠苏醒后或春夏之交进行繁殖（繁殖季节时间上的差异可能与地域有关）。总之，蛙目动物从卵到成体有多种多样不同适应方式。

（3）龟鳖目动物繁殖

食性分为草食性、肉食性和杂食性三种。平胸龟吃蜗牛及蠕虫，陆龟亚科大部分为草食性；龟亚科及海龟类草食，肉食及杂食的种类都有。鳖科大多为食肉性。龟鳖目动物的耐饥能力很强，可很长时间不吃食物而生存。

龟鳖目动物的两性有差异，有的种类雄性腹甲略凹入，可与雌性相区别。大多数雄性尾较长，肛孔位置较靠后，有交接器，有的种类两性的色斑有所不同，但鉴别雌雄的科学方法还有待进一步研究。

龟鳖目动物体内受精，卵生，卵呈球形或椭圆形。具白色钙质壳，海壳科的卵呈球形，具羊膜似的软壳。产卵时雌龟后肢掘土，将卵产于掘成的洞穴中，然后用泥或砂把卵穴掩盖自然孵化，每次产卵 2~20 枚。海龟一年产 2~3 次卵，每次可产 200 枚之多。

龟类角质盾片上有心环纹，一般认为同心环纹的数目代表龟的年龄，但并不完全可靠。龟鳖目动物寿命一般较长，可活数十年，有记载的可达 150 年。

13.3.2 爬行纲动物的繁殖

（1）蛇亚目动物繁殖

1）雌雄鉴别：雄性肛孔部较粗，尾略长，泄殖腔内有一对交接器；雌性肛孔部较细，尾略短，泄殖腔内无交接器。

2）产卵：大部分为卵生，5 月底至 6 月产卵，产卵数量因种类而异，一般产卵 6~15 枚。一小部分为卵胎生，在母体输卵管内发育成熟后产出，一般产 6 条左右。

3）孵化期

① 一般要求温度在 25℃以上，自然孵化时间约 55~60d，卵胎生种类自交配后约

4M 产出幼仔。

②人工孵化：用玻璃容器里面垫上干净湿润的黄细沙土，湿度在 60% ～ 70%（用水攥后土质似散开不开为好），厚度在 8 ～ 10cm，将受精卵放入后，再盖上 1 ～ 2cm 厚的沙土，用透明的盖子盖好，放在一个保温、朝阳的地方，温度在 25℃以上，6 ～ 7d 翻一次卵，检查发育情况，并将发育有问题的卵及时取出来。60d 左右就可以孵化出幼仔。用恒温、恒湿的孵化器孵化为最好的方法。

③孵化出幼蛇的处理：刚孵化出的幼蛇和卵胎生的幼蛇一定要严格管理，要严格的检查设备，蝮蛇在展箱内产仔时，要早发现及时取出，放在幼蛇饲养箱内，避免幼蛇逃逸。

（2）鳄鱼繁殖

在水中交配，卵生，一般可产 20 ～ 70 枚卵，自然孵化将卵产在岸边巢穴内。有的种类雌性有护卵的习性，一般在 45 ～ 60d 孵出幼仔，寿命长达 50y。扬子鳄的繁殖主要有以下几点：

1）雌雄鉴别。雄性：鼻孔部至眼部较平，泄殖腔内有交接器。雌性：鼻孔部至眼部较凹，没有交接器。

2）筑巢产卵。建造一个僻静、向阳、地势较高的土墩，垫上约 22cm 以上的树叶、草根等杂草，使扬子鳄在此筑巢，待产卵后将上面覆盖约 56cm 的树叶、杂草，靠自然环境温度自己孵化，温度大约 26℃以上，一般在 7 月中旬、下旬产卵。

3）产卵数量。在自然环境中有产 16 ～ 47 枚卵，在人工饲养下有产 12 ～ 33 枚卵的记载。

4）孵化期。平均 74d 左右。

13.3.3　鸟类孵化

鸟类一般在春夏季繁殖，繁殖年龄因种类而异。鸟类的生殖腺发育成熟后，在光照、温度、自然景观的作用下，通过神经、内分泌系统的活动，发生一系列的繁殖行为。孵化过程是鸟类的重要繁殖行为。

（1）温度

温度是胚胎发育的首要条件，在胚胎发育过程中需要一定的温度。一般来说，温度偏高会加速胚胎发育，提前出雏。但雏禽软弱细小，如超过 42℃，可使胚胎在几小时内死亡，反之，若温度偏低则使胚胎发育迟缓，雏禽品质差。若低于胚胎发育的临界温度（23.9℃），也可在 30h 左右使胚胎死亡。

鸟的胚胎发育完全依赖外界环境。其最主要的条件是温度、湿度、通风和转动卵等。不同种的鸟，所需要的外界条件也不同，这取决于每种鸟的遗传特性。所以，为使胚胎发育正常，就必须满足每种鸟在适宜温度孵化，否则胚胎就不能发育或发育得不正常。通常鸡的孵化温度是在 33.4 ～ 38.8℃，孵化的最初数天内蛋上面和下面的温度差距较大，此后差距减小，上面和下面的温度平均相差 2.4℃。同时中央的卵和边上的卵温度也不同。所以，孵窝的母鸡每天都经常转动卵的位置。不仅是鸡，其他种类的鸟定时离巢，卵的温度也有变化。可见在孵化过程中胚胎的需要一定的温度范围。孵化的不同阶段所需要的温度并不相同，长期恒温对胚胎发育并不理想，合理的温度变化对胚胎的发育有一定的刺激和促进作用。

孵化初期温度稍高，可促使胚胎发育。此时胚胎很小，自身产热非常少，温度调节尚不可能，故温度不但稍高，而且还得保持稳定。在孵化后期，胚胎不仅自身有了体温，而且自身产热，亲鸟通过频繁凉卵来降低孵化温度，保持壳内适于胚胎发育的温度。

（2）湿度

湿度也是孵化过程中的重要条件之一。在孵化过程中孵化温度相对较高，卵内水分容易丧失。保持一定的湿度，才能防止卵内水分丧失，以保障胚胎的正常发育。湿度过高或过低都不适宜，湿度太高则妨碍卵内水分的正常蒸发，空气不流通也会影响胚胎的发育；湿度太低则卵内水分会蒸发过多，也会严重影响胚胎发育。胚胎发育的不同阶段所需要的湿度也不同。孵化早期胚胎所需湿度稍高，相对湿度 65% ～ 70%，在孵化中、后期所需湿度降低，相对湿度 50% ～ 55%。

（3）通风

胚胎发育过程中需要一定的空气。在孵化过程中胚胎不但需要充足的氧气同时还要排出大量二氧化碳。二氧化碳过多，胚胎生长停止，甚至会导致胚胎死亡，或引起胚胎的病变、畸形和胎位不正长。适量通风是保持胚胎正常发育的重要条件，能保护胚胎吸收足够的氧气并排出产生的二氧化碳。

（4）转卵

亲鸟转卵，可以促进胚胎活动，防止胚胎与壳膜粘连，并使胚蛋受热均匀。

（5）凉卵

亲鸟在孵化时，经常离巢或将卵外露一定时间，这时卵温必然下降。在孵化后期凉卵现象尤为显著，可起到帮助胚胎散发热量保持正常体温的作用。

13.3.4　草食动物的繁殖

（1）妊娠

草食动物妊娠后，不再有周期发情表现，常表现出食欲增进、膘情改善、毛色有光泽、性情温顺、行为谨慎、妊娠中后期腹围增大向一侧突出、乳房胀大，还有腹下水肿现象，妊娠后期可见胎动。

应加强妊娠动物的营养，尤其注意维生素和矿物质的补充。如动物缺钙，产出的胎儿体弱，四肢无力。还应加强饲养管理，避免惊扰妊娠雌兽，麻醉修蹄、串笼运输、预防治疗等也应尽量避免。

（2）分娩

根据配种记录可以预测分娩日期，一次做好产前各项准备。兽舍准备：如产房消毒、铺垫草、栏杆加密、河马水池降低水位。注意动物分娩时季节、天气状况：如冬季要防止露天产仔。适当隔离妊娠雌兽：如神经质动物单圈饲养，群养动物中有雌兽互相攻击其他幼兽行为的动物、易弃仔的雌兽要提前单圈饲养。

不同动物有不同的分娩前兆。如分娩前动物阴唇出现肿胀、松弛，尾根两侧下线；乳头可挤出液体，或出现漏奶现象；产前数小时，表现不安，常有起卧、回顾腹部、刨地、食欲减退、呻吟摆尾；阴道流出黏液、尿频等。只要认真观察，就能及时发现。初产雌兽表现不安、起卧频繁、食欲减退等，经产雌兽表现不甚明显。

分娩过程中保持安静，不惊吓动物。反刍类胎儿两前肢与嘴同时出现。从露出胎儿蹄尖等，可推断胎位，如头和前肢向后弯曲，或臀前位、肩前位等等容易造成难产，及时做好难产的应急准备。快者 1 ～ 3h，多数物种在 23h 内排出。流产、难产、未成熟胎儿分娩以及多胎妊娠时，常有延迟排出的现象。产程过长可考虑人工助产。如延迟时间太长，可引起子宫内膜炎。胎儿产出后，要观察雌兽的舐犊护幼行为。

草食动物多为早成兽，出生不久即可站立，并能找到雌兽的乳头，吮吸到初乳。

分娩后还要观察胎衣的排出情况，有相当的动物要将胎盘吃掉。胎衣不能排出或排出不净，易引起感染。

13.3.5　肉食动物的繁殖

肉食动物产仔后，母性极强，哺乳期母子的关系密切。哺乳期一般在 3 ～ 6M 甚至更长。值得注意的是，在人工圈养条件下，人为将哺乳期的母、仔兽分开，令母兽在下一个发情周期又发情、交配，以达到再次繁殖而增加动物繁殖数量，这样势必会影响母兽与仔兽的体质。

（1）虎、狮妊娠后，有时出现假发情，表现轻微，持续 2 ～ 3d，不能与雄兽合笼，防止流产。妊娠第 45d 雌兽腹围较大，第 75d 时更为明显，走路时腹部左右摆动。此阶段食欲大增，应适当控制饲料量，防止孕兽过肥，胎儿发育过大，出现难产。妊娠 75 ～ 85d 时，准备好产房和产箱，并进行消毒。需要提前使孕兽习惯产房环境。用木板遮挡兽舍，以减少外界环境因素的干扰。妊娠 90 ～ 100d 应停止将孕兽外放。虎的妊娠期 105d 左右，狮 110d 左右。每胎产 1 ～ 6 仔。孕兽产前 1 ～ 2d 绝食，烦躁不安。分娩多在夜间。产多仔时，每仔的时间间隔多在 40 ～ 180min，间隔时间长短与环境是否安静和孕兽体质有关。产后母兽会很快舐净幼子体表，在距离脐根 4 ～ 10cm 处咬断脐带，吃掉胎衣。产后 8 ～ 14h 内仔兽能找到乳头，吸吮母乳。产后 4d 内的初乳对保证仔兽健康发育非常重要。产仔后即进入哺乳育仔期，母兽对环境的变化十分敏感，对任何干扰反应强烈。为防止母兽叼仔，弃仔甚至吃仔，所以要遵照以下几点：

① 除主管的动物保育员外，任何人不准进入产房，除非特殊情况，保育员也不能接近产箱。产仔 24h 内不要投喂饲料，可以喂水。尽快确认幼仔能够吃上奶。

② 正常情况下，产仔后 5 ～ 7d 串开母兽 3 ～ 5min，主管动物保育员简单清理产房后及时将母兽串回，并注意观察母仔表现。如无异常，隔 3 ～ 5d 后做第二次清理，不触摸幼兽。

③ 幼兽 1M 后，习惯于吃肉，饲料中应该补充钙。幼兽每日晒太阳 20 ～ 60min，若母兽乳量不足可补饲牛奶、鸡蛋。

④ 幼兽 1M 后，要加强产房和饲养及环境的卫生消毒工作，防止母仔感染消化道疾病。

⑤ 幼兽 4M 转为食肉，喂给带骨肉和补充维生素。5 ～ 6M 时母仔分养。幼兽生长发育迅速，要供给足够的营养，喂给活动物及适量的牛奶、鸡蛋。

（2）豹，发情交配后雌兽若无第二次发情，食欲旺盛，活动量下降等，可以人为确定雌兽怀孕。孕期 96 ～ 98d，第 70d 时，可见腹围较大，乳头突起。孕期中要细心管理，坚持让孕兽到室外活动，接受阳光照射，加喂活食、钙和 VA、VD 等。怀孕 70d 时做好产前准备，在兽舍中放入产箱，在兽舍前装遮挡用的模板。操作时不强力驱赶孕兽，闸门轻拉慢关，防止挤碰孕兽。孕兽临产前 1 ~ 2d 不进食，每胎产 2 ~ 4 仔，初生仔体重 500 ~ 700g，幼兽 10 ~ 14d 睁眼。非主管保育员不要接近产房。产后一周可由主管保育员串开母兽 3 ~ 5min，简单清扫一下产房，但不触摸幼豹，3 ~ 5d 后，第 2 次清理产房。产后 2M 可将兽舍挡板拆去，但要防止幼兽钻出。初生 3w 后幼兽便随母豹学习吃肉，5w 后给幼豹晒太阳，加喂钙和维生素。3M 的幼豹基本以食肉为主，要开始喂带骨肉练牙齿。5 ~ 6M 时将母仔分开饲养。

（3）小型猫科动物，每胎产仔 2 ~ 6 只，幼仔 2w 左右睁眼，3 ~ 4w 开始食肉。小型猫科动物饲养下繁殖较难，多数种类性情机警，需要无干扰的环境，巢要隐蔽，幽暗，活饲料要充足。

（4）犬科动物每胎 2 ~ 6 仔，产后 10 ~ 14d 幼仔睁眼，50d 开始吃食，90d 分窝。狐 2y 左右成熟，春季交配，妊娠期 50 ~ 55d，每胎产仔 5 ~ 6 只。幼仔 14 ~ 18d 睁眼，30d 后吃肉，120 ~ 150d 分窝。

（5）熊科动物中，北极熊 4 ~ 5y 性成熟，2 ~ 4 月份交配，怀孕期 240d 左右，每胎产 2 仔，初生仔重 600 ~ 800g，40d 左右睁眼，100d 学习采食，6M 的幼熊分窝饲养。1y 内的幼熊每日喂三餐，日量为牛肉条 1.5 ~ 2.5kg，奶 1000 ~ 1500ml，鸡蛋 3 枚，窝头 300 ~ 750g，清鱼肝油 60 ~ 100ml，骨粉 10 ~ 15g。棕熊、黑熊一般 3 ~ 4y 成熟，4 ~ 6 月份交配，怀孕期 205 ~ 215d，每胎产 2 ~ 5 仔，初生仔重 500g 左右，25 ~ 40d 睁眼，60d 出巢活动、吃料，5M 分窝饲养。

（6）鼬科动物，妊娠期 30 ~ 80d（不同属各异）。一般每胎多仔，偶尔有一仔。产前应准备好产箱，并保持环境安静，避免母兽将幼仔咬伤或吃掉。2 ~ 4M 后幼仔便可独立生活。国外有人工哺育成活不到 10g 伶鼬幼仔的记录。

（7）灵猫科动物，妊娠期 60 ~ 90d 不等（因动物而异）。在受孕后应设置产箱，并将雄兽分隔，避免造成孕兽流产和伤害仔兽。一胎多仔，在夜间或清晨出生。幼仔 3M 断乳，1 ~ 3y 性成熟。

（8）小熊猫的妊娠初期无明显反应，3M 后行动迟缓，多静卧。孕期约 120d，每胎 1 ~ 2 仔，最多有 5 仔的报道。幼仔出生体重 170 ~ 210g，26 ~ 30d 睁眼，6M 可断乳。对已怀孕的小熊猫要一定限度的增加日粮中蛋白质的含量，及时添加矿物质等。产前要准备好产箱，最好 2 个，因有小熊猫哺乳期间叼仔兽移动的现象。哺乳环境一定要确保安静，尽量减少人为干扰，否则很容易发生母兽弃仔的现象。

13.3.6　灵长类动物的繁殖

灵长类动物雌雄差异大，性成熟后，雌性有性周期现象。大多数常年发情，母兽发情表现明显，有些种类有性皮表现。怀孕期 4 ~ 9M，多数每胎 1 仔，哺乳期母子不分离。

（1）叶猴类怀孕期 6M 左右，雌性在怀孕后期活动量减少，食欲增加，腹部下垂，乳房稍有膨胀，分娩多数在夜间或凌晨，母性强，胎儿出生后母兽很快把幼仔抱在怀里，几小时内幼仔便能吃上母乳。幼仔出生时体重一般在 300 ~ 450g，幼仔体毛多为棕黄色，3 ~ 6M 后与成年猴毛色类似，稍淡。幼仔 2M 能自由活动，4M 时幼猴灵活地在母兽周围玩耍，时常从母兽嘴边抢些食物吃，6M 时，幼兽需补充饲料，注意母兽抢食，如饲料不足幼兽发生营养不良，此时应母仔兽分开饲养。如果母兽不带幼仔或奶水不足，必须将幼仔取出人工育幼。

（2）猕猴类发情期不固定，多数在春秋季节交配，怀孕期 5～7M，每胎产 1 仔，偶有生双仔的，母兽产后对幼仔都很爱护，要在交配前后适当增加营养，以利于受孕和胎儿发育。

（3）猩猩的孕期为 275d 左右，黑猩猩的孕期为 225d 左右，大猩猩孕期为 258d 左右。怀孕初期母兽往往不爱活动，对食物挑剔。2M 后食欲上升，第 4M 起单独饲养。怀孕后腹围增大，乳房膨胀，外阴松弛，分泌物增多，坐过的位置有湿的痕迹，管理上要加强兽舍消毒。在分娩前一两天母兽不爱吃食，喜仰卧。应保持环境安静，停止展览。幼仔出生后，抓住母兽胸部的毛，几小时后幼仔便叼住乳头吸吮乳汁，要对母兽精心照顾，保证饲料的营养充足，环境清洁卫生。产后母兽遗弃幼仔时需要人工哺育。没有初乳时可以用人类的初乳代替。室温 22～30℃为宜，饲喂时奶温要稳定在 35℃左右。

（4）金丝猴的妊娠期为 210d 左右，一般在 4～7 月份的夜间或清晨产仔，每胎 1 仔，极少 2 仔，幼仔出生重约 500g。对妊娠期雌猴一是要保持环境相对安静，切忌干扰、惊吓，二是调整饲料配方，增加其中蛋白的含量，适当添加维生素和微量元素。产仔后注意观察母仔状况，包括进食、哺乳、活动等。如果母兽不带幼仔或奶水不足，必须将幼仔取出人工育幼。

（5）低等猴类，在雌猴孕期，饲料中注意增加蛋白质，同时添加适量的维生素和微量元素，及时将产箱布置好。产后认真观察仔猴哺乳情况，如发现母猴无乳，应及时取出人工哺育，人工乳的配置可依据不同种类和日龄的幼仔而定。

（6）长臂猿的孕期约为 7.5M，多在夜间或清晨分娩，初生幼仔约 200～400g，幼仔 6M 时已能攀爬。产后应认真观察母猿哺乳情况，若发现无乳或弃仔现象时，要及时取出人工哺育。哺育方法和人工乳配方基本与人工哺育猩猩相同。

（7）非洲猴科雌性孕期约 6M，一般在夜间或清晨分娩，幼仔体重通常 500g，幼仔在 6M 后可断奶。

13.4　动物的人工育幼技术

13.4.1　鸟类的人工孵化育雏

（1）人工孵化

鸟类胚胎发育是在体外完成的，胚胎发育条件主要依赖外界的温度、湿度、通风换气、翻卵、晾卵等条件。

动物园野生鸟卵的人工孵化，是基于家禽卵人工孵化原理，依据各种野生鸟类的生物学特征，在孵化工作实践中，逐步摸索、总结，达到目前的水平。做好人工孵化工作，首先要了解鸟卵的结构及其特性、与卵的保存和运输、孵化条件、应注意的问题等。

1）温度。根据卵入机的先后，使用变温孵化、恒温孵化两种方式孵化。整批入孵的同种鸟卵，可根据前、中、后期的所需的不同温度用"变温孵化"。若同机多批入孵，采用恒温孵化法，除出雏期外，整个孵化阶段皆采用同一温度，温度与"变温孵化"的中期温度一样或平均温度。实际上温度变化幅度并非绝对，可根据胚胎的发育进程、各发育阶段的特点来调节温度。室温保持在 20 ～ 25℃。

2）湿度原则是"两头高，中间平"。前期为 60% ～ 65%；中期 50% ～ 55%，以排出代谢产物；后期 70%，为助散热和使蛋壳疏松。影响湿度的因素很多，如：孵化季节及孵化环境、鸟卵种类、鸟卵的储存时间等。通常孵化室相对湿度应维持在 50% 以上。

3）种蛋贮存。随着贮存时间的延长，温度应逐渐降低，而湿度则应提高，以减少蛋中水分的蒸发。宜小头向上，超过 1 周者最好翻蛋。

4）通风。促进气体交换，辅助卵均匀散热。孵化机内的空气与自然空气浓度一样，有利于孵化，孵化器与天花板要有 1 ～ 1.5m 的空间距离，便于空气流通。通风量的大小要根据孵化机内装卵的数量、入孵的时间、季节、气温的高低来考虑。孵化后期，临近啄壳出雏时，要在保持出雏需要的温度、湿度条件下，尽量增加出通风量，能有效地提高孵化率和健雏率。

5）翻蛋。每隔 2 ～ 3h 翻蛋一次，翻蛋角度以 90°（前后各 45°）。出雏期停止翻蛋。

6）晾蛋。有利于散热，促进气体交换，是不可缺少的操作程序，特别是孵化中后期。环境气温低或小批量的孵化，可以缩短晾卵时间，以避免卵受凉影响出雏率。

（2）人工育雏

雏鸟出壳后，亲鸟育雏有一定困难时，应人工育雏，早成鸟育雏成功率较高。

1）早成鸟。雏出壳羽毛干后即能站立和行走，眼睁开，体满被绒羽，体温调节机制较健全，能保持一定的体温，在亲鸟带领下可自行取食，又称离巢鸟。早成鸟多属于地面或水域生活的鸟类，如走禽类、游禽类、涉禽（鹤类）、雉鸡类。雏鸟出壳时卵黄含量尚保留约 1/3，供雏鸟一两天生存所需营养。

① 育雏温度：出雏 12 ～ 24h，羽毛干燥后，由孵化器（出雏器）移入育雏温箱，饲养 1 ～ 2w 后放入笼舍饲养。雏温箱内定温 32 ～ 35℃，温差不得超过 2℃。温度过高雏鸟张嘴喘，精神委顿，严重时有抽风现象。温度过低，雏鸟颤抖，互相拥挤、扎堆、低声频叫，不能很好休息。长时间温度不合适，可造成雏鸟死亡。

雏鸟取食后，每两天降温 1℃，逐步降至常温（25 ～ 27℃）。

② 饲喂：出雏 12h 投食，先喂少量温水（30 ～ 37℃），再按动物种类，喂以不同饲料。

雏鸟需人工诱导取食，用手或镊子夹起食物再放下，如此反复，引导幼鸟取食，或模仿成鸟发出特殊的声音呼唤雏鸟到食盆儿处取食。

走禽：喂切碎的青菜、鲜苜蓿，3d 后加喂配合饲料。

雉鸡：配合饲料及青菜、鲜苜蓿切成碎屑。

涉禽：配合饲料和剪碎的鱼、虾、肉。

游禽：面料拌切碎的青菜或小草。海鸥和鹈鹕喂以切碎的鱼虾。

辅助性青绿饲料、维生素及微量元素按常规供给，涉禽配合饲料为熟窝头、牛肉末、鸡蛋黄混合。

2）晚成鸟。出壳羽毛干后不能站立，抬不起头，眼未睁开，体裸或绒羽稀疏，不能维持体温，仅有简单的反射动作（如求食等），完全靠亲鸟保温和喂食，留巢，又称为留巢鸟。晚成鸟出壳时，卵黄已全部消耗包括涉禽类（除鹤类）、猛禽类、鸠鸽类、攀禽类、鸣禽类等鸟类。晚成鸟人工育雏应注意：

①　育雏温度　3d 以前为 37.5 ～ 35.0℃；4 ～ 7d 为 33.0℃；第 2w 为 30.0℃；第 3w 为 28.0℃，根据发育和气温条件，18d 后可移出育雏箱，放在室内巢筐饲养，环境温度为 28℃；20d 以后，要经常放在室外晒太阳。

②　饲料　应加工成易消化性状，初期饲料须添加消化酶或助消化剂。

③　饲喂　出壳 8 ～ 12h 开始饲喂。先预热饲料，滴一滴在手背上，感觉微热即可。饲喂时，左手中指及无名指轻轻夹住雏鸟颈部，食指和大拇指轻敲嘴基两侧，雏鸟即张嘴，右手用吸管或小勺将饲料滴入雏口内舌部，然后放开左手，待食物吞咽后再喂第二次。

13.4.2　草食动物的人工育幼

在圈养条件下，因母兽或幼兽的原因，幼仔不能自主哺乳，常需要进行人工育幼，以提高幼兽的成活率。草食动物种类多，生理结构、行为等差异大，人工育幼操作不全一样。

（1）人工育幼条件

在正常情况下，幼兽出生后，很快能自动找到奶头，吃上母乳。但是，初产母兽不肯或不会哺乳幼兽、环境干扰弃仔、母兽缺乳或者死亡、幼仔弱不能吃上乳等情况发生时，需要进行人工育幼。

（2）人工育幼的方法

1）用代母哺育

这是中小型食草兽动物常采用的方法。可用乳山羊、绵羊、奶牛作代母，用性格温顺、母性好、哺乳期的家畜作代母，人工协助将代母的尿液、粪便涂抹在幼兽的身体上，逐渐使代母接受幼仔。

开始时要固定好代母，协助幼兽吮吸乳汁，反复多次幼兽能自己找到奶头吮吸，代母亦接受幼兽，代乳取得了初步成功。

2）完全人工育幼

完全由人工配置奶、人工饲喂。影响人工育幼成活率的因素很多，主要有人工乳的配方、喂奶次数、喂奶量、饲喂技术、饲喂用具、育幼环境、疾病预防和治疗等。因新生动物免疫力主要来自初乳，而目前尚不能找到功能相近的替代物。所以，完全人工育幼的成功率并不高。

3）人工哺育注意事项

①　哺乳次数和喂奶量 科学确定每日哺乳次数和每次的喂奶量，可参考该种动物的习性和发育情况，与人工乳的配方有关，哺乳次数和每次的喂奶量也是育幼成功关键因素。

②　首次喂奶幼兽一般取站立方式，将头抬起，将奶嘴移入口中，刺激幼兽吮吸。已吃过母乳的幼兽开始进行人工哺乳时可能困难一些，先慢慢接近幼兽，让幼兽舔你手指，经过几次适应熟悉后，将奶嘴轻轻放入口内，挤出几滴奶，前后移动奶嘴，刺激幼兽的吸乳反射。经过几天的训练，幼兽就会适应用奶瓶哺乳。幼兽喂奶时，保育员应用手托起并固定幼兽下颌，这样幼兽容易把奶嘴含于口中。

③　哺乳用具的消毒。

④　奶的温度。

⑤　擦拭。

⑥ 饲养中可考虑适当添加钙、鱼肝油及其他如微量元素。

⑦ 发育测量体重、体尺、体温测量，以及行为观察等是人工育幼中必不可少的。可以及时了解动物的生长发育情况，为动物的营养需要提供依据，利于预防疾病等。

⑧ 初生幼兽往往未吃过初乳就被取出进行人工哺育，因此幼兽无法从初乳中获得抗体。

⑨ 人工乳向固体饲料的转变。

13.4.3　肉食动物的人工育幼

圈养野生肉食动物发生产后弃仔的原因比较复杂，如初产母兽因没有经验不会哺育仔兽，环境干扰弃仔，母兽产仔后泌乳不足或者没有乳等。据统计，浣熊科、猫科（虎、豹、狮）多见弃仔，而熊科、犬科、鼬科、灵猫科等不常见。发生幼仔不能吃上初乳时，要进行人工育幼。人工育幼猫科动物的要点：

① 适宜的育幼条件。应创造有利于仔兽成长的各种条件，如适宜的温度和湿度，良好的通风、光照，清洁卫生。温度过低，会易引起吸吮反射消失或降低，胃肠蠕动迟缓。严重时会引起食欲不振、呕吐、上呼吸道发病。

② 乳的选择可以选用产后的狗作代母，用狗哺育已经有成功的先例。如果找不到合适的狗，也可以提前采集狗初乳冻存。在人工育幼的开始 3 ～ 5d 可以喂狗初乳。如果采用全人工育幼，应当了解猫科动物乳的基本成分，以配置出接近自然母乳的成分。

③ 喂奶次数和喂奶量原则。早期猫科动物每日自然哺乳 4 次左右，人工育幼可为 6 次左右。喂奶次数很难准确量化，随着仔兽体重增加，可适当减少每天的饲喂次数，增加每次的饲喂量。哺乳动物的胃容积约为体重的 5%，每日的饲喂总量以体重的 20% ～ 40% 为宜。

④ 促排便。刚出生的幼兽不会主动排便，自然哺育时母兽会舔幼兽的肛门刺激幼兽排便，人工育幼时模仿母兽的动作，用湿润的棉球刺激幼兽的肛门，刺激幼兽排便，到 1 月龄时幼兽就会主动排便了。为促进幼兽发育，最初一段时间要给幼兽照紫外线，照射时注意保护眼睛，一开始每天 10min。1M 可喂给小肉条，要适当喂给鱼肝油和钙片。环境的丰容对仔兽的正常行为发育、减少应激因素、促进身心健康发展也是必不可少的。

⑤ 记录。做好记录，积累资料，便于改进人工育幼工作，并为将来的工作提供参考。

13.4.4　灵长类动物的人工育幼

圈养灵长类动物产后弃仔的现象不多。初产母兽因没有经验不会哺育仔兽、产仔后泌乳不足或者没有乳等，需要人工育幼。人工育幼要点：

① 育幼箱和人工育幼室。早期可使用婴儿使用的育幼箱，保持适宜的温度和湿度、良好的通风、光照、清洁卫生等。随着发育，调整活动场所，增加活动范围。

② 人工乳的配比。影响灵长类动物人工育幼成活的因素很多，但最关键的因素是人工乳的配方、饲喂量和饲喂技术。人工乳配置要尽可能接近母乳成分，以满足蛋白质、脂肪和碳水化合物的需求为主，添加免疫球蛋白、钙、微量元素、维生素等，并考虑动物种类因素。同时，要注意乳的浓度，要根据动物母乳的浓度来确定，浓度过高幼仔无法消化吸收，浓度过低则不能满足动物营养需求。

③ 促排便。刚出生的幼兽不会主动排便，自然哺育时母兽会舔幼兽的肛门刺激幼兽排便，人工育幼时模仿母兽的动作，用湿润的棉球刺激幼兽的肛门，刺激幼兽排便，到 1 月龄时幼兽就会主动排便了。

④ 阳光。为促进幼兽对钙的吸收，保证骨骼的正常发育，最初一段时间（10 ～ 15d，可灵活掌握，到能放出去晒太阳时停止）要给幼兽照紫外线，一开始每天 10min，逐渐增加到 20min。条件允许时尽可能到室外晒太阳，每天 20 ～ 60min。

⑤ 记录。做好记录，积累资料便于改进人工育幼工作。记录的内容包括饲喂的时间和饲喂量、体重、体尺、体温、环境温度、环境湿度、每天排粪尿的次数和量等。

第14章　展出动物环境丰容方法

14.1　环境丰容的概念

环境丰容是指通过改变圈养环境来刺激健康动物表现出自然行为的方法。通过人为干涉的方法来激励动物表现出正常的行为，确保动物生理和心理的需要。例如，通过改进兽舍结构、喂食时间、社群结构就可能减少动物的踱步、拔毛（羽）等刻板行为，促进动物表现出类似在野外的自然行为。环境丰容是一种动态工作过程。

展出动物的饲养环境应模仿该动物的自然生境，要求我们了解动物的自然栖息地相关知识，不断改善。

14.2　环境丰容的分类

环境丰容的分类有不同的方法，如展出环境的丰容、食物丰容、社会性丰容、感官刺激等。

（1）展出环境的丰容

改善动物展出环境的自然因素，增加一些新奇的设施、改变一些方式等，会刺激动物自然行为的发生。例如，给动物提供游泳的水池、泥浴的泥坑、天然的或仿真的植物、一些器具（如绳子，树枝等）、饲料添加或位置的改变、提供非固定器具等，能够增加动物随机性的运动、刺激动物的探索行为、刺激动物的触觉功能和挖掘的机会、扩大动物的活动空间等。

（2）食物丰容

主要是指调整食物的种类、多样性的喂食方式。如不定期改变饲料的品种，将食物涂抹、散放或隐藏、不同处理程度的食物（如整个的水果还是加工切块的水果）、取食器可以给动物提供挑战，让它们通过一定的努力获得食物（如用钻头钻出孔的、里面添上小型食物的管状物；里面放置食物的多层纸箱子或人造白蚁穴等）。

（3）社会性丰容

主要是指通过调整动物的种群结构与野外该动物的种群结构相似，以达到表现社会行为目的。许多动物的梳理、玩耍、示爱等行为都是按照等级关系进行的。在一个种群当中，动物的取食、领土防御等很多行为都是按照一定的分工去完成的。在圈养条件下，动物园的管理者与饲养员在计划展出某一种动物时，要按照该动物野外种群的结构来搭配动物的数量。例如，圈养群体动物必须保证合理的数量及性别搭配、能够共生的物种提供混养，可以增加不同物种之间的行为互补，对于动物福利十分重要。

（4）感官刺激

感官的能力和特化作用贯穿在动物日常的行为中。野生动物无论生活在地面、树上还是水里都有一套生存所依赖的技巧。如视觉、听力、味觉等。食肉动物的视觉对它们捕食猎物极其重要，一些蛾类为了避免被蝙蝠捕食就进化了一些听力，母羊通过舔新生的幼子来熟悉它们之间的气味，保持和仔兽的联系。

感官丰容，在兽舍内增加一些香料、有气味的植物、动物的分泌物（腺体分泌物、粪便等），播放同种物种、天敌或自然界其他物种的声音，设置位置比较高的平台设施让动物能够看到其他展区动物的活动情况，模仿一些被捕食的动物来提高食肉动物的捕猎能力等。

14.3　环境丰容的作用

丰容对保证圈养条件动物生理及心理的健康十分重要，提高动物繁殖率、减少动物的刻板行为、增加游客的兴趣、发挥饲养人员工作热情等，是保障动物福利的有效措施。

纠正动物的刻板行为，刻板行为指动物在压力和无聊时表现出来的那些固定的、没有任何变化的、没有任何目的性的行为，通过丰容工作而减少刻板行为。例如，在整个动物展出区进行食物的散放或气味的散播，动物的探索区域就不仅仅局限在平时动物已经习惯的路线区域，这样就会增加动物的探索行为的发生频率，同时也就减少了一些非正常行为的发生。

促进动物的行为训练，丰容工作对动物行为训练起十分重要的作用。把丰容工作与行为训练结合起来，使动物在"自然"环境中表现出自然的、有益的行为。好的丰容能够减轻训练的难度，增加训练的速度。

增加动物的感官刺激，经过丰容的兽舍环境能增加、改变动物的感官刺激，使动物有更多的选择机会，可以提高动物对环境压力的适应能力。

14.4　环境丰容的方法

14.4.1　鱼类的环境丰容

鱼类是古老的脊椎动物，栖息于地球上所有的水生环境，从淡水的湖泊、河流到咸水的海洋，终年生活在水中，目前全球已经命名的鱼种已经超过 30000 种。所以，对展出鱼类的环境丰容主要是水环境的丰容。

（1）展出环境丰容

圈养环境要尽可能的模仿鱼类野外的生存环境。

水质，提供优秀的水质对于鱼类展出的成功很重要，好的水 pH 值和水的温差范围是最重要的因素。

环境大小和装饰物，饲养的鱼要结合与环境相适身体大小的鱼类，定期变换展出环境中树干、植物、贝壳、岩石、树叶、植物等。

光照，光照水平和光周期十分重要，可利用定时调光器开关，模仿清晨和黄昏，允许鱼有时间醒来和安静下来。禁止突然的开关灯。

（2）食物的丰容

调换喂食时间和地点、创造水流、通过一些喂食器（如将丰年虫放入带孔的容器中）、使用在水中能漂浮或下沉的取食器（如使用带孔的塑料球或两头堵死的 PVC 管）等。

（3）社会性丰容

提供给鱼躲藏的区域，减少被游客观赏的时间，减少对动物的压力，表现更自然、更健康行为。同种饲养、混养时，要考虑个体和物种的兼容性，要鼓励正向的种间行为、特异性行为。

14.4.2　两栖和爬行动物环境丰容

两栖动物超过 4000 种，分 3 个目，其中无尾目种类最多。除了一些无尾目（蝌蚪）食植物性食物外，均食动物性食物。两栖动物对环境要求较高，不能适应海洋环境，也不能生活在极端干旱的环境中，在寒冷和酷热的季节则需要冬眠或者夏蛰。

爬行动物有近 8000 种，可以适应各种不同的陆地生活环境，分布受温度影响较大而受湿度影响较少，大多数分布于热带、亚热带地区，在温带和寒带地区则很少，只有少数种类可到达北极圈附近或分布于高山上。

（1）展出环境的丰容

提供栖木，不定期改变栖木位置，以晒太阳；变化多样的水环境，如不同深度的水池、瀑布等；地面铺垫天然材料，如碎木屑、碎树叶、花瓣、沙子等；遮盖物用树洞、木箱等；尽量扩大环境的空间、增加环境的复杂性；可以人工调控环境温湿度的系统，营造有温度梯度的环境，动物通过改变姿势、温度梯度之间的穿梭、选择活动时间等行为途径进行体温调节，使体温保持在相对较高且稳定的水平，有利于个体较好的表达其生理功能和较好的行为表现。要注意温度、湿度的周期性变化规律。

（2）食物丰容

通过改变食物的类型和食物的供给方式，能够有效的调动两栖爬行动物的活力。食物是整个还是切碎、散放还是集中放置都会引起动物积极的反应，食物的供给要符合动物的活动规律，保持动物应有的活力并创造消化食物的条件，如掩体和温度需求。对于食用活体饲料动物，如蛙类、中小型蜥蜴，可以使用活体饲料喂食装置，如"昆虫饲喂器"、"果蝇饲喂器"等。

（3）社会性丰容

改变群体的数量、年龄构成、性别比例，都会使圈养的两栖爬行类动物出现行为变化。相同或相近种的个体的引入与导出，会对原有整个群体的行为产生影响，尤其能够刺激领域行为和繁殖行为的变化。多数爬行类在非繁殖季节为独居，以蛇类最为典型。应以满足动物的繁殖需要为前提对动物群体进行适当调整。

（4）感官刺激

可以做一些气味标记，比如用健康鼠的血液或乳汁在两栖爬行动物的兽舍内进行涂抹，以刺激动物的相关行为。

14.4.3　鸟类环境丰容的方法

鸟类是独特的、有生理特性的动物，体型、体色、大小等使得它们能适应各种恶劣环境。圈养条件下建立多样的、交互式的环境对于鸟类的生理及精神的正面刺激十分有利。

设计丰容项目时，要考虑这种动物的自然史，是什么物种？是捕食者还是被捕食者？取食习惯是什么？是集大群生活？与其他的种类共同生活？它是否每天花费时间在水体中或接近水体？这都是在做丰容工作时要考虑的问题。

（1）展出环境丰容

尽可能扩大展区的面积，以提供动物之间争斗时有足够的逃逸空间；多提供不同位置、变化多样的栖木，盆栽的植物和树木都可以起到栖木的作用，也可以起到避免阳光暴晒、恶劣天气、攻击屏障，最好选择活植物，也可选择仿真植物用于遮荫、防雨、隐藏；地面铺垫物的多样性，如沙子、泥土等都可以给鸟类提供泥土浴，草坪也是好选择；形式多样的水环境，水池或浅的水坑都能给鸟类提供洗浴。喷雾设施要定期开启，让鸟类享受一个有雾的环境。鸟巢的结构十分重要，繁殖和展出都需要。在环境中设置不同位置和形式的鸟箱、原木洞、泥浆、平台或者洞穴，能促进鸟类的筑巢行为，有助于鸟类繁殖。

（2）食物丰容

改变传统的喂食方式，让鸟类花费较多时间去觅食。在海洋性鸟类展出环境中，可以多用一些布满贝壳、藻类的海边岩石，让鸟类在石头的缝隙中觅食；提供盛开的植物的花，经常给鸟类提供活体的昆虫、鱼、蜥蜴等，对展出鸟类的自然行为十分重要；可以使用一些取食器，如 PVC 管，让管内的昆虫缓慢的、自由地爬出，鸟类以近自然的方式展示采食行为。对肉食性的鸟类，可以把小鼠、鱼等藏在 PVC 管中或麻袋中，或者冰冻起来，来提高食物对它们的刺激性。

（3）社会性丰容

鸟类的混养是很常见和重要的展出方式。在展出环境面积足够大的条件下，要注意避免混养鸟类之间的攻击性。

（4）感官刺激

可以播放自然界同（不同）种类的叫声，提供有刺激气味的食物等方法对鸟类进行刺激。

14.4.4 灵长类动物环境丰容

灵长类智力发达，具有高度的社会性，群居生活，群体中存在着复杂的等级关系，栖息地环境各式各样。在圈养条件下，丰容工作应鼓励灵长类展现它们的自然行为，让它们具有控制环境的能力。

（1）展出环境的丰容：灵长类动物的兽舍的设计应该注意它们的原生态的状况。

树栖类的灵长类（如猩猩）需要具备垂直空间的兽舍，应该有树木、吊床、绳子、其他的攀爬设施等，最好是将丰容的材料放在兽舍的高处。

陆地栖息的灵长类（如大猩猩）需要有地面刺激物的环境，石头、树枝或圆木可放置在地面用做栖木，玩具（例如塑料球或纸板箱）等新奇物可藏在展区范围内的不同角落。

（2）食物丰容：灵长类智力发达，鼓励它们使用工具，在兽舍安装不同形式的取食器，类人猿提供益智设施。在容器中放上花生酱、蜂蜜、调味番茄酱、芥末、沙拉酱等，或者把这些东西涂抹在硬纸箱等物体上；将部分食物切成小块分散（藏）在兽舍内，鼓励动物去寻找食物，增加它们的取食时间；在塑料球上钻个洞把坚果放在球内，必须滚动球才能让坚果从球内掉出来。每天应当为动物提供树枝和树叶作为它们的食物，同时增加动物采食行为。可以对灵长类动物做一些行为训练，促进动物之间及动物与饲养员之间的关系。

（3）社会性丰容：灵长类是以群居方式生活，家族的成员关系紧密。它们智商较高、需要群居及身体的接触，不应该单独圈养。只要条件可能，就应该将它们成群地圈养，幼体在家族群体中成长是很重要的，它们会从成年个体之间的相互交流中学习到基本的群居和生存的技能。

（4）感官刺激丰容：可以通过一些丰容的手段刺激灵长类的视觉和嗅觉。

14.4.5　食肉动物环境丰容

食肉动物反应迅速，动作灵敏、准确、强而有力，具发达的大脑和感觉器官，掠食性，大部分独居。在圈养条件下，应鼓励食肉动物展现它们的自然行为，让它们具有控制环境的能力。

（1）展出环境的丰容：食肉动物的兽舍的设计应该注意它们的原生态的状况。应最大限度的扩大兽舍及运动场的面积。不主张围墙式的展出方式，围墙式的展出方式不但容易造成游客观察的视觉死角，而且游客居高临下俯视动物，对动物的心理不利。笼舍的复杂性对猫科动物的行为有重要的影响作用。有研究表明，小型猫科动物在踱步行为（刻板行为）上的时间花费，和笼舍复杂性存在着负相关——就是说笼舍越复杂，小型猫科动物花费在踱步上的时间越少。

（2）食物丰容：为动物提供不同处理程度的食物，分散投喂、隐藏食物、制作一些取食器都是良好的食物丰容方法，必要时提供"活体"动物或动物的全尸，让动物维持撕咬行为。

（3）社会性丰容与感官刺激：所有的猫科动物中除了狮、猎豹外都是独居的，但这并不排除种间的通讯行为的发生。绝大多数猫科动物是通过间接的气味标记来彼此相互通讯的。雌雄轮流展出在同一个兽舍及运动场会起到这个作用。新奇的气味对圈养猫科动物可以提供有效的刺激，如商业麝香、肉豆蔻、多香果、薄荷、羊毛脂、玫瑰花瓣等。提供被捕食动物的粪便也是有效的刺激方式。总之，气味丰容对猫科动物来说是成功的，要注意的是，提供气味的地点、类型和频率必须是随机的。另外，圈养的猫科动物对新奇的物体常常显示出"捕食"行为，即使这些新奇物体不是它们的食物。要注意的是，动物对这些物体的兴趣时间可能很短，有的可能就持续几分钟。饲养人员与动物的互动水平，同动物的踱步行为存在着负相关——就是说饲养人员同猫科动物互动的时间越多，猫科动物花费在踱步上的时间越少。

14.4.6　有蹄类动物环境丰容

有蹄类动物的分类很广，集群生活，有被毛，象、犀牛、羚羊、斑马、野猪等都属于这个范畴。大多数的有蹄类在自然界都是被捕食对象，奔跑能力、听觉、嗅觉灵敏。动物园饲养有蹄类存在环境面积狭小、饲养密度过大、性别搭配不合理、近亲繁殖等问题，经常能看到有蹄类的刻板行为、乱伦行为、异常攻击行为等。通过环境丰容，能激发出动物的自然行为、减轻负面行为。

（1）展出环境的丰容: 有蹄类动物大部分成群饲养，混养展出，环境丰容的形式多样:

设置木桩、岩石、人造蚁山、荆棘等适于动物的蹭痒、刮毛设施;

运动场局部硬地面，帮助动物磨蹄、防潮湿、泥泞;

设置土堆，动物能躺，感觉比较舒适的覆盖有土、植物的凹陷坑，展区内设置不同的地形，可供泥浴的场所等;

设置遮荫物，防雨物，水池、溪流、瀑布等自然水景，喷雾系统;

设置不同的垂直高度，不同的喂食地点，面对同性或异性的攻击有足够大的逃跑空间（面积）;

安全的通道、车通行的通道，行为训练和兽医检查的操作平台;

（2）食物丰容: 从改变喂食方式，将食物中的树枝（叶）捆成捆，悬挂起来饲喂。大部分草食性动物胆小，饲养员对动物的训练，避免动物遇到意外情况时的产生强烈应激反应。

（3）社会性丰容: 圈养群体的有蹄类，应特别注意群体结构的合理性，包括数量、性比等。同时要十分注意饲养密度。

（4）感官刺激:协助药物治疗而提供的不同味道，给动物新奇刺激的物品:果汁、蜂蜜、果酱、香料、苦味剂、美味食物、香草等; 相近种或不同种动物的分泌物; 同种或相近种动物的叫声等。

第 15 章　展出动物行为观察方法

15.1　展出动物行为观察的意义

　　动物行为是动物生理和心理需求的表现，通过观察动物行为变化能够了解动物需求，如观察动物活跃程度、活动范围、群体中社会地位的改变等。由于人类不能通过语言了解动物的需求，所以观察动物行为就成了解动物需求的重要方式和途径。如新引进了一种动物，或者对原有动物的环境或管理方式做出了较大的变化，通过对行为的观察，就可以了解动物对所作变化的适应程度。动物发情表现是判断动物发情期过程的最好依据，可以跟踪记录动物行为变化，做好充分的繁殖准备。通过观察动物的进食情况，可以判断动物对所提供食物的喜好。

　　在动物园中，动物的生活方式与野外不一样，可能会发生一些特殊行为，如攻击行为、刻板行为、自残行为、食欲不振等现象。由于争夺统治权或季节性行为变化等原因引起的动物打架；种群不合理、动物数量过多、兽舍分配不恰当等影响动物繁殖。开展动物行为研究，找到问题并进行控制，提高动物园的饲养管理水平。

　　在动物园开展动物行为研究，能及时发现异常、发现疾病，提高动物的繁殖率和成活率；更好地展出动物行为，提高动物福利；防控动物的有害行为，促进安全生产；积累资料，提高人工育幼、动物展出场馆设计、饲养人员的理论水平和综合分析问题、解决问题的能力。

15.2　展出动物行为观察的内容和记录

　　动物行为观察的内容包括以下几方面：

15.2.1　动物日节律变化

　　（1）天气情况

　　晴、阴、风、雪、雨、冰雹等，温度包括室内外温度、动物放出运动场时的温度、水栖动物的水温，相对湿度以两栖类、爬行类、低等猴类和孵化室为重点。

　　（2）动物活动情况

　　1）精神活动情况：行走、奔跑、飞翔、游泳、睡眠、鸣叫（吼叫）等。

　　2）食饮：投喂的饲料量、次数，动物进食量、吃料的速度、食欲、对饲料的选择情况，社群中不同个体采食顺序、食欲强弱的个体差异。饮水量是否正常，复胃动物记录反刍口数及咀嚼次数。变更饲料情况及对动物进食有什么影响。

　　3）粪、尿：粪便的次数及量、颜色、气味、形状、硬度，寄生虫、其他异常等；尿量、次数、颜色、其他异常等。

4）动物的形态：动物换毛（羽）的始末时间、部位和顺序、脱皮的地点及时间，新旧毛（羽）和皮肤的颜色比较，冬夏毛（羽）有无区别，毛（羽）是紧贴身体，还是竖起蓬乱、脱落褪色等。鹿科动物的脱角时间、顺序、长茸情况，以及鹿角的长成骨化及脱去外皮情况。动物的卧地、站立和行走是否正常，有无外伤，伤的部位、原因等，鸟类的飞翔情况，有无外寄生虫、皮肤病等。

（3）其他情况

动物的鼻腔是否湿润，是否流鼻涕，有无分泌物，是否有眼屎，口腔黏膜或舌的颜色是否正常，呼吸的频率；有无异嗜行为，如吃土、舔墙皮、舔栏杆、吃粪、咬毛（羽）等情况，采取的措施及效果。天气变化时，温度对动物行为表现的影响，如：避暑、舒适、寻找阳光，以及对应的身体姿态是散热、舒展或者保温。温度、湿度、水温对动物行为的影响，如：食饮、呼吸、休息、睡眠、运动等。修蹄、修爪、修喙、断翅的时间及动物的表现。

15.2.2　动物发育、发情、配种行为

性成熟年龄及体成熟年龄，典型的体征、行为。

发情的时间及持续时间（初期、高潮期、终止期）。发情表现：如月经、追逐、吼（鸣）叫、抖翅、开屏、精神紧张、食欲不振、阴门红肿、排尿频繁、阴门有分泌物等。

交配的时间、次数、是否射精，交配的姿势，交配的地点（水中、陆地、空中、栖架等），每次交配的持续时间。

15.2.3　动物的妊娠和分娩

怀孕期间的表现：如食饮、精神状况，对公兽的表情，对人的表情，体态、乳房和乳头的发育变化情况。兽类的怀孕天数，鸟类的孵化天数。

产前的表现，产时的表现，姿势，产仔产卵的时间。产前准备工作，如分圈、配对、消毒、垫草、清巢制巢、补充营养、制定的措施等。

产仔是顺产还是难产，难产的原因分析，产程长短，胎盘排出时间，胎盘是否完整，母兽是否吃胎盘。产后母兽的精神、食欲、对仔兽的护理情况，母兽阴门排污物的情况，如量、稠度、颜色、气味等。母兽的泌乳情况。

15.2.4　幼仔哺乳、生长过程的观察

初生仔兽（雏）的体重、体尺、性别、体色。

第一次吃奶的时间，睁眼、长牙时间，出牙顺序及乳齿的脱落（换牙）日期，幼兽的断乳时间，开始吃食的情况，分开后仔兽与母兽的表现，对幼兽采取的饲养及护理措施，以及幼兽消化吸收及粪尿情况均要详细记录。以及幼兽的长角，换毛（羽）、脱皮情况。

雏鸟的出壳时间，鸟类开始吃食和喷喂的情况，是自然出壳还是人工协助。

15.2.5　动物异常行为

（1）攻击行为

攻击其他动物或饲养人员、游客。

鸟类主要是用喙啄人、利爪抓人、长腿蹬人、翅膀扇人；

草食动物主要是后蹄踢人、冲撞咬人、用角顶挑、用身体挤压、长颈鹿用头颈横扫、象用鼻子长牙践踏伤人、犀牛践踏角刺、骆驼喷人；

肉食动物主要是咬人、扑人、抓人，熊科动物的前掌攻击。

杂食动物，袋鼠会前脚猛踢、后足猛蹬、尾巴抽，灵长类抓人、犬齿锋利，豪猪科的刺长而尖硬。

两栖爬行动物，鳄是以咬和尾部抽打，蛇以咬伤或毒液，蟒主要使用咬、缠、勒等方式，蜥蜴类是咬或者用尾部抽打。

（2）刻板行为，比如鸣叫、修饰、摇摆、嗜睡、自残、踱步、绕圈等。

咬栏杆：持续咬圈舍的栏杆，或者在栏杆上擦蹭。

玩弄舌头：用舌头持续舔舐圈舍墙壁、栏杆或者门（常见于长颈鹿和骆驼）。

踱步：有规律地沿着同一条线路，前后行走，地面可以看到明显被踩踏的痕迹，常见于大型猫科动物。

绕圈：一种典型的踱步，每一次的脚印都可以踩在相同的地方，常见于象和熊类。

绕颈：一种不正常的颈部缠绕和转动，通常抖动头和反向弯曲颈部。一般会伴随踱步行为，常见于长颈鹿、无峰驼和猴子等。

过分修饰：过分地收拾自己，拔出毛发或者羽毛，经常会出现裸露、发炎或者弄伤的皮肤，常见于熊类、灵长类和鹦鹉等。

自残：咬自己的尾巴或者腿，或者用头撞墙，常见于大型猫科动物、熊和灵长类动物。

呕吐：一种贪食症，反复呕吐、吞食呕吐物或者反刍物，常见于大猩猩和黑猩猩。

摇滚：坐立姿势（有时抱腿）前后摇滚，常见于黑猩猩。

摆动：站在一个地方，头、肩膀、整个身体左右、上下摆动，常见于象和熊类。

期盼食物：由于规律性的投食饲喂方式，使得圈养动物在喂食时间总是朝向饲养员出现的地方张望，或提前在那里等候，期盼食物。

15.3　展出动物行为的研究方法

15.3.1　观察工具

纸张、铅笔、计时秒表仍然是最广泛应用的工具，录音机、照相机、录像机等可用。监视器也是新的记录方式，特别是红外监视，可以记录夜间的行为。

现场用笔纸记录，必要时录音、录像。可以将观察到的现象用声音、视频记录下来，集中时间分析、查看、研究。

15.3.2　观察方法

根据研究对象和内容，确定观察方法。行为观察分为状态行为和事件行为两类。同时，在行为观察中会有些不确定的行为或情况发生，所以在行为谱中必须设"不可见"或者"其他"这个项目。

15.3.3　行为谱

行为谱是动物以种为特征的行为模式描述，包括动物的基本行为中的所有组成成分，是动物正常行为的全部记录或名录。

动物行为谱可以被分成一些大的行为单元，如求偶行为、筑巢行为、睡眠行为和取食行为等。大单元又可以分为许多更小的单元，如求偶行为是一个过程，它是由很多不同的特定行为组成的。对行为的定义应清楚和易于理解，并且不会产生歧义。

（1）行为谱的分类

1）事件行为：发生在非常短的时间内、不连续的行为，比如嗅闻标记、排尿、叫声等持续时间很短、只是发生在时间的某一点上。

2）状态行为：是持续一段时间的行为，比如进食、休息和修饰等持续较长时间的行为。

（2）定义行为谱的注意事项

1）可以选取你所要研究的相关行为，或你感兴趣的行为。

2）所选取的行为最好特征明显，并能明确无误的定义，定义时尽可能给出相关信息。

3）不同的行为应该彼此互相独立，不应该有重复或重叠的部分，不同的行为描述的是不同事件。

4）同一行为描述的内容具有一致性，即在不同的时间或地点对某一行为的记录应是相同的内容。

15.3.4　取样原则和记录规则

（1）取样原则

1）随机取样：只是简单的记录下来当时看到的任何相关行为，什么时间、什么行为没有系统化的限制。

特征：只用于观察明显的行为。在初次观察或者很少记录，但十分重要的行为时有用。

2）焦点取样：是指一段特定时间里只观察一个（一对、一窝）动物，并记录下观察对象不同类型的所有行为，又叫聚焦取样、目标取样。

特征：最适合群体动物的研究，野外条件下开展有困难，当动物不在视野范围内时有记录的"暂停"和终止。

3）扫描取样：是指每隔一段时间就快速扫描或者"调查"整个群体的动物，即刻记录每个个体的行为。

特征：观察者只能记录一种或者少数几种类型的行为，可与焦点取样方法同时使用，作为补充；因为一些行为更为明显，结果易出现偏误。

4）行为取样：是指观察者观看实验对象的整个群体，记录每一次特定类型行为的发生和发生此行为个体的详细信息。

特征：一些行为发生少但意义重大，记录每次事件发生都是重要的，例如打斗或者交配行为。

（2）记录规则

1）连续记录法：是在一定的观测时间内，获取动物所有行为的一种方法，记录某一行为的所有事件的发生，包括发生的时间。由于该方法需要花费大量的时间，故通常只用于在一定时间内观测一只动物。比如观测一只熊 5min 内的行为，数据记录如下：

10:00:00 ~ 10:01:59 休息、10:02:00 ~ 10:03:20 进食、10:03:21 ~ 10:04:10 修饰、10:04:11 ~ 10:05:00 其他

采用连续记录法获得对行为的准确记录，包括某一种行为事件发生的时刻，行为状态的起始和结束时间等。优点：信息量大，用于分析行为序时非常重要。缺点：需要的观察者较多，而且局限于某一种或某几种行为。

2）瞬时记录法：是把整个观察时间被分成很多的时间段，在每个时间间隔的点，记录行为是否发生。通常用秒表来标记每个间隔的时间。可以估计每个行为花费的时间，只要取样的时间间隔准确，最后的数据也非常可靠。对于那些动物行动缓慢，行为变化较少的动物，如懒猴、象以及一些爬行动物，需要设定的时间间隔就应该长一些；而那些行动迅速，行为变化频繁又是社会性的动物，如鸟类、灵长类、小型哺乳动物则应该设成较短的时间间隔。记录 5min 内观测熊的数据列表：

10:00:00 开始、10:01:00 休息、10:02:00 进食、10:03:00 进食、10:04:00 修饰、10:05:00 其他。

该方法是动物园中最普遍、最实用的观测方法之一。优点：适合记录身体姿势、方向、身体接触，或者活动状态等在某一时刻是否发生。缺点：不适合记录稀有行为和持续时间很短的行为。如：将 60min 划分成 120 个间断，行为发生在其中的 40 个，则数值为 40/120 = 0.33。

3）0 ~ 1 记录法：是在每个取样点，观察者记录前一个时间间隔中行为是否发生。与瞬时记录法类似，也需要取一定的时间间隔，在每个时间间隔后，用"0"表示没有发生、用"1"表示有发生的行为。如果取样间隔是 30s，每取样点要记录前 30s 内有没有进食行为、有没有休息行为、有没有修饰行为等。采用该方法最容易创立一个检测表（表 15.3-1），然后将每次间隔的行为作标记。

动物行为观测记录表 表 15.3-1

时间间隔（s）	行为						
	进食	休息	警觉	修饰	活动	不可见	其他
0 ~ 30	0	0	1	1	1	0	0
30 ~ 60	1	1	0	1	1	1	0
60 ~ 90	0	1	1	0	1	1	1
90 ~ 120	0	0	1	1	0	1	1
120 ~ 150	1	1	1	1	1	1	0
150 ~ 180	0	0	1	0	1	0	1
180 ~ 210	1	0	0	1	1	1	1
210 ~ 240	0	1	1	1	1	0	1
240 ~ 270	0	0	1	0	1	0	0
270 ~ 300	1	0	0	1	1	1	0

优点：观察研究某种特定的行为非常有用，尤其对连续记录和瞬时记录都不适用的行为观察非常好；缺点：不能获得行为的真实或者无偏差的频次和持续时间的估计值。如在 120 个 30s 的时间间隔中，有 50 个间隔中行为发生，那么该行为的分数为 50/120 = 0.42。

15.3.5　行为观察的实施

（1）制定计划

首先要考虑被观察动物的野外生境、物种特性、个体发育史等。其次要有实际的生产操作意义，并报由动物管理者批准通过。分研究观察和日常观察。计划包括：

1）观察的目的和必要性；

2）确定观察的动物和目标行为；

3）必要的资源和设施；

4）制定目标动物的行为谱；

5）观察人员及分工；

6）管理部门的正式批准。

（2）具体实施

根据观察目的，确定观察人员和完成时间。如果是两人及以上的人员参与的行为观察项目，在进行正式的行为观察前，所有参与人员要进行行为的预观察以进行相似度的检验，检验所有人员对拟定的行为认知的相似度是否达到要求，只有相似度达到要求的行为观察数据才是有意义的，否则，观察数据就没有价值。

研究观察主要是研究小组成员负责，根据分工各负其责，依照研究计划进行。

日常观察是管理工作组成部分，饲养员负责观察，每个饲养人员要熟知行为谱与观察方法、记录方法，定期汇总。

（3）观察记录

根据观察计划，采用使用的记录方式。

观察记录内容包括：班组名称、观察动物、观察人员、时间、行为记录。有时观察过程需要两人以上参与，相互配合。涉及特殊动物，需要班组配合，保障动物安全。

（4）总结

根据观察计划，进行总结，分中期小结和最终总结。

根据记录和评估所得到的信息，定期开会总结讨论。讨论问题包括：计划执行情况？在观察中发现那些问题，或新的行为发生？是否需要调整计划？

15.3.6　可信度检验

考察观察者可信度，可以用相关系数（积差相关系数或其他类型的相关系数）也可以用一致性比率，常取 95% 或 99%。

计算比率一致性时，可以计算不校正的比率一致性，这时只需要计算两个或两个以上观察者一致的简单比率。它很容易计算和解释，对于初步检查数据的准确性非常有用，对系统误差很敏感。下面是具体的计算方法。

（1）时间取样（以时间为单位）的比率一致性判断：总体一致性 = [（两个观察者）一致的时间单位数 /（一致的时间单位数 + 不一致的时间单位数）] × 100%；其中，分母实际上是时间单位的总数。例如，你观察了 10 个时间单位，其中 7 个一致，3 个不一致，那么，总体一致性比率＝［7/（7 ＋ 3）］×100% ＝ 70%。

（2）事件取样（以事件为单位，事件出现即记录）比率一致性的判断：可以用（在一定时间内）记录次数较少的观察者记录的事件数 / 记录次数较多的事件数，然后乘以 100%。例如，两个观察者在 20min 内记录了某种目标行为，一个观察者记录了 5 个目标行为，另一个观察者记录了 8 个，观察者一致性系数应为 5/8 乘以 100%。

第16章　动物行为训练方法

16.1　动物训练基本概念

动物行为训练是指利用动物的天性，采用正向刺激的方法，通过有计划、有步骤地练习，使动物形成引导信号与特定行为发生的生理反应，是一种管理手段。是为了增加动物的有益行为、减少有害表现，减少对动物应激，提高管理水平，满足保护和教育的需要，如串笼、体检、治疗等需要，对目标动物进行特定的行为训练，有些训练是长期保持的，有些训练是短期的。

驯化是将野生的动物自然繁殖过程渐变为人工控制下的生产生活过程，是人们在生产生活实践当中出现的一种文明进步行为。驯化对象是野生动物，经过长期的驯化把野生动物变成家养动物。

驯兽是驯兽师通过食物引诱、恫吓、尖刺等手段，让动物练习事先设定的动作，进行艺术表演，属于一种传统的杂技节目。如练习钻火圈，火能够伤害动物，动物的本能是遇到火就回避，但是驯兽师利用动物的跳跃能力，采用恫吓、敲打等手段，逼迫动物从火圈中钻过去，取得游客的喝彩。驯兽的对象既有野生动物，也有家养动物。

16.2　动物行为训练的意义

动物行为训练是现代动物园的管理方式之一，是科学技术在动物管理中的应用，是对动物行为知识的合理应用和开发。

进行动物行为训练是一种管理手段，通过行为训练可以减弱、纠正动物的异常或不良行为，加强、增加动物的有益行为，减轻饲养管理中动物受刺激后的反应，增加动物对环境的适应性，增加饲养管理的安全性，开展生物学检查，进行医学治疗，提高动物的生活质量，改善动物福利，提高管理水平。

16.3　有关的术语

标准：为某种动物行为训练而设定的一些行为目标。

桥梁：动物与人之间建立的一种联系，通过这种联系达到训练目的。

提示：导致动物发生具体反应时有条件的刺激，如食物、声音。

位置：为达到训练目标，让动物躯体的某一部位到达指定的位置。

脱敏：用过敏源反复刺激，使动物逐渐减轻对该过敏刺激的反应，减轻应激反应程度的过程。

强化刺激：发生一种预期的行为，为再次出现给予的食物刺激。动物感到"愉快"的某些的事务赠予（称为正强化）；动物感到"不愉快"的某些事务的移除（称为负强化）。

　　初级强化刺激：动物先前没体验到的任何效果明显的刺激（如食物，水，温暖）。

　　次级强化刺激：与初级强化刺激相关联任何强化效果的感官刺激。

　　惩罚为了减少或抑制一种行为的一项行动措施。

　　桥接：利用任何方式的刺激来示意动物它刚刚做的事是正确的，即在行为出现中给予的强化刺激。

　　持续强化：强化每一次发生想得到回应的强化刺激。

　　间歇强化：不在每次发生了想得到的回应后给予强化的一种强化刺激。

　　目标化：让动物识别某一位置的任何物体，再用该技术去规范一个行为，就叫目标化。

　　塑性：利用选择性强化把一个普通回应行为修正成为一个特定的回应行为。把实现目标划分为几个步骤，每次教学一个步骤，直到需要的行为构建完成。

　　非条件反射：动物天生具有的不需要任何训练的一种生理反射。如幼体生下来会吮奶、吞咽、手指碰到烫的东西会马上缩回，眼睛突然看到强光瞳孔会缩小，食物进口会分泌唾液等。

　　条件反射：动物在个体生长发育中为适应变化，在非条件反射基础上逐渐形成的暂时神经联系。

　　无条件刺激：在条件反射形成之前就能引起预期反应的刺激。如条件反射形成之前，出现了肉，即 UCS，就引起唾液分泌。

　　条件刺激：是在条件反射形成之前，需要学习的反应刺激。巴甫洛夫实验就是喂食的同时响铃，喂食—响铃，重复结合几十次，后只给响铃，完成行为动作，具体刺激与食物强化结合使无关刺激变成信号。

16.4　动物训练的原理

　　行为训练就是训练动物学习一种行为的过程。有四种学习方式：经典性条件反射、操作性条件反射、动物适应、复杂学习。

16.4.1　经典性条件反射

　　经典性条件反射是通过一个无关刺激去引起反射的过程，要求该无关刺激以前没有影响过一个特殊的反射，如眨眼或过量分泌唾液等。

　　巴甫洛夫经典条件反射是在非条件反射的基础上建立的，是暂时性的神经联系，建立联系的基本条件是强化过程。

16.4.2　操作性条件反射

　　操作性条件反射是美国心理学家斯金纳（B.F.Skinner）在 20 世纪 30 年代根据他所设计的实验研究的结果提出来的。斯金纳设计了一种专用木箱——斯金纳箱，箱内有一套杠杆装置。将饥饿的动物置于箱内，它们在箱内乱跑、乱咬、乱撞，偶尔跳上杠杆，将杠杆压下，这时杠杆带动一个活门，从活门内掉出一个食物小球滚入箱内的木槽中，从而取得食物。以后动物再次进入箱内经过乱撞之后按压了杠杆取得了食物，反复几次之后，饥饿的动物一进入箱内，就会主动按压杠杆取得食物。这样就在压杠杆和取食物之间形成了条件反射，斯金纳称它为操作性条件反射。斯金纳的操作性条件反射又称工具性条件反射，是通过动物自己的某种活动，某种操作才能得到强化而形成的某种条件反射。

操作式条件反射，如以食物为非条件刺激，也可称为食物运动性条件反射。将动物（如鸡）放入实验箱内，当它在走动中偶然用喙啄在杠杆上时，就喂食以强化这一动作，如此重复多次，鸡就学会自动啄杠杆而得食。在此基础上，可以进一步训练动物只有当出现某一特定的信号（如灯光）后才啄杠杆，才能得到食物的强化，就形成了以灯光为条件刺激的食物运动性条件反射，或称操作式条件反射。这类条件反射的特点是动物必须通过自己的某种运动或操作才能得到强化，所以称作操作式条件反射，这是一种更为复杂的行为。

操作性条件反射的结果是规范或改变动物的行为。动物对环境做出反应，从而得到奖励，动物的行为在要求奖励的时候是一种工具。在操作性条件反射中，动物通过展出特殊行为而受到奖励或避免一个转移性刺激。例如，动物进入一个指定区域，然后动物受到食物奖励。在建立这种关系后，在下次动物更愿意进入指定区域。

① 强化是形成条件反射的基本条件是无关刺激和无条件刺激在时间上的结合，这个过程称为强化。强化包括正强化和负强化。使动物感到高兴或愉快同时增加其特殊行为发生可能性的作用叫正强化。使动物感到不高兴或不愉快同时为了消除某些作用而增加其特殊行为发生可能性的作用叫负强化。

② 惩罚是降低或抑制某种行为的活动，并使某种行为消失或减少。强化的效果总是增强反应，而惩罚正好相反。惩罚也分为正惩罚和负惩罚：

正强化是为了增加一个好刺激，引发所希望的行为出现而设立。

负强化指为了去掉一个坏刺激，引发所希望的行为出现而设立。

正惩罚则是施加一个坏刺激，这是当不适应的行为出现时给予处罚的方法，往往是对方感到不快的刺激。

负惩罚是去掉一个好刺激。当不适当的行为出现时，不再给予原有的奖励。

16.4.3　动物适应

动物适应是重复刺激导致行为减弱或消失的结果。例如动物开始可能被巨大的噪声惊吓，但如果噪声重复许多次，动物对噪声的反应开始变小。此时噪声作为一种刺激，逐渐转变成被忽略的事物。

16.4.4　复杂学习

复杂学习基本上是一种无所不包的条目。科学家最初认为所有的学习都能概括为适应、典型条件反射和工具性条件反射。然而这三种学习形式不能解释一些观测到的学习，如有的动物通过观察其他动物学会了作某些特殊的行为；或某些隐藏的学习，如大鼠第一次探索过一个迷宫，当再次通过的时候其速度会更快。

16.5　动物训练注意事项

16.5.1　注意安全

（1）动物的安全，动物训练是加强动物原有的行为，可能是行为幅度的增加、频率的增加、持久性增加，也可能是增加新的行为，训练开始时动物是不自由的，甚至是不情愿的，有一定的强迫性，可能导致动物不适应：局部肌肉酸、视觉疲劳痛、动物出现烦躁等，训练人员要注意动物反应。

（2）人员的安全，训练中，动物会出现不配合，训练人员也可能出现急躁，出现这种情况时，控制训练者自己的情绪，也要注意自身的安全，必要时停止训练。

（3）对于多人参与的训练项目，训练人员之间一定要有约定，配合默契。

16.5.2　需要合适的笼具和信号器

动物训练是一项严肃、严谨的工作，受训练的动物都是有本能、有侵袭性的野生动物，训练前动物有自身的行为特点，训练时需有合适动物笼具，既能让饲养员与动物"接触"，又能保障饲养员的安全。使用合适的信号器，便于训练者操作，不影响动物的视觉，发出的声音适合动物接受。不建议各种动物使用统一的信号器。

16.5.3　要循序渐进

（1）一次只训练一个项目，如动物采血训练。开始训练新项目时，可以暂缓旧的项目。

（2）每次的训练分阶段目标完成，阶段目标要循序渐进。不能寻求快速，在训练稳定性没完全达到之前，就要求动物完成训练目标。

（3）在训练期间尽量保持训练者稳定，若急需动物短时间完成多项训练，有时需要多个训练者，但最好由一个训练者为主，而且主要的训练者不要中途更换，保持相对稳定。

16.5.4　要有持续性

（1）训练期间不能无故停止训练，训练计划不完成要及时分析找出问题，调整训练计划。

（2）当训练动物状态不稳定时，不要训练新的项目。训练新项目，旧项目必须持续进行，不能因为进行新项目而停止，时间久了动物会忘记旧项目。但是要科学调配新旧项目的节奏。

16.5.5　手势信号明晰

（1）动物完成训练动作时，在动物做动作时加入声音和手势，可以使动物在声音、手势、动作之间建立联系，加深印象，要给予奖励和肯定。应尽量减少对训练的负面影响，包括惩罚。

（2）训练者的反应不要过于激烈和兴奋，出现不应有的声音和手势，以免给动物发出错误的信号。

16.5.6　注意发现动物的行为

行为训练有时是把动物原有的行为进行加强，并与信号结合起来形成条件反射，所以在进行动物训练时，首先要根据工作需要，仔细观察动物发现动物的行为，进行强化训练，达到需要的程度，完成工作目的。

16.5.7　要与日常管理相结合

动物的学习行为随时随地都在进行，而非只在训练过程时间内发生，因此训练者和兽医必须特别注意，可能在无意中使动物产生不是预期的行为出现，这些行为不利于训练，因此在平时工作中要注意。

16.6　动物训练流程

整个训练过程就是制定计划、落实计划、评估效果、改进建议管理过程。

16.6.1　制定计划

（1）确定对象

确定训练对象是作好训练的第一步，根据训练对象、训练场地、训练设施、人员、目标等制定计划。

（2）了解基本情况

1）该物种的原栖息地生态环境，动物对温度、气候改变的适应性、最适温度等。

2）在野外的生活规律，什么时候最活跃？独居还是群居动物？最主要的感觉特性是视觉、听觉、嗅觉？

3）个体情况，发育历史、社群地位、训练经历、与人的接触经历等，动物的性格也有影响，应激反应等，人工育幼的动物和亲代抚育的动物对行为训练者的反应差异也很大。

（3）设定目标

1）最终目标，结合生产需要，如体检、转移、串笼、治疗等。

2）阶段目标，根据最终目标和动物特性，分解训练关键点，把关键点设为阶段目标。

（4）制定计划

根据训练对象、训练目标制定训练计划，包括：负责人、班组、训练动物、训练者、训练时间、阶段目标、最终目标，阶段评估、最终评估，最终报告等。

明确参加人员及责任。

16.6.2　落实计划

（1）项目负责人召集所有参加人员，讨论计划落实步骤。

（2）参加人员熟悉训练计划，特别是目标和方法。

（3）训练人员要根据训练步骤训练，并做好记录。主要记录指令及动物对指令的反应，如训练者感知动物对提示没有反应、对提示有部分反应、对提示做出错误反应、对提示做出正确反应，但反应快慢不同；或动物不理睬训练者、理睬但是注意程度不同、完全集中注意训练者等。

（4）落实计划基本要求：

1）训练者必须与动物熟悉，有利于了解动物习性和被动物接受。

2）训练者人数不能太多，1～2个合适。

3）同一时间同一动物最好由一人负责训练，最好单独隔离进行训练。

4）训练过程使用统一的口令和手势，口令和手势要正确、标准、清晰，声音和手势同时配合使用更好。

5）训练时间和要求，一般10～20min为好，每次时间不要太长。

6）要详细记录训练过程。

7）正向刺激：动物喜欢的食物是最有效的正向鼓励，肯定的声音、爱抚和手势也是正向鼓励，正确的动作必须立即给予与正向鼓励。

8）奖励回馈：训练最初阶段是让动物了解奖励回馈机制。控制好食物奖励，只有动物做对了要求的动作才给奖励。训练晋级时，奖励也要晋级。

9）基础训练：所有训练必须从最基础做起，比较复杂的训练必须以基础训练为起点，基础没训练好，晋级目标很难完成。

10）制止用语：及时使用制止用语可以有效制止和限制不良行为发生。制止用语必须严肃、明确，避免经常使用制止用语，动物长时间会习以为常。忽视其错误行为或拿走奖励食物是很好的制止方法。

16.6.3　效果评估

（1）阶段目标评估

结合阶段目标，评估进度，分析结果和存在的问题，制定相应的调整措施。如：

1）动物对具体行为、训练者或环境的反应；

2）实现目标的过程；

3）频繁的其他行为（如攻击）。

（2）最终目标评估

在阶段评估基础上，结合最终目标，评估完成情况。

16.6.4　改进建议

根据计划和效果评估，分析计划完成的情况，总结成果和经验，分析失败及原因，调整或制定新的计划。

16.7　训练中兽医的作用

有些训练项目是为了医学诊断服务，训练中需要兽医参与，并且参与训练的全过程。但是，不同阶段兽医参与的程度不同。

（1）参与项目的设计和制定

训练目的是要解决实际工作中的问题，训练项目的设计要切合实际。不同的项目，兽医的作用不同，对于串笼、纠正刻板行为等饲养管理为主的项目，兽医要参与并提供相关的知识和提醒操作注意事项。对于健康检查、采血、注射等医疗项目，兽医应作为项目的负责人，负责项目的制定、训练关键点、训练进度、完成目标的确定等，指导饲养员完成训练。

（2）适时参与训练

动物训练的实际操作是由饲养人员完成的，兽医的工作内容和性质限制了兽医全程的参与训练的可能，兽医要参与到动物训练工作中。

不同的训练项目兽医参与的程度和时机不同，对于饲养管理的项目，兽医只要了解训练的进度和完成的时间，以及训练中可能出现的意外，做好在训练过程中发生意外时的应急准备。对于医疗项目，兽医要全程参与，但不是全程训练。兽医提供必要的用具或道具，如注射器、听诊器、体温表、剪毛剪、镊子及特殊用品的道具等，告知饲养人员如何使用这些用具，使用过程中的操作注意事项。

即使是作为医疗项目的负责人，但项目进展到一定程度和关键点时兽医再参与，比如进行听诊，在动物适应了听诊器的接触，并不会产生反感时，兽医要开始参与。

（3）适度参与训练

大多数动物对兽医的"印象不好"，甚至反感，兽医出现时动物会表现出惊恐、攻击行为。所以，兽医参与到训练过程时，要适度、逐渐介入，不可贸然、突然的出现，特别是对于生性比较敏感的动物，参与前先要在训练中的适当位置出现，让动物看得到并认为兽医不会对其产生危害，然后逐步的接近，并进入到训练中，充当训练人员。

兽医参与时，先要与训练者交流，了解所充当人员的操作习惯和手法，尽可能模仿训练人员的操作方式，使动物不产生陌生感，影响训练的效果。

（4）参与评估

每个程序完成后要进行评估，并相互讨论交流。

第17章　动物串笼、运输和笼箱制作技术

动物运输是动物园或动物饲养单位日常工作之一，是物种管理的重要工作。运输过程中需要准备合适的笼箱、如何进行动物串笼等。动物串笼、运输过程是一个强应激过程，运输前要做好各项准备工作，包括动物、运输工具、操作人员及相关的手续等，保障运输工作顺利完成。

17.1　展出动物串笼

17.1.1　串笼

串笼是把动物从场馆串入运输笼箱内的过程。除水生动物外，其他动物的串笼方式基本相同，大部分动物采用捕捉、驱赶、化学保定等串笼方法。

笼箱是装运动物的工具，根据需要运输动物的种类、个体、运输方式、运输距离等，确定笼箱材料，应尽量使用本地的材料制作。要求大小合适、坚固，内壁光滑。

装卸是把装有动物的笼箱装载上运输车辆，及从运输车上卸下来的过程。

17.1.2　常用的串笼方法

（1）直接抓捕串笼：徒手捕捉动物，保定后装入到笼箱内，适用于小型动物。小型食草兽可以采取抓腿、抱颈或抓角的办法；鹤类先抓一侧翅膀再抓喙；雉鸡类在栖架上可以抓双腿等等。

（2）网捕串笼：用网子扣捕住动物，保定后装到笼箱内，适用于几乎所有中小体型的动物。

（3）套拉串笼：用绳套套住动物的角，拉进笼箱，适用于中小型有角食草类动物。

（4）驱赶串笼：将笼箱固定于串门后，驱赶动物跑进笼内，适用于狮、虎、熊、豹等大型食肉动物及某些灵长类等，可与化学保定配合使用。

（5）训练串笼：也叫引诱串笼法，是通过食物训练（引诱）动物进入运输笼箱的一种串笼方法，适用于大多数动物的串笼，尤其是大型食草动物和神经质的动物，安全、方便。

（6）药物镇静装笼：使用镇静药或化学保定药，使动物镇静后，再通过驱赶、套拉、直接捕捉等方法将动物装入笼箱内，适用于神经质的食草类动物（如斑马、角马、野驴等）大型食肉动物，或环境大、不易接近的动物串笼。

实际操作中，常常把几种串笼方法配合使用，如大型动物化学保定后，再使用套拉、驱赶等方法，迫使动物进入笼箱。

17.1.3　串笼时注意事项

（1）群养动物要提前分圈单独饲养。

（2）操作人员相互配合，避免出现动物、人员受伤。

（3）最好采取训练串笼，减少动物应激。

（4）选择天气凉爽、游人少的时间操作，减少干扰。

（5）选择合适、坚固的笼箱。

（6）麻醉串笼时，要根据麻醉动物操作要求，提前绝食、控水。

17.2　动物运输

17.2.1　动物运输的必要性和目的

动物运输是动物园正常工作内容之一，是一项复杂的工作任务。包括制定运输计划、签订动物交流协议，准备动物、运输工具、操作人员，及申报相关的手续等，保障运输工作顺利完成。

动物引进、输出，场馆之间转移，体检、治疗、救护等都需要运输，是动物园日常工作中必不可少的任务。

17.2.2　动物运输前的准备工作

动物运输前要做好相应的准备，不同的动物采用不同的运输和装卸方式，但事先制定周密的运输计划，做好安排是关键。

运输之前要办好相关手续、检疫证等证件。途中如果还要转运，还应办好有关转运衔接事宜，以及到达后的接运等工作。

（1）制定动物运输计划，要根据所要运输动物的具体情况、运输任务的缓急、路程远近、费用以及有关野生动物运输的具体规定等制定运输计划，包括运输方式、时间、路线，装卸动物的人员、器械等；大型动物、多只动物的运输，应有更详细计划。

一般情况下，春、秋季运输动物较好，热带动物的运输也要避开炎热的夏季，冬季运输热带动物应全程有保温措施。

（2）动物准备。根据实际（或协议约定）选择合适的、健康的动物，老、弱、病、怀孕的动物不宜运输。群养动物，运输前提前分圈单独饲养；幼年动物，运输前提前与母兽分离；患病接受治疗的动物，应由合格的兽医或受过专门培训的人员陪同。装笼前若干小时，饲养员依据医嘱，临时改变食、水饲喂规律，尤其是需要麻醉装笼的动物要按照要求停食、停水。

（3）押运人员选择。根据运输动物的方式确定是否需要押运员。长途汽车运输时，需要押运人员。押运人员身体健康，责任心强，业务熟练。

（4）笼箱准备。每种动物对运输笼箱、饲养、饲料、饮水及巢箱等都有特殊要求，参考国际航空运输协会（The International Air Transport Association，IATA）的笼箱指南，设计和制作动物笼箱，能满足动物运输的福利需求。

笼箱重复使用时，必须检查笼箱的完整性和坚固性，特别是运输猛兽、大型动物的笼箱，并检查笼箱内无突出的钉子及异物，对受损的笼箱进行维修或选择另外的笼箱，必须彻底地清洗和消毒。

串笼前，要进行一次笼箱及串笼操作安排的全面检查，确认笼箱大小合适，笼箱没有问题方可串笼。

（5）动物运输所需文件

所有文件运输前必须准备齐全，包括：

● 行政许可证，包括国际或国家发放的。

● 动物交流协议或合同。

● 动物健康证明（检疫证）。

● 输出单位和接受单位的详细资料。

● 动物个体资料、饲料种类和数量等有关饲养管理的信息。

前三份文件的副本由负责押运的人员携带。

（6）准备好途中适宜的用具、工具、饲料、常用药品等。

17.2.3　几种运输方式及注意事项

动物运输方式可分为陆路运输、航空运输、水上运输，简称陆运、空运或水运。无论国际还是国内，动物运输选择陆运（公路和铁路）或空运是比较合适的方式，而水运则因为所需时间长、装卸相对困难以及由此产生的应激也相对严重而不常用。

（1）陆路运输

陆路运输是最常用的运输方式之一，分为公路运输和铁路运输，适用于动物数量较多、动物体型较大、运输距离较近的动物运输。主要用汽运，操作简便，押运人员可以随车，定时检查动物情况。

汽运时，要考虑时间、气温和装卸方便及安全等多方面工作。提前做好以下几项工作：

1）选择适合所运动物的车辆，并做好准备。根据运输的动物和距离，选择适合所运动物的车型，运输前做好车辆检修和消毒。

2）工作准备。准备相应的钳子、扳手、改锥、铁丝、钉子、木板，路途需要的饲料、饮水用具等工具。

3）了解路况。运输大型动物除了要开超高证明外，还应提前了解路线，注意沿途的道路、涵洞及桥梁的高度，以及横穿公路的电线等情况，必要时应提前实际察看沿途路线，并制定应急措施。

4）根据所运输动物的具体情况控制启运、到达时间和时速。理想的运输是当天到达，即天气凉爽季节早晨出发天黑前到达、气温较高的季节头天下午出发第二天上午到达。

5）要有押运人员，一般是安排有经验的兽医和饲养员担负动物押运工作。

6）长途运输时，每车要有两名经验丰富的司机，不准疲劳驾驶。停车休息时，一定在服务区内。

7）多辆车同行时，要有统一负责人，注意保持通讯畅通，协调路途遇到的事情。

（2）铁路运输

铁路运输时，押运者要掌握车皮门及车厢门的规格，根据门的规格制作笼箱，以保证顺利装车，安全启运。

根据规定，行李车不装运狮、虎、豹、熊、狼及蛇，超重的动物运输要有铁道部的命令。如果需要行李车运动物，要根据准备运输动物的件数、体积、重量到国家铁路局客运处要准运命令。如果是大批动物的运输，可用货车运输，根据计划运输动物的数量，到国家铁路局货运处要命令，确定装车车站、站台、车厢、装车时间等。

（3）航空运输

航空运输简称空运，是最常用的运输方式之一，运输时间短，除了航空公司规定的特殊动物不能空运外，适用于所有动物的运输，尤其是运输距离较远的国际、国内运输。

根据航空公司的运输要求、办理好手续是做好空运工作的基础。

提前与机场货运联系，根据所运动物的件数、笼箱规格及重量，选择机型、申请仓位。

空运动物的笼箱底要有接粪尿的托盘。

空运时，装机前、到达后，动物在机场停留的时间较长，要做好应急准备。

（4）水上运输

水上运输简称水运，一般特指海上运输，适于运输大型动物，运价较低，但运输时间长，运输速度慢，风险大，现在很少使用。

17.2.4　不同种类动物运输方法和注意事项

运输途中，保证动物福利。USF&W 和 IATA 的规定指出，在存放货物的区域，货物或航空货场的温度必须在最低 12.8℃和最高 26.7℃之间。如果环境温度是 23.9℃或更高，必须提供辅助通风措施。企鹅和北极寒带的海鸟环境温度不能超过 18.3℃，当环境温度超过 15.6℃时，就要求提供辅助通风措施。北极熊和海狮环境温度不能超过 10℃。爬行动物环境温度必须是最低 21.1℃，最高温度 26.7℃；两栖动物，温度不能低于 15.6℃或高于 21.1℃。

动物福利要求货场不能连续 4h 低于 7.2℃或高于 29.5℃。动物从货场到飞机之间的运输，暴露在高于 29.5℃和低于 7.2℃条件下的时间不能超过 45 分钟。如果有特殊需要，检查动物的兽医可以写一个随同动物的声明，保证动物适合低于 7.2℃的温度，这一保证书必须在运输前 10d 内签署。动物不能在低于其适应的温度下放置 45min。

（1）哺乳动物的运输

IATA 规定禁止运输怀孕动物或产仔 48h 的动物，除非有兽医签署的书面声明，动物能够承受运输或动物不会在运输途中生产，以及动物运输是为了医学治疗。

处于如下特殊时期的动物不宜运输：怀孕最后 1/3 期间的动物；带有幼仔的动物；未断奶的动物。

IATA 特别限制鹿类在生茸期、发情期或在怀孕最后 3 个月时运输。

对于非人灵长类，允许安排雌雄成对、一个家庭、一对亚成体动物，或其他已经习惯于关在一起的成对动物在一个笼箱内运输。作为医学治疗的需要，母兽及其照顾的幼仔可以一起运输。

小型哺乳动物代谢率高，丢失水分和散热快，应该提供足量多汁的水果和其他食物，防止动物脱水或发生低血糖症，并减少应激的发生。特别提示，这些动物也不应在寒冷的气候下运输。

（2）鸟类的运输

鸟类只能在适宜的气候下运输，未成年的鸟禁止运输。

在长途空运期间，运输笼隔间的灯应开着，以便鸟能够采食。

鸟类最好单独分装运输（但年轻的鸵鸟和鸸鹋以及小鸟可以成群地运输），而且要有充足的饲料和饮水。饲料和饮水容器必须设计好避免溢出，其中装水的容器里要放上海绵或其他东西，防止鸟溺水。

运输笼应有足够的高度，使鸟能够站在栖架上，头能伸直、尾可以完全离开笼箱底部；不站栖架的鸟应有充足的空间让鸟站着。笼箱内应另外加垫子，以防鸟类受伤。

如果运输一群攀禽鸟，笼箱内要有木栖架，使每只鸟都有足够的栖息位置。栖架的直径应使鸟能很舒适而牢固地抓住；栖架应很好地排列放置，以便排泄物不会落到饲料、饮水器里，或掉到其他鸟身上。

代谢率高的鸟（如蜂鸟）在整个运输途中都需要丰富（充足的）蜜汁（甜饮料）饲喂，在运输之前就应该提供这些饲料以便适应，并派有经验的人员押运。

在运输火烈鸟时，可以用身体吊带把鸟支持住，避免空运过程中跌倒，但吊带仍允许其站立在笼箱里。

平胸类鸟笼箱的四面要有20%的空气流通口，这与通常的规定不一样。

（3）爬行动物和两栖动物的运输

1）爬行动物运输

蛇和小型蜥蜴应该用棉或粗麻制成的长颈布袋密封运输，布袋应有良好的透气性，而且应被安全地放入衬有聚苯乙烯泡沫塑料的木箱中，最好将每个袋子放在运输笼箱单独的隔间内。放袋子的位置不能有铁钉，铁钉可能在运输途中刺坏袋子。

笼箱通风口应比蛇头小，应钻穿泡沫和木头。通风口应由内向外钻，这样就没有尖锐的东西突出到容器里面，这些孔应使用塑料网遮盖住。如果笼箱内有数个隔间，在隔间之间也必须有通风孔。

在笼箱外应有金属角铁固定笼箱，以防笼箱四个角被压坏。笼箱的顶上和一侧或四面应标明"活动物"或野生动物，字体至少达5cm（或2英寸）大小，最好再贴上如下标签如"避免过热、过冷"、"避免阳光直晒"、"严禁倒放"和"仅由被授权的人可以开启此箱"等。

装有毒蛇的袋子应打结并用双层袋子装，运输袋应放入一个木箱内的泡沫塑料箱里（理想的做法是用双层木箱）。袋子顶端应用带子拴住，带子上应标明"有毒的"或"有毒蛇"并用红墨水画上国际通用危险品标记。在每一个箱子外面清楚地标明"有毒蛇"，各自标清内容应包括装入蛇的数量、普通名和学名、被咬伤后要求的抗蛇毒血清。发货人应该给运输人提供与蛇伤治疗中心的联系资料。发、收货双方都应该拥有用于所运动物种类的抗蛇毒血清。

装无毒蛇的袋子应标明"无毒蛇"字样。

水蛇应该用潮湿的内包装运输，具体参见两栖动物部分。

2）两栖动物的运输

两栖动物可以用热带鱼运输箱运输，这种箱子里面衬有泡沫塑料，外层是木箱。许多种类的两栖动物最好是放入外面套有木箱的塑料容器里运输。塑料箱应有从内向外钻的通气孔，顶盖要用带子捆好。动物可以用湿润的苔藓类轻轻地包裹住，以防动物自伤和干燥，其湿润可维持湿度达72h。湿润的苔藓应捻一下水，这样，水就不会漏出和损伤木箱。能跳跃的两栖动物最好用苔藓松散地包住放入木箱中运输。

水生两栖类应装入双层柔软的塑料袋中运输，双层袋子内1/3容积装水，剩余部分装氧，将此塑料袋置于预先准备的箱体内。

两栖爬行动物最好在温暖季节运输。如果在较凉的季节运输，保温包装应被钉在笼箱盖上，再用报纸覆盖在保温包装上面，以防动物直接接触加热包装。木箱应用螺栓固定，这样，如果必须检查箱子时，可以容易开启和关闭。

爬行动物运输笼箱要有良好的通气性，爬行动物笼箱上方要有3cm的空隙；等于或小于1cm的青蛙要有1cm的空隙，较大的青蛙应有更大的空隙。

禁止在运输途中饲喂两栖爬行动物。

（4）鱼类的运输

鱼在运输前应被禁食以减少含氮排泄物（废物）的排泄。建议被运输的（大型）鱼类应该给予轻微镇静，并调整运输液以减少运输液与血浆之间的渗透压梯度。

运输笼箱必须是可以防止水溢出的笼箱并应放置在塑料布上。

安排一个有经验的工作人员一同运输，监视水质和动物情况非常有必要。

17.3　动物笼箱制作技术

运输动物笼箱的设计、制作是动物运输成败的关键。运输动物所发生的事故，大部分与笼箱有关。动物笼箱设计制作参照 IATA 要求，确保坚固、大小合适。

17.3.1　运输笼箱材料要求

（1）根据动物的种类、个体特点、运输方式，确定运输笼箱的材料。动物运输笼箱应尽量使用本地的材料，未经确认的材料不能用来制造笼箱。对许多动物，木材是比较适宜的材料；另外，竹子、硬纸板、纤维板、塑料和金属，通常可用于制作笼箱。

（2）聚苯乙烯由于具有优良的隔热性能，被广泛应用于爬行类、两栖类、鱼类和无脊椎动物，如需经过大量的机械搬运等操作，则应提供一个坚固的外壳。

（3）在用木料或纤维板制作笼箱时，必需建造支架，以保证足够坚固和强度。遇到大型动物，应使用螺丝钉和金属加固装置。

（4）长途运输用笼箱，内部需要放置垫料，许多国家不允许植物性物质进口，如果需要使用某种垫料，一定提前协商解决。

（5）不能使用防腐剂或油漆，需保证笼箱无毒和不含刺激性异味。

（6）不能用有放射性的或对身体健康有危害的材料制作笼箱。

17.3.2　笼箱的大小要求

笼箱的尺寸（大小）非常重要，以保障动物基本福利和适合运输。

（1）食草类动物的笼箱

用木质材料制作，或采用钢材框架，木质结合。笼箱为长方形（一般不少于四根带），前后两端做成上下开启的提升门。制作笼箱的木方和木板的规格要根据动物体形的大小及凶猛程度来定。笼箱的大小因动物种类及个体差异应有相应变化，不可过宽、高、窄。过大容易冲撞，过小容易蹭伤、动物起卧困难不利于休息。较适合的笼箱应是动物在里面起卧自如，但又不能调转身体为佳。

一般笼箱内高为动物自然抬头或角高加 15 ～ 20cm，笼箱的内宽是动物体宽或角宽加 20cm，笼箱的内长是动物体长加 30cm 为宜。

笼箱两侧及顶部要有足够的通气孔，两端门要有观察孔，底部要有防粪、尿外流的结构。

1）象的笼箱

象是陆地上体重最大的哺乳动物，力大无比，笼箱必须坚固，用角钢和铁管焊接成四面通透的笼箱。

① 成年非洲象笼箱的长、宽、高：500cm×200cm×350cm；

② 成年雄性亚洲象笼箱的长、宽、高：510cm×210cm×310cm；

③ 成年雌性亚洲象笼箱的长、宽、高：400cm×200cm×280cm；

④ 2 岁象笼箱的长、宽、高：174cm×114cm×160cm。

2）河马的笼箱

河马是陆地上仅次于大象体重的哺乳动物。成年河马的笼箱可用钢材制作；幼河马的笼箱可用木材制作。

① 成年河马笼箱的长、宽、高：350cm×150cm×210cm；

② 6 月龄河马笼箱的长、宽、高：180cm×80cm×120cm。

3）犀牛的笼箱

用钢材制作，笼箱的长、宽、高：350cm×150cm×210cm。

4）貘的笼箱

用木材制作或钢材框架制作，笼箱的长、宽、高：170cm×60cm×120cm。

5）马属动物的笼箱

木材制作或钢材框架与木质结合。

① 野马笼箱的长、宽、高：200cm×70cm× 160cm；

② 野驴笼箱的长、宽、高：220cm×75cm×170cm；

③ 成年斑马笼箱的长、宽、高：200cm×90cm×150cm；

④ 6 ～ 12 月龄斑马笼箱的长、宽、高：160cm×90cm×150cm；

⑤ 装 2 只 6 ～ 12 月龄斑马笼箱长、宽、高：180cm×120cm×140cm。

6）长颈鹿的笼箱

长颈鹿是陆地上最高的动物，因此笼箱高大，木材制作或钢材框架，木质结合。一般采用 5 扇组装而成，其中有一扇高度为 200cm，为途中投喂饲料所用。没有顶板，装笼后用苫布封顶。

① 亚成体长颈鹿笼箱的长、宽、高：240cm×170cm×300cm；

② 成年长颈鹿笼箱的长、宽、高：300cm×180cm×300cm。

7）鹿科动物的笼箱

鹿科动物种类多，个体差异大，笼箱制作分别对待。长茸期不易运输，干角锯掉后再运输。

①驼鹿笼箱的长、宽、高：220cm×80cm×180cm；

②马鹿笼箱的长、宽、高：200cm×80cm×160cm；

③成年雌性梅花鹿笼箱的长、宽、高：140cm×60cm×140cm；

④黇鹿笼箱的长、宽、高：130cm×50cm×130cm；

⑤豚鹿笼箱的长、宽、高：110cm×41cm×100cm；

⑥毛冠鹿笼箱的长、宽、高：100cm×35cm×80cm。

8）牛科动物的笼箱

用木材制作或钢材框架与木质结合。

①美洲野牛笼箱的长、宽、高：280cm×90cm×170cm（最好用钢材制作）；

②成年羚牛笼箱的长、宽、高：220cm×160cm；

③亚成体羚牛笼箱的长、宽、高：170cm×60cm×160cm；

④南非长角羚笼箱的长、宽、高：180cm×70cm×180cm；

⑤雄性大羚羊笼箱的长、宽、高：250cm×70cm×220cm；

⑥雄性大弯角羚笼箱的长、宽、高：250cm×80cm×250cm；

⑦雄性盘羊笼箱的长、宽、高：180cm×100cm×140cm；

⑧雄性岩羊笼箱的长、宽、高：150cm×90cm×130cm；

⑨雄性印度黑羚笼箱的长、宽、高：120cm×45cm×120cm。

（2）食肉类动物的笼箱

动物凶猛，破坏性强。因此笼箱要求坚固，绝对保证人和动物的安全。笼箱有2种类型，一种由全钢材制成，这种笼箱的优点是坚固安全；缺点是导热快，夏天笼箱内特别热，冬天特别冷，对动物的健康不利。另一种是铁木结构的笼箱，即木质笼箱内镶包铁皮，这种运输笼比较好。木板可用多合板，白铁皮的厚度不小于0.7μm，笼箱内最好没有铁皮接缝。笼箱大小以动物能在里边调头为宜，笼箱的一端是铁栏杆加护网，并设遮挡布帘，一端为木板镶包铁皮的提升门。

1）虎的运输笼箱规格

①成年虎运输笼箱长、宽、高：200cm×80cm×130cm；

②6月龄虎运输笼长、宽、高：90cm×45cm×60cm。

2）豹的运输笼规格

①成年豹的运输笼长、宽、高：150×60×80cm；

②亚成体豹的运输笼长、宽、高：120×60×70cm。

3）大熊猫的运输笼长、宽、高：140cm×80cm×100cm。

4）白熊（2岁左右）的运输笼长、宽、高：180cm×90cm×100cm。

5）棕熊的运输笼长、宽、高：220cm×90cm×120cm。

6）黑熊的运输笼长、宽、高：180cm×80cm×110cm。

（3）灵长类动物的笼箱

动物种类多，体形差异大，凶猛程度不一。聪明、灵活、爱动、破坏性强，因此在设计笼箱及选材上都要予以充分考虑。运输笼箱的选材和结构与食肉动物相同。

黑猩猩笼箱的长、宽、高：70cm×80cm×100cm；

中型灵长类笼箱的长、宽、高：70cm×40cm×60cm。

（4）啮齿类动物的笼箱

体形较小，牙齿锋利，喜欢啃咬，一般不用木制笼箱。大型啮齿类（河狸、豪猪、海狸鼠等）笼箱的长、宽、高：50cm×30cm×40cm。

（5）鳍脚类动物的笼箱

铁框镶木板制成，前后门为提升门，用点焊网制成，顶部用网子，笼箱内部一定要光滑，以防蹭伤皮肤，笼箱规格根据所运输动物种类来定。

（6）鸟类的笼箱

鸟类体型差别大，大到2m多高的非洲鸵鸟，小到不足3cm的蜂鸟，因此笼箱的设计制作也非常复杂。运输笼箱一般用木材制成，除了攀禽和猛禽外一般制成软顶笼箱，箱顶用麻布和铁丝网制成。箱内要有食、水盆，水盆内放海绵，箱内设有栖架。

1）走禽的笼箱

① 成年非洲鸵鸟笼箱的长、宽、高：180cm×90cm×180cm；

② 6月龄非洲鸵鸟笼箱的长、宽、高：120cm×60cm×140cm；

③ 成年鸸鹋笼箱的长、宽、高：150cm×70cm×160cm；

④ 12月龄鸸鹋笼箱的长、宽、高：120cm×60cm×135cm；

⑤ 3月龄鸸鹋笼箱的长、宽、高：90cm×45cm×90cm；

⑥ 食火鸡笼箱的长、宽、高：140cm×70cm×160cm。

2）鹤类的笼箱

木质箱内一分为二，每箱装2只。

① 成年鹤笼箱的长、宽、高：100cm×90cm×120cm；

② 6月龄鹤笼箱的长、宽、高：90cm×90cm×90cm。

3）鹳科的笼箱

木质箱内一分为二，每箱装2只。长、宽、高：60cm×60cm×60cm。

4）雉科、鸭科的笼箱

分格，每格可装2～4只。长、宽、高：90cm×45cm×45cm。

5）小型鸟类的笼箱

用木板、麻布、铁丝网制成分格，每格可装10～30只，笼内设有栖架。长、宽、高：90cm×45cm×45cm。

6）攀禽及猛禽的笼箱

这两类动物破坏性强，笼箱一定要坚固，一般可用木板制成。但里面要镶包铁皮、铁网，内有栖架。

（7）两栖类的笼箱

这类动物可用木箱内垫塑料布或塑料箱、桶等容器，里边放少许水或垫适量水草即可。

（8）爬行类、蛇类的笼箱

用木箱或铁丝笼。木板箱要留足够的通气孔，箱内加一层密眼铁网。箱内可分格，先把蛇装进布袋，扎紧口再装进箱内，钉好盖板。如果是铁丝笼子，把装好袋的蛇，装进笼内，然后再把铁丝笼装进麻袋，扎紧口即可。要将有毒蛇和无毒蛇分装，同时做好标记。蛇笼箱的长、宽、高：45cm×30cm×15cm。

（9）鱼类的运输笼箱

小型鱼类一般用较厚的双层塑料袋装少许水充氧后装进坚固而防漏的平底方形箱子内即可，比较简单的做法是将这些袋子放入纸箱内或衬有塑料泡沫的塑料箱。袋内装水量为容积的 1/3，剩余 2/3 容积充氧，先装鱼后充氧，充氧前先把袋内空气排掉，充氧后两层塑料袋要分别扎紧口装进箱内，然后固定好箱子即可。

大型鱼类如鲨鱼应选择鱼用商业运输箱或特制的水袋（水袋外面要有定型和吊装用的钢架和隔板）。其箱内或袋内的水最好是过滤处理过的水，并在运输期间充氧。

（10）海洋哺乳动物的运输笼箱

鲸豚类和海狮、海豹的运输要区别对待，鲸豚类往往用水箱、水袋结合有被毛的尼龙担架运输，海狮、海豹则可以不用水箱但要注意保持皮肤湿润。

17.3.3　笼箱制作要求

每种动物对运输笼箱、饲养、饲料、饮水及巢箱等都有特殊要求，参考 IATA 笼箱指南设计和制作，能满足动物运输的福利需求。

（1）笼箱应坚固，不同的动物使用相应的材料。

（2）笼箱外侧应有扶手、抬竿、固定绳设置等，便于操作。较重的笼箱底部加装 5cm 厚叉车垫板条，为了防止其他货物堵塞通风口，垫板条应凸伸出笼箱表面 15cm；在笼箱外面应该有便于吊装用的把手，并且要用金属支柱固定笼箱。

（3）笼箱内侧不能有凸出的钉子、铁丝网尖端或任何尖状、锯齿状的物质，敏感动物的笼箱内顶部加软网，减少对动物伤害。

（4）灵长类、肉食类、鸟类等，采用条状或网状的笼箱底板比较合适，便于动物的粪、尿可掉落或流到底板下面防水的盘子里，板条或网孔的大小应由动物的种类决定，必须保证动物的脚、爪不会被陷下去。

（5）运输有蹄类动物的笼箱不宜选用条状或网状底板，这类动物的笼箱底板应该使用坚固的木质板材，运输时笼箱底部应该有防漏、吸水的垫子或垫草。

（6）运输爱抓、爱咬的动物，应使用坚固的笼箱，其箱壁可围上金属薄片或焊上铁丝网增加其强度。

（7）大多数笼箱应安装提拉门，更合适、更容易控制动物的进出。

（8）笼箱必须有足够的通风口。在笼箱的三面留有通风口，不管是否在笼箱前面安装了铁丝网或铁栏杆，都应在侧壁上提供通风口，最多的通风口应在笼箱的上部。通风口直径由所运动物的种类决定，大小应适当，以防止动物逃出、肢体从通风口中伸出。笼箱应有良好的空气流通，笼箱内的隔板决不能妨碍足够的空气流通，需要保持动物所需要的舒适温度。

（9）笼箱还必须有投食口和给水口、食水槽，投食和给水口在笼箱外部应有明显标记。但是应确信没有动物脱笼或押运人员受伤的危险。食水槽必须固定在笼箱内面，边缘要圆。

17.4　运输动物应激预防

应激是动物运输中需要重点防范的事项，不同种动物、不同个体对应激反应的强度不同，运输时要根据动物情况做好应激预防准备工作，为了增加成功的机会，必须考虑到运输过程的所有方面，其中制定一个理想的运输计划是预防应激反应的有效办法。

17.4.1　选择合理的运输方式

无论国际还是国内，动物运输选择汽运或空运是比较合适的：距离近的选择汽运，距离远的选择空运；水运和铁路运输则因为所需时间长、装卸相对困难以及由此产生的应激也相对严重而逐渐被淘汰或被边缘化了。

17.4.2　选择合适的运输时间和车速

（1）春、秋季运输动物较好。大部分动物既怕冷又怕热，合理的运输应尽量避开酷暑和严寒季节。一般情况下，春、秋季运输动物较好，热带动物的运输也要避开炎热的夏季，冬季运输热带动物应全程有保温措施并注意通风。然而，春季大部分动物怀孕，这个季节运输雌性动物时，要特别注意。

（2）不同季节应采取不同的运输时段。天气凉爽季节早晨出发天黑前到达，气温较高的季节头天下午出发第二天上午到达。因此，（无法避免的）炎热季节运输，建议在早晚或夜间凉快时进行比较好。

（3）尽量缩短运输时间。汽运要选择合适的路线，尽量减少运输时间，良好的路况和较短的运输时间将有效降低动物的应激反应。理想的运输是当天到达，在允许的前提下尽快完成运输。

（4）路途要控制好车速，要慢启动、缓刹车，所以路途车速不太快，一般情况下，汽运时速不能超过80公里。下列为参考车速：

1）运输长颈鹿时，车速控制在50公里以内。

2）运输成年大象、犀牛、河马等大型动物时，车速控制在50～60公里。

3）运输其他草食动物时，车速控制在60～70公里。

4）运输肉食、杂食、禽类、两栖和爬行类等动物时，车速控制在70～80公里。

（5）途中注意休息

使用汽车运输时，要考虑途中休息，一是司机不能疲劳驾驶，二是查看动物，三是查看笼箱捆绑是否牢固，四是给动物添加食物和水。

一般要求连续行驶不多于3h，炎热季节休息间隔要缩短。观察笼箱的安全性即完整性，笼箱内温度在允许范围内，是否有足够的通风。非人灵长类动物每24h至少提供一次食物。

17.4.3　选择合适的笼箱、运输车辆、运输人员

（1）选择合适的笼箱。笼箱的大小合适，要既透气、又防风等。除了小型动物可以多只装在一个笼箱内之外，最好一个笼箱内装一只动物。

一般要求动物装入笼箱内，再装车运输（不建议直接用车厢运输动物）。

（2）选择合适的运输车辆，减少应激反应。理想的运输车辆要能够创造运输途中较好的小环境，寒冷的日子选择保温车，炎热的时候选择空调车或者通风良好的车辆。

（3）安排有经验的运输人员，降低应激反应。有经验的驾驶员和押运人员（兽医和饲

养员）能够给动物提供较高的福利待遇即舒适程度，因而降低应激反应。

17.4.4　选择合适方法串笼、装卸

（1）动物的装卸需要根据动物的特点而定，不同的动物要采用不同的装卸方式。

（2）哺乳动物或大型鸟类，最好采用训练串笼的方式，以便减少动物的应激。

（3）装卸大型动物和笼箱，最好使用叉车、吊车，快速完成装卸能减少动物的应激反应。

（4）小型鸟类、两栖爬行类、鱼类等通常需要使用捕捉网等工具完成装笼工作。

（5）必要时可使用化学保定方式串笼。

（6）到达后及时提取。航空运输时，上机前和到达目的地后，动物都会有几个小时滞留于货场。应提前联系机场货运，尽量缩短动物滞留时间，并且动物尽量放到人员少、阳光直射不到的地方。

17.4.5　准备适宜的饲料、饮水

（1）短途运输时，途中不需要添加食水。

（2）采用汽车长途运输时，途中适当添加食物和水。特别是夏天运输，大部分动物添加蔬菜、水果，能取得较好的效果，食肉动物添加少量水即可。

（3）应准备一定数量的饲料（主要是食草动物颗粒料），使动物在新的机构里实现新旧饲料的逐渐转换，避免因饲料突然变更影响动物采食和健康。

17.4.6　采取药物控制

在装笼和运输过程中，镇静剂和镇痛剂的使用可以帮助减少动物的应激反应。

（1）特殊动物，敏感性过强，又不能替换时，可提前药物预防。

（2）必要时，可以提前使用保健型药品，增强抗应激能力。

（3）常规预防应急的措施无效或达不到效果时，可以使用镇静类药物，但是使用镇静类药物时，一定要有兽医押运。

17.5　运输应急预防

动物运输是风险极高的事项，可能遇到的意外包括动物出笼、动物生病、动物死亡、路线不同、车辆有问题等，应做好各项应急预防工作。

17.5.1　动物出笼

时常有运输途中动物出笼事情发生，如果发生动物出笼，首先保障人员的安全。所以，汽车运输时，一定要用坚固的笼箱，并有兽医押运。如果发生动物出笼，首先进行引诱、麻醉圈回。如果引诱无效，应立即联系当地林业部门、公安部门，根据动物种类采取必要的措施。

17.5.2　动物生病

除非发生涉及动物生命的疾病，不建议路途停止处理。

17.5.3　动物死亡

如果路途发生动物死亡，首先排除疫病，特别是人兽共患病，否则应就近联系动物防疫部门，进行及时的处置。一般疾病致死，可以到达目的地后进行处置。

17.5.4　路线、车辆问题

路线、车辆有问题，导致运输不能依照计划进行，需要立即进行调整，以保障动物健康为主。

17.5.5　水生动物运输的特殊要求

长途运输水生动物时，应注意保持水的温度，特殊的物种如需要造氧装置，押运人员应为笼箱提供所需设备。

第18章 展出动物疾病防护技术

动物园展出动物疾病防护，是饲养员和兽医的工作内容之一，展出动物种类繁多，生理结构和代谢特点、饲养环境要求、食物结构差异巨大，动物的发病特点、易感疾病也有很大区别，甚至同一种动物在不同饲养条件下发病特点也会有所不同。并且，伴侣动物、家畜疾病常用的防护方法，在展出动物上就很难采用。所以，做好展出动物疾病防护尤为重要。

18.1 展出动物护理工作基本技术

18.1.1 展出动物疾病预防工作基本原则

（1）坚持"预防为主，防治结合"原则。

（2）提供动物适宜的饲养展出环境，减少动物应激，保障动物福利。

（3）提供动物科学合理的日粮，保障动物健康发育。

（4）做好日常管理，及时打扫兽舍，认真仔细观察动物，及时发现异常。

（5）建立动物健康种群，防止动物打斗、近亲繁殖。

（6）定期消毒，防止动物群发病、传染病及人兽共患病的发生和传播。

（7）做好动物的检疫、寄生虫检查及动物疫苗接种工作。

18.1.2 消毒技术

环境消毒是通过物理或化学方法杀灭环境中的有害微生物，减少疾病发生和传播，保障动物和游客健康，是展出动物疾病预防的重要方法之一。

（1）消毒方法

分为物理方法、化学方法、生物方法消毒。

1）物理消毒方法

通过高温、高压、紫外线照射、焚烧等物理方法杀灭有害微生物，不同的方法适用不同的消毒对象。

2）化学消毒方法

使用喷洒、浸泡、熏蒸、涂抹消毒药等方法，杀灭有害微生物的方法，不同的消毒药用于不同的消毒对象。

3）生物消毒方法

使用填埋、堆放等产生高温、发酵等方法杀灭有害微生物。

（2）动物园环境及常用的消毒方式

1）游览环境消毒

游览场所的消毒，一般采用喷洒消毒的方法进行消毒。建议使用刺激性小、腐蚀性弱、经济的消毒药。

2）饲养环境消毒

动物饲养展出环境的消毒，包括动物馆舍、动物饮食用具、清扫工具、工作服等要及时消毒。

3）饲料加工环境消毒

饲料、饲料加工间、储存室、运输车辆等要定期进行消毒，可选用物理方法、化学方法。

4）兽医院工作环境消毒

疾病诊断、治疗、解剖过程及环境的消毒。

（3）预防性消毒

1）日常消毒工作。

2）动物用器具消毒，在夏季每天用清水或热水冲洗一次，每周消毒一次；在冬季每两周消毒一次；日常每次进行消毒工作的同时，也要对室内的铺垫物进行消毒。

3）节日后，要对园内进行大消毒。

4）动物适用的水果、蔬菜等吃前应清洗消毒，建议用0.1%的高锰酸钾浸泡20min后，用清水冲干净后食用。

5）制作饲料所用器械，每天需要消毒一次。饲料制作间，每周消毒一次；送料盆每周消毒一次。

（4）临时性消毒

1）有传染病发生时，参照所发生疫病相应的管理条例进行。

2）动物感染寄生虫驱虫后，其兽舍和运动场必须消毒。

3）动物进入新的笼舍或一段时间内没有使用的笼舍需进动物时，该笼舍要先消毒，后进动物。育幼室进小动物前消毒一次，建议使用过氧乙酸熏蒸。

4）旧的动物笼箱使用前必须消毒。

5）患病动物治疗期每天对所处环境消毒一次，治疗结束后进行一次全面消毒。

6）禽类、两栖爬行动物每次换沙子时，对兽舍进行全面消毒。

7）人工孵化时，入箱前应对卵进行消毒。

（5）常用的消毒药种类

常用的消毒药主要分为：含氯消毒药、过氧化物类消毒药、含碘类消毒药、季铵盐类消毒药、醇类消毒药等。

1）含氯消毒药

主要成分次氯酸盐，如84消毒液，使用浓度1∶500～1∶200，根据消毒目的选择合适的配比。使用事项：①有一定的刺激性和腐蚀性，不能过浓使用；②不要与其他洗涤剂或消毒液混合使用，这会加大空气中氯的含量，造成动物和人的中毒；③食物不能用含氯消毒药消毒；④对衣服等编织物有腐蚀性；⑤对金属有腐蚀性；⑥25℃以下避光保存，有效期12M。

2）季铵盐类消毒药

主要分为单链季铵盐类消毒药和双链季铵盐类消毒药，单链的如新洁尔灭、双链的如百毒杀等，双链季铵盐消毒药比单链季铵盐消毒药杀菌效果要强。使用浓度，依据不同产品要求使用。使用事项：①毒性和刺激性小；②使用浓度低；③无腐蚀性和漂白作用。

（6）化学消毒法的基本原则

1）选择对目的微生物最有效的消毒药；

2）选择与用途相符的消毒药；

3）遵守合适的浓度、时间、温度进行消毒。

（7）消毒的注意事项

1）使用适用的方法

不同的对象使用不同的消毒方法，以安全、有效为原则。如运动场、兽舍一般使用喷洒、熏蒸的方法。

2）注意动物安全

一般采用刺激性小消毒药并配置的浓度合适，喷洒时要尽量避开动物。

3）注意工作人员安全

防止消毒过程造成人员损害。

4）注意游客的安全

进行游览环境消毒时，注意消毒药不能洒到游客身上。遇到有风时，尽量在游客的下风向操作。

（8）用正确的操作方法

1）根据情况选择适当的消毒器具和消毒药，必须按要求配制消毒液，切勿浓度过高或过低。

2）使用沉淀性消毒药前要摇动，混匀后再配置，防止药效不均。

3）喷洒消毒药前，要清除环境中的粪便、尿、食物残渣等有机物，减少不利因素影响。

4）按要求均匀喷洒药物，并保持浸泡 20min，再冲洗掉残留的消毒药（土质地面不用）。

18.1.3　展出动物适用的给药技术

在展出动物疾病的治疗工作中，给药是饲养人员配合兽医工作的重要内容，按时按量的服药也是动物疾病得以康复的重要保障。因此，技术人员应该熟练掌握动物的给药技术。

（1）局部给药

在患病部位使用药物，药物直接作用于病变部位，主要是局部涂抹药物。在实际工作中，主要用于动物外伤用药、眼部用药、耳部用药、口腔用药等。

（2）全身用药

通过口服、注射或直肠，药物进入血液后再作用于病变部位。分口服、注射（肌肉注射、静脉注射、皮下注射、腹腔注射等）、直肠给药等几种方式。

1）口服给药

适合大多数动物使用，尤其是群养动物的预防性投药。主要通过拌料、饮水的方式，口服给药的优点是操作简单，但也要结合每种动物、个体的采食习惯给药，有些药物并不适合所有动物口服途径给药，如反刍动物不建议口服抗生素。对于丧失食欲、饮欲的动物，应该采用别的给药方式进行治疗。另外，群养动物口服给药，要避免发生采食不均引起中毒或无效。

2）肌肉注射

用注射器把药物注射进动物体内，达到治疗目的，此方法给药确实、治疗效果好。但有时给药方法不便，如动物体型大、距离远等不易操作，动物反应快、皮厚使药量进的不确实，注射时需要兽医和饲养人员的配合。展出动物注射分为直接注射和间接注射。

直接注射是使用手持注射器直接将药物注射进动物体内，适合小型哺乳动物、大部分禽类、两栖爬行类等用药剂量小、易保定的动物。注射时一般需要饲养人员针对不同动物进行物理保定后，兽医徒手进行注射治疗。

间接注射主要是采用吹管注射的方法，饲养人员需要把动物放到适宜吹管注射的场所进行注射，同时要避免动物的受惊撞击等意外事故发生。

18.1.4 展出动物麻醉的护理技术

展出动物麻醉是重要工作内容，许多动物的转运、治疗都要在麻醉条件下进行。同时，麻醉也具有很大的风险性，动物麻醉前和麻醉后的护理工作十分重要。

（1）麻醉的风险评估

1）兽医评估

目前兽医领域麻醉的安全评估标准，主要参考美国麻醉医师协会（ASA）制定的标准，可以将动物的身体状况分为5级：Ⅰ级 健康动物；Ⅱ级 患有一般疾病，无功能障碍；Ⅲ级 严重系统疾病，有明显功能障碍；Ⅳ级 危及生命的严重系统疾病；Ⅴ级 濒危动物，不能存活24h。

如果患病动物呈现急症则应在每级数字前标注"急"或"E"。第Ⅰ、Ⅱ级动物麻醉耐受力良好，麻醉经过平稳。Ⅲ级动物麻醉会有一定危险，麻醉前准备要充分，麻醉时对可能发生的并发症应采取有效措施，积极预防。Ⅳ级动物麻醉危险性极大。Ⅴ级动物麻醉与否，生命难以维持24h，麻醉前准备更应细致全面。此分级简单、实用，已被兽医麻醉领域广泛应用。

2）麻醉前动物情况调查

包括动物麻醉前的精神、食欲、排泄、行为活动等，对于动物麻醉的评估起着重要的信息作用，如果忽视可能会使麻醉的风险增加。因此，麻醉前动物饲养人员必须全面、准确地向麻醉兽医提供近期动物详细情况，以利于兽医麻醉评估的准确分析和判断。

3）麻醉前动物准备

确定好要进行麻醉的动物，有条件时，群养动物先分群饲养，实施麻醉前，有的动物要进行绝食、绝水；根据保定的目的和动物的特点，绝水12～24h，绝食6～12h，反刍动物、灵长类动物的绝水时间要适当延长。绝水时间长短要根据环境温度情况调整，天气热时要适当缩短绝水时间，防止动物脱水。

4）麻醉前人员协助

兽医保定人员，需熟练掌握各种动物保定的操作流程。

（2）展出动物麻醉后护理

1）麻醉动物苏醒前，必须由专人看护，苏醒后不能立即给水，观察呼吸，兽医必须全程监测动物情况，直至动物完全苏醒安全。

2）维持环境安静、温度适宜，保持动物正确体位。

3）动物术后要 24h 监护，并准备一定的器械、食物，防止动物撕咬。

4）观察术部有无异常：出血、水肿、缝合线开线、舔舐伤口等。

5）对重病、麻醉后不能站立的动物，应使用垫草，保持清洁及时更换。

18.2　传染性疾病防护

传染病是威胁展出动物健康、影响展出动物圈养种群建设的重要疾病，也是动物园预防展出动物疾病的重要内容之一，严重时会危害到从业者的身体健康。根据《中华人民共和国动物防疫法》规定的动物疫病，参照疫病感染的对象，分为人兽共患性疫病、感染动物性疾病。

18.2.1　展出动物传染病的预防

（1）做好日常的消毒工作。

（2）建立合理、有效地展出动物疫苗接种程序，使用有效的疫苗。

（3）兽医做好平时的巡诊工作，结合本园动物发病特点，采取积极有效的预防措施。

（4）做好引进动物的检疫、寄生虫检查及展出动物定期疫苗接种工作。

（5）发生动物疫情，应进行相应的隔离，重要疫情报请当地动物卫生防疫部门处理。如果有人兽共患病，同时要与游人隔离，并注意做好职工的防护工作。

18.2.2　展出动物从业人员的生物安全防护

（1）每次接触动物进行操作前后要清洗双手。

（2）接触疑似人兽共患病时，应作严格防护，参照疑似疫病的防护措施。

（3）若手套或手套被污染，应避免接触其他干净物品、器具、人员等。

（4）在接触患病动物时，一定要外穿工作服，甚至穿防护服。

（5）对于被粪便、分泌物或渗出物污染的衣服应该及时更换。

（6）可疑患有传染病动物接触过的器具、垫草要做清洗消毒处理。

（7）避免在动物护理场所饮水或食用食物。

（8）疑似传染病动物，要根据兽舍情况设立隔离区。

（9）确诊传染病动物，需要设置专门的兽医和饲养员进行治疗和护理。

（10）严格按照操作规程，进行消毒，避免疫情的扩散。

18.3　普通疾病防护

本章主要按照内科、外科等对疾病进行分类，内科疾病分为消化系统、呼吸系统疾病等，结合常见病症发生特点，例如呕吐、腹泻、便秘等进行进一步的阐述。

18.3.1　展出动物消化系统常见疾病防护

消化系统疾病是展出动物最常见的一类疾病，主要临床表现为呕吐、腹泻、厌食等。

（1）呕吐

呕吐是胃内容物返入食道，经口吐出的一种行为，一般分为非疾病性呕吐和疾病性呕吐两种情况。引起呕吐的可以由多种因素引起，常见疾病引发如胃肠炎、食物饲喂不当、进食过多、惊吓、消化道梗阻性疾病、其他系统性疾病继发性呕吐等。在临床表现上有的轻微、有的严重，严重的可能引起食欲不振甚至厌食，群发性的呕吐发生有时也要考虑到传染性疾病、中毒性疾病。呕吐的护理：

1）出现呕吐症状动物，应初步判断呕吐原因，原因明确的，饲养员和兽医应该及时采取相应的措施。

2）原因不明、影响严重、甚至出现群发性呕吐症状的，一定要及时记录呕吐发生的时间、呕吐的量、颜色、性状、气味等，尽快对呕吐物采样进行化验。

3）患病动物呕吐时，如果可以接触到动物，应保持其头部低下，避免发生误吸。如果出现误吸应使用负压吸引器快速吸出呼吸道内的异物。

4）减少或停止饲喂食物，或采取少量多次投喂易消化食物。

5）要保证饮水，剧烈呕吐造成不能进食时要保证饮水，水中添加补液盐，防止继续脱水和离子紊乱。由于呕吐十分严重，饮水也会伴发呕吐，应采取积极的治疗措施。

6）对于呕吐严重，动物出现精神、食欲变化的，兽医应立即采取诊断治疗措施，如果病因尚未确定，可先采取对症治疗，使用适合的止吐药物；如果怀疑食物中毒引起的呕吐，不应使用呕吐药物，如果能够进行进一步治疗的，可根据动物个体具体情况进行抗生素治疗、纠正水电解质紊乱、酸碱平衡紊乱等综合治疗措施。

7）对于轻微呕吐，可依据不同动物情况采取不同措施，兽医和饲养员在平时的饲养管理中就应该根据该动物的特点，采取一些相应的措施。

8）疑似或确诊为传染病时，及时采取对应措施，要严格隔离，彻底消毒，包括使用的工具、人员、环境及对发病动物排泄物的消毒。并进行针对性处置，疑似发病动物进行隔离饲养，并按传染病爆发相应的操作规程采取措施。

9）怀疑饲料问题引起的呕吐问题，应及时针对性的采取相应措施，调整饲料保障饲料的干净、无污染，没有变质的发生。

10）做好平时的兽舍卫生及消毒工作，预防传染性疾病的发生。

（2）腹泻

腹泻是指排便次数多于平日次数、粪便稀薄，是一种保护行为，是胃肠道疾病的特征。引起腹泻的因素多样，常见的因素有：① 消化不良性腹泻，腹泻物有特殊的酸臭味，主要是由于进食的饲料量过大、消化不彻底引起。如草食动物的精料饲喂量过多、杂食动物一次性进食过多、饲喂食物不合理、突然更换饲料等都会引起腹泻；② 感染性的腹泻，主要是消化道感染特定的病原体引起，在圈养环境中我们常见的病原体包括，病毒、细菌、滴虫、寄生虫等，感染性腹泻的发生有其物种特点，比如幼年禽类就容易引起感染性腹泻，夏季温度高造成饲料污染，感染性腹泻也会有一定的季节特点，一般夏秋季节容易发生；③ 一过性的腹泻，常常由于兽舍地面温度低，或突然饮用大量冷水等应激刺激消化道，引起痉挛，出现一过性腹泻；④ 由于饲养不合理、营养状况差、免疫力低下、其他系统疾病引起的肠道菌群失调，造成的腹泻。

1）腹泻的防治

腹泻是展出动物常见的一种疾病，根据腹泻临床表现会出现一过性腹泻、轻度腹泻、严重腹泻，饲养员和兽医应依据动物的表现采取相应的措施。

做好平时的兽舍卫生及消毒工作，预防感染性消化道疾病的发生。

必须保证饲喂动物的饲料新鲜、干净，采食器具也要保持卫生，特别是温度高的夏季有些饲料很容易发生腐败变质的情况，就更要注意饲料的卫生问题，以防止病从口入。

在节假日时，会出现严重的游人投喂动物问题，引起动物的腹泻、厌食等临床症状，除了劝阻外，在平时的工作中也要注意提前采取一些相应的预防措施，比如减少动物节假日的饲喂量及调整饲料品种。

2）腹泻的护理

发生腹泻时，要及时告知主治兽医，分析引起腹泻的原因，积极采取对应措施：

记录腹泻的次数、粪便的性状、气味等，及时采集腹泻物进行化验，分析原因、制定护理措施。如调整饲料的结构，或给予合适的药物进行治疗，也可以继续观察等。

一过性腹泻、轻度腹泻一般不影响动物的精神、食欲，汇报主治兽医，分析病因，采取相应的治疗措施。

严重的腹泻时，应及时汇报兽医，并及时采取动物的腹泻样品，进行实验室诊断，以利于兽医及时对患病动物采取治疗措施。

腹泻动物的食物要少量多次，易消化和吸收，既要减轻消化道的负担，又不能造成长时间的营养不足。

腹泻的次数过多，会有严重的继发症出现，要对症给予药物进行调理和治疗。

疑似或确诊为传染病时，及时采取对应措施，要严格隔离，彻底消毒，包括使用的工具、人员、环境及对发病动物排泄物的消毒。并进行针对性处置，疑似发病动物进行隔离饲养，并按传染病爆发相应的操作规程采取措施。

18.3.2　展出动物呼吸系统常见疾病的防护

呼吸系统疾病是展出动物常见的疾病之一，突然的冷刺激、饲养环境空气污染严重、病毒及细菌的感染、动物体质差和免疫力下降等均可成为展出动物呼吸道疾病的发病原因，幼年动物、体质差、老年动物多发。

由于展出动物的特殊性，患呼吸系统疾病时的患病部位、程度等不易确诊，慢性呼吸系统疾病几乎发现不了。曾有多例动物死亡后，在剖检时才发现有肺结核、肺脓肿、胸膜肺炎、胸腔积液等严重病变。但是，生前没有看到异常的临床现象，甚至没有观察到呼吸异常的现象。患急性呼吸系统疾病时，多数伴发体温升高，呼吸浅快，甚至困难，食欲下降，大部分疾病发现时病程已晚，病情严重，治疗效果不佳。

（1）呼吸系统疾病预防

1）根据动物的生活习性、产地条件设置兽舍，兽舍要通风、透光、保温防寒，特别是一些热带怕冷动物、爬行动物等。

2）供给科学合理的营养，保障动物健康发育。

3）做好平时的兽舍卫生及消毒工作。

4）季节交替、气候突变时动物保暖措施要跟上。

5）做好动物的防疫工作，特殊季节使用药物预防，避免一些呼吸道传染病的发生。

6）对幼年、老年动物，季节和气候变化时要及时做好相关的防护预防措施，要增喂一些营养价值高的饲料，以增强动物的抵抗力。

（2）呼吸系统疾病护理

1）饲养人员发现动物有异常，及时汇报兽医，观察和记录。

2）兽医首先要了解动物患病特点、目前社会上是否流行呼吸系统疾病、饲养员有没有患有相同的疾病等，作出初步诊断，制定护理措施。

3）兽舍要保持适应的温度和湿度，要通风和空气洁净，饮水清洁。

4）为动物提供易消化吸收的食物，少量多次，注意观察动物采食的变化，掌握疾病恢复的程度。

5）鼻腔、咽喉的分泌物多时，要及时清理，呼吸困难的动物，要给予氧气。

6）人工育幼的动物要及时进行人工补水。

7）要遵守主治兽医的要求，及时给患病动物喂药或协助治疗，保障疗程。

8）输液治疗时，一定要及时进行隔离，严格消毒，注意输液速度、监测心肺功能。

9）必要时，进行进一步诊断，如放射诊断、分泌物培养等。

18.3.3　展出动物外科疾病防护

外科疾病是动物园展出动物常见的一种疾病，包括损伤及外科感染、骨折、运动障碍等，引起这些外科疾病的病因多种多样，不同种属动物对外科疾病的恢复能力也不尽相同，有些动物对于外科损伤有较强的康复能力，合理的治疗和护理，动物的外科损伤很快就会康复。

（1）展出动物常见外科病预防

损伤是指机体受各种致伤因子作用后发生组织结构破坏和功能障碍。骨折是指骨骼的完整性被破坏，动物正常的生理功能受到影响，骨折分为开放性和非开放性两种情况。如果处理不及时，很容易继发感染、脓肿、蜂窝组织炎甚至败血症。引起外科疾病的因素很多，包括场馆问题、动物问题及其他问题。

1）注意场馆设施原因

场馆问题是动物引起外伤的主要因素，如兽舍运动场突出的墙角、栏杆、铁丝尖、工程遗物、不合理的树杈、绳索，围栏杆的间距、高低，地面不平、有硬物，食水槽的位置不合理，树木围挡、丰容不合理，均能造成动物的外伤损害。工作中，饲养人员及时发现隐患，并进行合理处理，防止动物外伤发生。

2）注意动物原因

动物种群密度大、结构不合理、雌雄比例失调、发情造成动物之间的争斗引起的损伤。因此，提供合适的场地，及时分开，为成年动物发情季节分圈饲养等措施，可以减少动物外伤发生。

3）注意其他原因

动物受惊后的撞伤，易受惊鸟类很容易造成死亡或骨折；患病治疗、注射疫苗、串笼、运输等操作中，不当行为引起外伤；高温、低温所造成的动物的烫伤和冻伤；虫、蛇等咬伤或蜇伤，均可以引起动物组织的损伤。

（2）展出动物常见外科病护理

1）展出动物外科疾病的护理，不同动物有不同特点，护理方面所面临的难题也是多种多样。这需要临床兽医能够根据不同动物以及病例的不同针对性的制定治疗方案，也需要饲养人员遵照医嘱配合兽医进行护理工作。护理工作的顺利与否，往往决定最终的治疗结果。

2）对于展出动物外科损伤，除了控制感染外还要在护理工作中注意防止动物对受伤部位的二次损伤，如舔咬抓挠伤口、夏季炎热季节伤口生蛆，这些都会延缓伤口愈合。

3）对疼痛敏感的动物，兽医也可使用止痛药物。

4）展出动物手术后的护理：参照动物麻醉后护理。

5）防止继发感染，动物发生损伤，特别是开放性损伤后，很容易出现局部的污染，受污染的伤口可继发感染，严重的局部感染能够引起全身性的炎症，甚至引起破伤风和败血症的发生而引起死亡。防止感染是外伤处理的必要措施。如果遇到外科感染的病例，一般处理原则：局部清理，去除感染源；局部消毒，根据病程及伤口愈合情况，可以更换消毒药或联合使用消毒药；局部使用促进组织愈合类药物；必要时实施局部包扎；必要时全身使用抗生素和破伤风抗毒素。

6）对于动物发生的骨折，我们一般分为开放性骨折和非开放性骨折，对于两种性质的骨折，临床兽医需要认真分析病例的具体情况后再制定最为适合的治疗方案，一般对于动物的骨折病例兽医通常会采取手术内固定治疗和外固定治疗，以及保守治疗。由于展出动物护理的难度很大，所以合理的治疗计划和护理方案对动物的康复有着积极的意义。

18.3.4　展出动物应激反应的防护

应激是指机体在受到各种强烈因素（即应激原）刺激时所出现的以交感神经兴奋和垂体、肾上腺皮质分泌增多为主的一系列神经内分泌反应，以及由此而引起的各种机能和代谢的改变，是其非特定的性质、全身性的适应性反应，在生理学和病理学中都有非常重要的意义。应激既可以对机体有利，也可以对机体有害。

在日常管理中，几乎每只动物都会遇到一些应激原的作用。只要应激作用不是过分强烈，作用时间也不是过分长久，对机体是有利的，称之为良性应激。如果应激原的作用过于强烈和（或）过于持久，对机体产生一定的病理性变化，所引起的应激就属于病理学的范畴。许多疾病或病理过程都伴有应激，都有其本身的特异性或非特异的变化，因此应激也就是这些疾病的一个组成部分。在疾病中，应激不仅有适应代偿和防御的作用，而且它本身也可以引起病理变化，这些变化只有以应激所引起的损害为主要表现的疾病，才称为应激性疾病。展出动物是一个特殊的动物群体，尤其在圈养环境下，由于其对人工环境适应的差异和习性特点，所以在展出动物的饲养管理中，对应激的了解、认识有特殊意义，应做好如下预防：

① 兽舍设计时要考虑动物的生理特点，避免过于强烈的或过于持久的应激原作用于动物机体，如热带动物对保温的需要，神经质动物对隐蔽设施的需要，群体动物运动场的大小，分类上差异较大的动物或有食物链关系动物的饲养区域太近，如草食动物与食肉动物的馆舍不能太近。

② 及时正确地处理伴有病理性应激的疾病或病理过程，如创伤、感染、休克等，以尽量防止或减轻对动物机体的不利影响。

③ 减少保定过程中的应激。保定前要尽量保持动物安静，用物理方法保定动物时，要根据动物选择刺激性小的方法。用化学保定时，药物剂量要计算准确，尽可能缩短诱导期。夏季进行麻醉时，操作时间要选在天气凉爽的时间内进行，如果时间错不开，一定要准备好降温物品。

④ 减少运输中的应激。对神经质动物，串笼时尽可能采用镇静药物；笼箱的尺寸、材料、通风等要适合所运动物，串笼时尽可能采用镇静药物；笼箱的尺寸、材料、通风等要适合所运动物；运输途中要尽可能提供充足的水或多汁饲料；到达目的地后，1 周内用原饲料或过渡饲料，不能进行疫苗接种，防止继发消化或呼吸系统疾病。

⑤ 不同种动物在一起混养时，要有足够大的运动场所和隐蔽设施，避免小体型或体质弱者受欺负。

⑥ 同种动物群养时，后代若是雄性时，需要及时分圈饲养。

⑦ 新引进的动物，要考虑场馆、食物、人员、周边动物的刺激，需要合理的适应过程，减少应激。

第 3 篇

安全生产知识

第 19 章　展出动物保育员安全生产知识

野生动物保育和展出中的安全防范问题是伴随着动物园的出现而产生和发展的。安全操作是科学饲养管理的前提，应坚持安全第一、预防为主。展出动物保育员必须遵守相关的安全操作规程、制度、办法等。只有不断的加强、完善相关的安全规程、制度、办法，并严格执行，才能够保证动物和保育员的安全。安全操作规程是几十年的成功经验和失败教训换来的。因此必须从思想上高度重视，在实际的操作中严格执行。

19.1　饲养操作中可能发生的伤害

在动物保育过程中，发生动物伤害事件，人为因素占很大比例。发生在动物园或野生动物养殖场的动物伤人事故，许多都是由于操作失误或违反安全操作规程导致事故发生，动物保育员往往既是事故的受害者，又是事故的肇事者。

（1）在清扫过程中，保育员与动物出现在同一圈舍中，保育员受到动物攻击；圈舍栏杆间距过大、人员靠近时造成受伤。大型动物、凶猛动物要求保育人员不能带动物操作，相对的事故少些。但是对小型动物没有严格要求，常常容易造成伤害。有时发生操作失误，动物与人意外出现在同一圈舍内，引起人员受伤。

（2）在饲喂过程中，投食时是动物最兴奋的时刻。动物抢食并与保育员亲密接触，动物护食行为严重，在动物进食过程中移动食盆、食物，保育员容易被伤害，也容易出现动物之间的打斗。

（3）在捕捉动物过程中，人员必须与动物直接接触，很容易出现人员、动物受伤。操作过程中，工作人员要穿戴防护用品，使用保定工具，尽量避免用手直接接触动物。保育员要注意保护自己、保护动物。

（4）在串笼过程中，要看清动物的活动方向和规律、所有门扣、门锁上好，确认安全后，方可进行操作，避免与动物直接接触，防止被动物攻击。

（5）在体检治疗过程中，体检、注射疫苗、治疗时，需要保定好动物，动物对兽医敏感，容易出现攻击行为。

（6）在游览过程中，游客跳进圈舍与动物不正常的接触，被咬伤、踢伤等。个别动物会捡起地上的石块投打游客，造成伤害。

19.2　动物保育员安全守则

19.2.1　肉食类动物安全保育操作守则

适用于狮、虎、熊、大熊猫等大、中型凶猛肉食类动物。

（1）狮、虎、熊三月龄内、大熊猫 1 岁龄内除外，严禁任何形式的人与其他动物直接接触。必须采取串笼清扫和隔笼安全性接触；喂食、喂水操作时要精神集中，随时注意观察动物的表情、举动；与动物栏杆保持安全距离，必须靠近时不得抚摸和嬉逗，防止被其抓伤、咬伤；动物保定时，保育员要与兽医相互配合、正确操作，防止动物伤人。

（2）清扫馆舍、运动场时，必须做动物串笼处理，确认锁好串门后方可操作。清扫完毕后，必须认真检查各道串门是否关好、是否上锁。

（3）串笼（间）处理前，要先检查串笼（间）是否坚固、有无破损、门锁是否已经锁好，确定待串笼（间）内没有人员或动物，一切正常后，方可进行。

（4）动物串笼、捕捉、转移作业时，首先制定实施方案，经主管领导批准后进行。主管队长或班长做好人员分工，参加作业人员要齐心合力、严格服从现场负责人的统一指挥，防止挤压、碰撞、砸伤搬运人员。

（5）馆舍、运动场的设施（栏杆、门轴、锁鼻、拉杆等）应做好每日的安全检查，并做好记录，若发现安全隐患应立即上报解决。严禁私自带电安装、拆卸电器。及时检查清理笼舍、工作间内的易燃物。

（6）馆舍、运动场门的钥匙由班长或主管保育员携带，用毕放回指定位置，严格保管，不准带出工作岗位。

（7）夜间值班人员按时到岗，不得空岗，到岗位后先巡视动物、设备有无异常，并及时填写交接记录。

（8）使用腐蚀性消毒药物进行消毒时，保育员须做好个人防护，穿戴好防护用品。

19.2.2 杂食类动物安全保育操作守则

适用于猩猩科、长臂猿科、猴科、有袋类、啮齿类、热带小型猴及小型肉食类野生动物。

（1）保育作业中，除体重在 5kg 以下、1y 内的幼兽外，严禁与猩猩、长臂猿、叶猴、雄性金丝猴、金猫、豺、狼、貂等动物直接接触，必须采取串笼清扫和隔笼安全性接触。

（2）进入不需串笼处理的小型动物笼舍、运动场时，保育员必须着工作服、雨鞋、佩戴防护工具，并与动物保持安全距离，随时观察动物表情、举动，防止被动物突然抓伤、咬伤。

（3）清扫笼舍、运动场时，务必注意搞好个人卫生，防止人和动物的交叉感染。

（4）串笼（笼）处理前，要先检查待串笼（笼）舍是否坚固，有无破损，门锁是否已经锁好，待串笼（笼）内有无人员或动物，检查一切正常后，方可进行。

（5）动物串笼、捕捉和搬移作业时，首先制定实施方案，经主管领导批准后方允进行。由主管队长或班长做好人员分工，为确保人员安全，参加人员严格服从现场负责人的统一指挥，防止挤压、碰撞、砸伤人员。动物保定时，操作要正确，防止伤人。

（6）笼舍、运动场设施（栏杆、门轴、锁鼻、拉杆等）应做好每日的安全检查，并做好记录，若发现安全隐患应立即上报解决。严禁私自带电安装、拆卸电器。及时检查清理笼舍、工作间内的易燃物。

（7）笼舍、运动场门的钥匙由班长或主管保育员携带，用毕放回指定位置，严格保管，不准带出工作岗位。夜间值班人员按时到岗，不得空岗，到岗位后先巡视动物、设备有无异常，并及时填写交接记录。

（8）使用腐蚀性消毒药物进行消毒时，保育员须做好个人防护，穿戴好防护用品。

19.2.3　大型草食类动物安全保育操作守则

适用于象、犀牛、河马、长颈鹿等大型草食类野生动物。

（1）保育员在上岗后、下岗前，先观察动物的精神状态，检查门锁、栏杆、铁网等设施是否安全、可靠，如有异常及时处理并上报。

（2）除雄性亚洲象 10y 以内、非洲象 7y 以内，饲养操作时，严禁任何形式的人与动物直接接触。必须采取串笼清扫和隔栏杆安全性接触。如有必须与动物直接接触时，须领导批准，作业现场设置监护人。特殊动物另行处理。

（3）在象和犀牛放出笼舍进入运动场、由运动场收回笼舍、给象拴脚链、冲刷洗浴等作业应由主管饲养工负责实施，两人操作。

（4）动物在笼舍或运动场为游客提供观展时，要有值班人员看守。在动物所能接触的地方，不能存放草料、清洁工具等会伤害到动物和游人的物品。

（5）清扫馆舍、运动场作业必须做动物串笼处理，确认锁好串门后方可操作。清扫完毕后，必须认真检查各道串门是否关好、是否上锁。

（6）做串笼（笼）处理前，要先检查待串笼（笼）舍是否坚固，有无破损，门锁是否已经锁好，待串笼（笼）内有无人员或动物，检查一切正常后，方可进行。

（7）治疗或搬运成年动物时，须制定实施方案，报请公园领导批准后，由现场负责人统一指挥进行，所有人要齐心合力，操作要正确，防止动物伤人、动物受伤。

（8）馆舍、运动场设施（栏杆、门轴、锁鼻、拉杆等）应做好每日的安全检查，并做好记录，若发现安全隐患应立即上报解决。严禁私自带电安装、拆卸电器。及时检查清理笼舍、工作间内的易燃物。

（9）馆舍、运动场门的钥匙由班长或主管保育员携带，用毕放回指定位置，严格保管，不准带出工作岗位。夜间值班人员按时到岗，不得空岗，到岗位后先巡视动物、设备有无异常，并及时填写交接记录。

（10）临时草库，其储备不准超过 3d 用量（象房草库例外），库内禁止存放易燃易爆、有毒物品，严禁烟火，备有灭火器材，及时清除笼舍、工作间内的易燃物。

（11）馆舍、运动场门的钥匙由班长或主管保育员携带，用毕放回指定位置，严格保管，不准带出工作岗位。夜间值班人员按时到岗，不得空岗，到岗位后先巡视动物、设备有无异常，并及时填写交接记录。

（12）单人值班时，不得进入笼舍、运动场作业。

（13）使用腐蚀性消毒药物进行消毒时，须做好个人防护，穿戴好公园配发的劳保用品。

19.2.4　中小型草食类动物安全保育操作守则

适用于野驴、野马、斑马、羚羊、梅花鹿、北山羊、河麂等中小型草食类野生动物。

（1）保育员在上岗后、下岗前，先观察每种动物的精神状态，检查门锁、栏杆、铁网等设施是否安全、可靠，如有异常及时处理并上报。

（2）凡进入胆小、神经质动物（斑马、黑麂）馆舍、运动场时，要给动物以声音提示，避免动物突然受惊、撞伤。动物保定时，操作要正确，防止伤人。

（3）动物发情期时期，保育员均不得与发情雄性动物直接接触。须将动物做串笼处理，之后方可进行笼舍清扫。

（4）串笼（笼）处理前，要先检查待串笼是否坚固、有无破损，门锁是否已经锁好，检查一切正常后，方可进行。

（5）动物串笼、捕捉和搬移作业中，首先制定实施方案，报请主管领导批准后方允进行。为确保人员安全，参加作业人员要严格服从现场指定负责人的统一指挥。所有人员齐心合力，防止挤压、碰撞、砸伤搬运人员。

（6）馆舍、运动场设施（栏杆、门轴、锁鼻、拉杆等）应做好每日的安全检查，并做好记录，若发现安全隐患应立即上报解决。严禁私自带电安装、拆卸电器。及时检查清理笼舍、工作间内的易燃物。

（7）馆舍、运动场门的钥匙由班长或主管保育员携带，用毕放回指定位置，严格保管，不准带出工作岗位。夜间值班人员按时到岗，不得空岗，到岗位后先巡视动物、设备有无异常，并及时填写交接记录。

（8）清扫运动场积雪时，防止摔伤人或动物。

（9）使用腐蚀性消毒药物进行消毒时，要做好个人防护，喷洒药物时注意不伤及动物。

19.2.5　鸟类动物安全保育操作守则

（1）进入鸟类笼舍操作时，须将操作廊或笼舍门封闭插好，避免动物逃笼、合笼。

（2）进入鸵鸟、鹤鸵及繁殖期的鸸鹋等走禽类的笼舍、运动场清扫、饲喂时，需将动物串笼后，方可进行。动物串笼（笼）前，要检查有无人员或动物。

（3）进入涉禽、猛禽、攀禽类及发情期的雉鸡类的笼舍、运动场清扫、饲喂时，须随身携带防护用具，穿戴好公园配发的劳保用品，并与动物保持一定距离，以确保人员安全。

（4）进入雉鸡类、鸣禽类笼舍、运动场清扫、饲喂时，要先发出信号，动物无异常反应后，才能进行。动作要平稳，使用工具、器皿要轻拿轻放。切勿敲打物体造成惊扰动物，引起动物飞撞造成人员或动物伤害。

（5）驾船作业时，须检查船是否坚固、良好，并穿戴好救生衣，检查船上是否有救生圈，全部就位后，方可驾船进行作业。船只使用过程中，不得嬉闹，船只平稳靠岸后方可上、下船。非本部门人员不得使用船只。

（6）鸟类人工孵化作业时，保育员要正确使用孵化所用各类设备，严禁私自带电安装、拆卸电器，发现问题要及时上报。

（7）笼舍、运动场门钥匙须由主管保育员携带，用后放回指定位置，严格保管，不准带出工作岗位。夜间值班人员按时到岗，到岗位后先巡视动物、设备有无异常。

（8）认真进行每日安全巡回检查，对各部位设施如发现问题要积极处理并及时上报。及时发现并清除笼舍、工作间内的易燃物。填写值班记录，做好交接班工作。

（9）使用腐蚀性消毒药物进行消毒时要穿戴好劳保用品，喷洒药物时注意不伤及动物。

19.2.6　两栖爬行类动物安全保育操作守则

（1）保育员在上岗后、下岗前，先观察每种动物的精神状态，检查门锁、栏杆、铁网等设施是否安全、可靠，如有异常及时处理并上报。

（2）进入动物饲养后台、活食饲养库、栖养库房清扫作业时，饲养人员穿戴好公园配发的劳保用品，随手关门，并与动物保持安全距离，注意观察动物的表情、状态，以确保安全。作业完毕，立即关门锁好。

（3）饲养和捕捉毒蛇时，由主管保育员负责实施。作业中必须配备所需的专用捕捉工具和防护用具，现场必须设有监护人。

（4）捕捉体重在 10kg 以上的鳄鱼作业时。须组织 4 名以上保育员参加，并由主管饲养人员统一指挥。作业中必须配备所需的专用捕捉工具和防护用具。

（5）捕捉大型蟒、蚺等作业时，须组织 3 名以上保育员参加，并由主管保育员统一指挥。作业中必须配备所需的专用捕捉工具和防护用具。

（6）繁殖季节孵化毒蛇卵或处理卵胎生毒蛇幼蛇，作业前应仔细检查繁育设备是否坚固，有无缝隙，闭锁装置是否完好，以避免幼蛇逃逸。

（7）非本部门人员，严禁进入动物饲养后台，不得打开毒蛇展箱盖，避免发生意外。

（8）运输毒蛇时，保育员需将动物先装入布袋，再将布袋装入专用铁笼内，然后外部包上麻袋，途中不得随意打开，避免动物伤人或逃逸。

（9）夜间值班人员按时到岗，到岗后先巡视动物、设备有无异常，做好交接班工作，认真填写值班记录。

（10）使用腐蚀性消毒药时，保育员要做好个人防护，喷洒药物时注意不伤及动物。

19.3　防护用品、捕捉器具的正确使用

19.3.1　防护用品及用途

（1）手套：主要有皮手套、帆布手套、棉布加厚手套、橡胶手套、防割手套等，主要用于防止动物咬伤，防护保育员手部及小臂。

（2）护目镜：主要防止异物或毒液喷溅，保护保育员的眼睛，防止二次伤害。

（3）防滑鞋/高帮厚底防滑雨鞋：兽舍圈内地面泥泞湿滑，需要轻便的防滑鞋或防水防刺性更佳的防滑雨鞋。

（4）工业级防护口罩：防止扬尘刺激。

（5）套袖：搬运干草或其他物品时，防止手臂割伤。

（6）特殊岗位，如饲料加工，使用专用的防护用品。

19.3.2　捕捉器具及用途

（1）笼箱：笼箱是用于捕捉、运输动物最常见的工具。笼箱大小、形状、制作所用材料、笼箱门口的大小，需要视被捕捉动物的具体情况而定。

笼箱要求必须坚固、大小合适、内部光滑及轻便、有扶手，适合运输。

笼箱的门应设计成提升闸门，向上开启。

笼箱大小，动物笼箱内宽度宽于动物体宽或角宽 20cm，笼箱内长度长于动物体长 30cm，高度高于动物头顶或角尖 20 cm，应以动物能起卧自如，但不能轻易转身为宜。笼箱内堂过大，容易造成动物冲撞，笼箱过小，会造成动物蹭伤。

笼箱形状，应为长方体为主，笼箱两侧或四周要有足够的通气孔，笼箱两端要有观察孔。装禽类或应激反应较强动物的笼箱顶部用软网，通气孔和观察孔须覆盖一层麻布类的薄丝织物，避免装入笼箱的动物受到外界刺激。

（2）捕捉网：是捕捉动物的主要工具，主要有兜网、撒网、拉网等。网的材质有尼龙绳、尼龙丝、麻布、帆布等材质；各种网的网眼不能太大，防止兽类四肢或禽类羽毛与网缠绕在一起，难以将动物与网分开；以兜网为例，兜网网口的固定环要足够大，且套上较软的塑胶套，以免弄伤动物；柄要有一定韧性，以便灵活操作。

（3）扫帚：常用于驱赶、控制动物，以及保育员的防护。

（4）绳子：主要有棉绳、麻绳、尼龙绳等，常用于捆绑、套拉动物。

（5）捕捉钩、捕捉叉、捕捉环套：用于不能靠近或有一定攻击性的远距离控制或捕捉。

（6）挡板：用木板加装把手制成，用于围赶动物。

（7）木棍：用于驱赶或固定动物。

19.4　动物应急事件处理

19.4.1　动物出笼应急处理

如发生动物出笼，现场保育员应第一时间上报主管部门，汇报出逃动物种类、性别、出逃位置等。主管部门决定采取的措施，及是否启动该应急程序。

（1）发现有动物出笼情况，应及时向主管部门汇报情况，同时采取适当的控制措施，引诱、控制出逃动物，防止事态进一步扩大。

（2）安保部门接到报告后，立即控制现场外围的警戒与安全，疏散游客，控制动物。

（3）动物主管部门，视情况紧急程度，通知兽医、汇报园领导。

（4）引诱措施无效时，由兽医对动物实施麻醉，现场人员配合兽医以最快速度准备水龙带、灭火器或其他驱散装备，控制动物的活动区域。

（5）如果以上措施均无效，由安保部门联系公安机关采取必要措施。

（6）事后进行分析，查找原因，防止再次发生。

19.4.2　动物伤人应急处理

动物伤人事件是指发生保育员在工作中受到动物伤害，或出逃动物伤害人员事件。

（1）如果发生动物伤人事件，现场人员立即通知主管领导，并积极处置受伤人员，控制动物，防止事态扩大。

（2）如果是在展出区内，保育人员受到伤害，视伤情送往医院或由 120/999 救护，进行专业处置。

（3）对于展区内发生事故的动物，进行隔离控制，防止继续伤害人员。

（4）如果是出逃动物伤害人员，启动《动物出笼应急程序》。首先控制动物，救护受伤人员，视伤情送往医院或由 120/999 救护，进行专业处置。

（5）对于出逃动物，采取《动物出笼应急措施》处置。

（6）事后进行分析，查找原因，防止再次发生。

第 20 章　展出动物保育相关法律法规

20.1　国际公约

20.1.1　濒危野生动植物种国际贸易公约（CITES）

该条约系于 1973 年 6 月 21 日在美国首府华盛顿所签署，所以又称华盛顿公约。1975 年 7 月 1 日正式生效。该公约的主要精神主旨在于管制而非完全禁止野生物种的国际贸易，其用物种分级与许可证的方式，以达成野生物种市场的永续利用性。公约将其管辖的物种分为三类，分别列入三个附录中，并采取不同的管理办法，其中附录 Ⅰ 包括所有受到和可能受到贸易影响而有灭绝危险的物种，附录 Ⅱ 包括所有目前虽未濒临灭绝，但如对其贸易不严加管理，就可能变成有灭绝危险的物种，附录 Ⅲ 包括成员国认为属其管辖范围内，应该进行管理以防止或限制开发利用，而需要其他成员国合作控制的物种。

中国于 1980 年 12 月 25 日加入了这个公约，并于 1981 年 4 月 8 日对中国正式生效。中国规定该公约附录 Ⅰ、附录 Ⅱ 中所列的原产地在中国的物种，按《国家重点保护野生动物名录》所规定的保护级别执行，非原产于中国的，根据其在附录中隶属的情况，分别按照国家 Ⅰ 级或 Ⅱ 级重点保护野生动物进行管理。

20.1.2　生物多样性公约

该公约是一项保护地球生物资源的国际性公约，于 1992 年 6 月 1 日由联合国环境规划署发起的政府间谈判委员会第七次会议在内罗毕通过。公约于 1993 年 12 月 29 日正式生效。常设秘书处设在加拿大的蒙特利尔。联合国《生物多样性公约》缔约国大会是全球履行该公约的最高决策机构，一切有关履行《生物多样性公约》的重大决定都要经过缔约国大会的通过。

该公约是一项有法律约束力的公约，旨在保护濒临灭绝的植物和动物，最大限度地保护地球上的多种多样的生物资源，以造福于当代和子孙后代。简单的说该公约有三个主要目标：

① 保障生物多样性；

② 可持续地利用其组成部分；

③ 公平分享资源所带来的好处。

中国于 1992 年 6 月 11 日签署该公约，1992 年 11 月 7 日批准，1993 年 1 月 5 日交存加入书。而且在 2017 年，中国森林覆盖率提高到 21.66%，草原综合植被盖度达 54%。各类陆域保护地面积达 170 多万平方公里，约占陆地国土面积的 18%，提前实现《生物多样性公约》要求到 2020 年达到 17% 的目标。

20.1.3　湿地公约

该公约全称是《关于特别是作为水禽栖息地的国际重要湿地公约》，缔结于 1971 年，致力于通过国际合作，实现全球湿地保护与合理利用，是当今具有较大影响力的多边环境公约之一。

中国于 1992 年加入《湿地公约》。在《湿地公约》的有力推动下，湿地保护与合理利用已经成为中国政府在可持续发展总目标下的优先行动。中国优先选择以湿地保护为重点，在湿地保护中又选择天然原生湿地保护和对退化湿地进行示范性的生态恢复、重建为近期国家湿地保护战略的目标。在考虑公众利益的前提下，减少天然湿地的进一步丧失和退化。

20.2　中华人民共和国法律

20.2.1　中华人民共和国野生动物保护法

于 1988 年 11 月 8 日第七届全国人民代表大会常务委员会第四次会议通过。经过两次修正。最新版的《中华人民共和国野生动物保护法》由中华人民共和国第十二届全国人民代表大会常务委员会第二十一次会议于 2016 年 7 月 2 日修订通过，并自 2017 年 1 月 1 日起施行。

2016 年最新版的《中华人民共和国野生动物保护法》，共五章 五十八条。第一章 总则、第二章 野生动物及其栖息地保护、第三章 野生动物管理、第四章 法律责任、第五章 附则。主要调整的内容包括：（一）关于禁止违法经营利用和食用野生动物，规定利用、食用野生动物及其制品应当遵守法律法规，符合公序良俗；增加了对出售、收购、利用、运输非国家重点保护野生动物的管理及处罚规定；增加了对违法出售、收购、利用野生动物及其制品发布广告或相关信息、提供交易场所的禁止性规定，建立了防范、打击野生动物走私和非法贸易的部门协调机制；明确对违法经营利用、食用及走私国家重点保护野生动物及其制品，依照相关法律规定追究刑事责任。（二）关于栖息地保护和野生动物保护名录调整，增加了保护野生动物栖息地的内容；增加了保护有重要生态价值的野生动物、发布野生动物重要栖息地名录、防止规划和建设项目破坏野生动物栖息地的规定；细化了对野生动物及其栖息地的调查、监测和评估制度；明确对国家重点保护的野生动物名录定期评估、调整和公布。（三）关于加强人工繁育管理，明确对人工繁育国家重点保护野生动物实行许可制度；规定人工繁育国家重点保护野生动物的，应当根据野生动物习性确保其具有必要的活动空间和生息繁衍、卫生健康条件，具备与其繁育目的、种类、发展规模相适应的场所、设施、技术和资金，并符合有关技术标准，不得虐待野生动物。（四）关于野生动物保护资金，规定各级人民政府应当加强对野生动物及其栖息地的保护，制定规划和措施，并将野生动物保护经费纳入预算；对因保护野生动物造成的损害，规定由当地人民政府给予补偿或者实行相关政策性保险制度，中央财政予以相应补助，明确了中央政府相应的财政支出责任。（五）关于法律责任，增加了禁止性规定及相应的法律责任，具体规定了罚款额度，增加并细化了有关政府责任的条款内容，加重了执法人员责任。

20.2.2　国家重点保护野生动物名录

该名录于 1988 年 12 月 10 日经国务院批准，1989 年 1 月 14 日由中华人民共和国林业部、农业部令第 1 号发布，自发布日起施行。1993 年 4 月 14 日，林业部发出通知，决定将《濒危野生动植物种国际贸易公约》（CITES）附录一和附录二所列非原产中国的所有野生动物（如犀牛、食蟹猴、袋鼠、鸵鸟、非洲象、斑马等），分别核准为国家一级和国家二级保护野生动物。2003 年 2 月 21 日，国家林业局令第 7 号发布，将麝科麝属所有种由国家二级保护野生动物调整为国家一级保护野生动物，以全面加强麝资源保护。

20.2.3　中华民族共和国动物防疫法

1997 年 7 月 3 日第八届全国人民代表大会常务委员会第二十六次会议通过，经过三次修正，最新版于 2007 年 8 月 30 日开始实施。本法共十章 八十五条。第一章　总则；第二章　动物疫病的预防；第三章　动物疫情的报告、通报和公布；第四章　动物疫病的控制和扑灭；第五章　动物和动物产品的检疫；第六章　动物诊疗；第七章　监督管理；第八章　保障措施；第九章　法律责任；第十章　附则。其宗旨是加强对动物防疫活动的管理，预防、控制和扑灭动物疫病，促进养殖业发展，保护人体健康，维护公共卫生安全。

20.2.4　中华人民共和国陆生野生动物保护实施条例

根据《中华人民共和国野生动物保护法》的规定制定本条例。条例所称陆生野生动物，是指依法受保护的珍贵、濒危、有益的和有重要经济、科学研究价值的陆生野生动物；所称野生动物产品，是指陆生野生动物的任何部分及其衍生物。

条例于 1992 年 2 月 12 日国务院批准，1992 年 3 月 1 日林业部发布，根据 2011 年 1 月 8 日国务院第 588 号令《国务院关于废止和修改部分行政法规的决定》第一次修订；根据 2016 年 2 月 6 日国务院第 666 号令《国务院关于修改部分行政法规的决定》第二次修订。共七章 四十六条。第一章　总则，第二章　野生动物保护，第三章　野生动物猎捕管理，第四章 野生动物驯养繁殖管理，第五章 野生动物经营利用管理，第六章　奖励和惩罚，第七章 附则。

20.2.5　中华人民共和国濒危野生动植物进出口管理条例

为了加强对濒危野生动植物及其产品的进出口管理，保护和合理利用野生动植物资源，履行《濒危野生动植物种国际贸易公约》而制定的。由中华人民共和国国务院于 2006 年 4 月 29 日发布，2006 年 9 月 1 日起施行。共二十八条。其规定禁止进口或者出口公约禁止以商业贸易为目的进出口的濒危野生动植物及其产品，因科学研究、驯养繁殖、人工培育、文化交流等特殊情况，需要进口或者出口的，应当经国务院野生动植物主管部门批准；按照有关规定由国务院批准的，应当报经国务院批准；禁止出口未定名的或者新发现并有重要价值的野生动植物及其产品以及国务院或者国务院野生动植物主管部门禁止出口的濒危野生动植物及其产品。

20.2.6　城市动物园管理规定

规定于 1994 年 8 月 16 日建设部令第 37 号发布，后又根据 2001 年 9 月 7 日《建设部关于修改〈城市动物园管理规定〉的决定》、2004 年 7 月 23 日《建设部关于修改〈城市动物园管理规定〉的决定》进行修正。共六章 三十五条。第一章　总则，第二章　动物园的规划和建设，第三章　动物园的管理，第四章　动物的保护，第五章　奖励和处罚，第六章 附则。该规定主要是为加强城市动物园管理，充分发挥动物园的作用，满足人民物质和文化生活提高的需要。适用于综合性动物园、水族馆、专类性动物园、野生动物园、城市公园的动物展区、珍稀濒危动物饲养繁殖研究场所。国家鼓励动物园积极开展珍稀濒危野生动物的科学研究和异地保护工作。

20.2.7　野生动物收容救护管理办法

于 2017 年 9 月 29 日国家林业局局务会议审议通过，现予公布，自 2018 年 1 月 1 日起施行。共十六条。规范野生动物收容救护行为。规定了野生动物收容救护应当遵循及时、就地、就近、科学的原则，禁止以收容救护为名买卖野生动物及其制品。国家林业局负责组织、指导、监督全国野生动物收容救护工作。县级以上地方人民政府林业主管部门负责本行政区域内野生动物收容救护的组织实施、监督和管理工作。